ENCYCLOPÉDIE

DES

TRAVAUX PUBLICS

Fondée par M.-C. LECHALAS, Inspr génl des Ponts et Chaussées

Médaille d'or à l'Exposition universelle de 1889

COUPE

DES

PIERRES

PRÉCÉDÉE DES PRINCIPES DU

TRAIT DE STÉRÉOTOMIE

PAR

Eugène ROUCHÉ

EXAMINATEUR DE SORTIE A L'ECOLE POLYTECHNIQUE,
PROFESSEUR AU CONSERVATOIRE DES ARTS ET METIERS

ET

Charles BRISSE

PROFESSEUR A L'ECOLE CENTRALE ET A L'ECOLE DES BEAUX-ARTS,
PROFESSEUR SUPPLEANT AU CONSERVATOIRE DES ARTS ET MÉTIERS,
REPETITEUR A L'ECOLE POLYTECHNIQUE

PARIS

LIBRAIRIE POLYTECHNIQUE

BAUDRY ET Cie, LIBRAIRES-ÉDITEURS

15, RUE DES SAINTS-PÈRES

MÊME MAISON A LIÈGE

ENCYCLOPÉDIE DES TRAVAUX PUBLICS

COUPE DES PIERRES

ENCYCLOPÉDIE

DES
TRAVAUX PUBLICS

Fondée par **M.-C. LECHALAS**, inspr génl des Ponts et Chaussées

Médaille d'or à l'Exposition universelle de 1889

COUPE

DES

PIERRES

PRÉCÉDÉE DES PRINCIPES DU

TRAIT DE STÉRÉOTOMIE

PAR

Eugène ROUCHÉ

EXAMINATEUR DE SORTIE A L'ÉCOLE POLYTECHNIQUE,
PROFESSEUR AU CONSERVATOIRE DES ARTS ET MÉTIERS

ET

Charles BRISSE

PROFESSEUR A L'ÉCOLE CENTRALE ET A L'ÉCOLE DES BEAUX-ARTS.
PROFESSEUR SUPPLÉANT AU CONSERVATOIRE DES ARTS ET MÉTIERS,
RÉPÉTITEUR A L'ÉCOLE POLYTECHNIQUE.

PARIS

LIBRAIRIE POLYTECHNIQUE
BAUDRY ET Cie, LIBRAIRES-ÉDITEURS
15, RUE DES SAINTS-PÈRES
MÊME MAISON A LIÉGE

—

1893
TOUS DROITS RÉSERVÉS

INTRODUCTION :

PRINCIPES DU TRAIT DE STÉRÉOTOMIE.

CHAPITRE PREMIER.

REPRÉSENTATION DU POINT.

Des projections.

1. — Parmi les divers modes de représentation graphique employés dans les Sciences ou dans les Arts, on distingue sous le nom de *Trait de stéréotomie*, celui qui est fondé sur la considération des projections orthogonales.

On sait qu'on nomme *projection orthogonale* ou simplement *projection d'un point sur un plan* le pied de la perpendiculaire abaissée de ce point sur ce plan, et que la *projection d'une droite est une ligne droite*, à moins que cette droite ne soit perpendiculaire au plan de projection, auquel cas sa projection se réduit à un point[1].

Représentation d'un point par deux projections.

2. — Un point M est déterminé de position dans l'espace (fig. 1) lorsqu'on connaît ses projections m et m'_1 sur deux plans, que nous supposerons l'un *horizontal* HH₁, l'autre *ver-*

1. Voir les *Éléments de Géométrie*, par MM. E. Rouché et de Comberousse, livre V, § IV.

tical VV₁. Il est clair, en effet, que le point en question est situé à la rencontre de ses deux projetantes, c'est-à-dire de la perpendiculaire élevée sur le plan horizontal par le point *m* et de la perpendiculaire élevée sur le plan vertical par le point *m'₁*.

2. — La connaissance des projections horizontales et des projections verticales des divers points d'une figure permet donc de restituer cette figure dans l'espace. Mais cet emploi simultané de deux dessins situés *sur deux plans différents* serait assurément fort incommode. Aussi réunit-on ces deux dessins sur un plan unique, en laissant fixe le plan horizontal

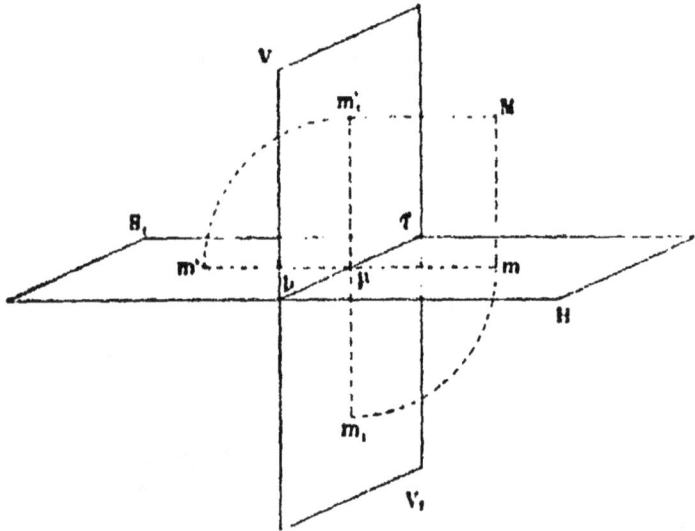

Fig. 1.

et rabattant sur lui le plan vertical, par une rotation de 90° autour de l'intersection LT qu'on nomme *ligne de terre*. On convient d'ailleurs de donner à cette rotation un sens tel que, des quatre dièdres formés par les deux plans de projection, celui VII, dans lequel on suppose le spectateur, devienne égal à 180°.

Le point *m'₁* prend de la sorte une certaine position *m'* et l'on a finalement sur la feuille de dessin HH₁, une figure que l'on nomme *épure* du point M et qui se compose de la ligne de

erre LT et des deux points *m* et *m'*, qui sont respectivement
la projection horizontale du point M et sa projection verticale
rabattue.

4. — Il est facile de voir d'ailleurs, que la droite *mm'*, qu'on
nomme *ligne de rappel*, est perpendiculaire à la ligne de
terre.

En effet, le plan *m*M*m'*₁ des projetantes M*m*, M*m'*, étant perpendiculaire à chacun des deux plans de projection, est par
suite perpendiculaire à leur intersection LT. Si donc on désigne par μ le point où ce plan rencontre LT, les droites μ*m* et
μ*m'*₁ seront l'une et l'autre perpendiculaires à la ligne de terre
au point μ; et il en sera de même après le rabattement, puisque l'angle *m'*₁μL reste droit pendant la rotation.

5. — On convient de désigner sur l'épure (fig. 2) la projection horizontale d'un point quelconque de l'espace par une
lettre minuscule telle que *m*, et la projection verticale du
même point par la même lettre accentuée *m'*. Enfin, pour désigner, dans les raisonnements, le point correspondant de
l'espace, on emploie la lettre majuscule correspondante M ou
bien encore la notation (*m*, *m'*).

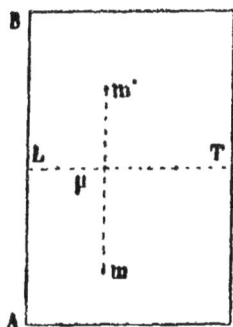

Fig. 2.

Pour lire l'épure, c'est-à-dire pour retrouver d'après ce
dessin la position du point dans l'espace, il suffit d'imaginer
qu'on ait redressé le plan vertical par une rotation contraire à
celle qui avait amené ce plan en coïncidence avec le plan hori-

zontal ; on aura de la sorte les projections d'un point sur deux plans rectangulaires, d'où résultera, d'après ce que nous avons dit au n° 3, la position du point dans l'espace.

6. — La ligne de terre partage l'épure en deux régions :

L'une représente à la fois la partie antérieure II du plan horizontal et la partie inférieure V_1 du plan vertical.

L'autre représente simultanément la partie postérieure II_1 du plan horizontal et la partie supérieure V du plan vertical.

Pour distinguer ces deux régions l'une de l'autre, nous conviendrons une fois pour toutes de placer *dans la seconde* les lettres L et T qui figurent aux deux bouts de la ligne de terre ; et, pour abréger le discours, nous dirons « la région (LT) » au lieu de la « région qui contient les lettres L et T ».

De là résultent immédiatement les deux règles suivantes :

Un point est *au-dessus ou au-dessous* du plan horizontal, suivant que sa projection verticale tombe dans la région (LT) ou dans l'autre.

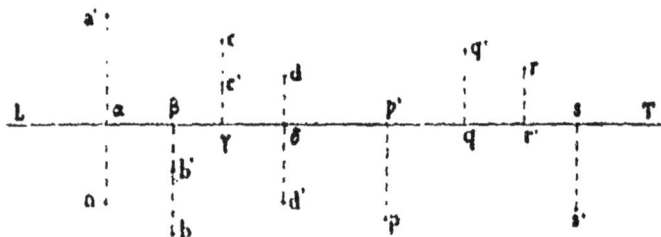

Fig. 3.

Un point est *en arrière ou en avant* du plan vertical suivant que la projection horizontale tombe dans la région (LT) ou dans l'autre.

Ainsi (fig.3), le point (a,a') est dans le dièdre IIV, (b,b') dans le dièdre IIV_1, (c,c') dans le dièdre II_1V, (d,d') dans le dièdre II_1V_1.

Il est à peine nécessaire d'ajouter qu'*un point est dans le plan horizontal, si sa projection verticale est sur la ligne de terre ; il est dans le plan vertical, si sa projection horizontale est sur la ligne de terre.* Ainsi le point (p,p') appartient à la partie antérieure du plan horizontal et (r,r') à la partie postérieure, tandis que le point (q,q') appartient à la partie supérieure du plan vertical et (s,s') à la partie inférieure.

Cotes et éloignements.

7. — On nomme *cote* d'un point M la distance Mm de ce point au plan horizontal de projection. La cote est dite *positive* ou *négative*, suivant que le point considéré M est au-dessus ou au-dessous du plan horizontal (fig. 1).

On appelle *éloignement* d'un point M sa distance Mm'_1 au plan vertical de projection ; l'éloignement est dit *positif* ou *négatif* suivant que le point M est en avant ou en arrière du plan vertical. Dans le quadrilatère M$mμm'_1$, les angles m et m'_1 sont droits, et il en est de même de l'angle $μ$, puisque cet angle est l'angle rectiligne qui mesure le dièdre droit formé par les plans de projection. Par suite, ce quadrilatère est un rectangle et l'on a

$$Mm = m'_1μ = m'μ.$$
$$Mm'_1 = mμ.$$

Donc : *la cote d'un point est égale à la distance $m'μ$ de sa projection verticale à la ligne de terre, et l'éloignement est égal à la distance $mμ$ de la projection horizontale à la ligne de terre.*

Ainsi, l'épure donne en vraie grandeur la cote et l'éloignement. Elle fait en outre connaître leurs signes ; en effet, d'après le n° 6, la cote est positive ou négative suivant que le segment $μm'$, qui la représente, tombe dans la région (LT) ou dans l'autre ; et, l'éloignement est négatif ou positif suivant que le segment $μm$ tombe dans la région (LT) ou dans l'autre.

8. — Les considérations précédentes fournissent, pour lire l'épure d'un point, un nouveau moyen, en général très préférable à celui que nous avons indiqué au n° 5.

En supposant, comme nous l'avons fait jusqu'ici, que le plan horizontal soit la feuille de dessin, on restituera le point M à l'aide de sa projection horizontale m et de sa cote $μm'$. Il suffira d'imaginer que l'on porte, sur la verticale du point m

et à partir de son pied m, la longueur $\mu m'$, au-dessus ou au-dessous suivant que $\mu m'$ appartient à la région (LT) ou à l'autre région.

Cas où le plan vertical est le plan de la feuille de dessin.

9. — Il y a parfois avantage à considérer le plan vertical comme étant la feuille de dessin. Par exemple, les maçons exécutent souvent leur épure sur un mur, au lieu de la tracer sur le sol.

C'est alors le plan vertical qui reste fixe et le plan horizontal que l'on rabat. D'ailleurs, pour obtenir la même épure que dans la première hypothèse, il faut faire le rabattement du plan horizontal de telle sorte que, comme dans le premier cas, l'angle dièdre VII dans lequel est le spectateur devienne égal à 180°. Dans cette manière de voir, on restitue le point M à l'aide de sa projection verticale m' et de son éloignement.

Projections auxiliaires.

10. — La projection d'une figure est plus ou moins expressive suivant la position relative de cette figure et du plan de projection. De là le besoin de recourir à des projections auxiliaires pour mettre mieux en lumière certaines parties de l'objet à représenter.

Voici dès lors le problème à résoudre :

Connaissant les projections d'un point M sur le plan de la feuille de dessin et sur un plan perpendiculaire, trouver la projection de ce point sur un nouveau plan perpendiculaire à la feuille de dessin et que l'on rabat sur elle.

11. — Supposons d'abord que le nouveau plan de projection P' soit vertical, et désignons par $L_1 T_1$ la nouvelle ligne de terre (fig. 4), par LT l'ancienne, par m et m' les projections données du point M, enfin par m'_1, la nouvelle projection verticale qui est l'inconnue de la question. Puisque le plan horizontal est resté le même, *la projection horizontale m n'a pas changé et la cote a conservé sa grandeur et son signe.* D'ailleurs, la nouvelle ligne de rappel mm'_1 doit être perpendiculaire sur la nouvelle ligne de terre L_1T_1. Donc pour avoir m'_1, on abaissera du point m la perpendiculaire $m\mu_1$ sur L_1T_1, et l'on portera sur cette perpendiculaire une longueur $\mu_1m'_1$ égale à $\mu m'$ dans la région (L_1T_1) ou dans l'autre, suivant que $\mu m'$ est dans la région (LT) ou dans l'autre.

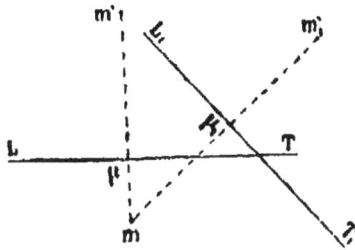

Fig. 4.

12. — Supposons en second lieu que le nouveau plan de projection P' soit perpendiculaire au plan vertical, et soit L_1T_1 la nouvelle ligne de terre. Ici (fig. 5), c'est la projection verti-

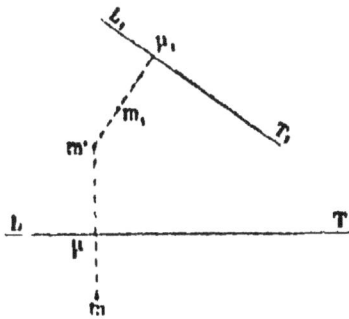

Fig. 5.

cale m' et l'éloignement qui n'ont pas changé. Donc, pour avoir la nouvelle projection m_1, on abaissera la perpendiculaire $m'\mu_1$ sur la nouvelle ligne de terre L_1T_1, et l'on portera sur cette perpendiculaire, à partir de μ_1 une longueur μ_1m_1 égale à μm, dans la région (L_1T_1) ou dans l'autre, suivant que μm est situé dans la région (LT) ou dans l'autre.

CHAPITRE II.

REPRÉSENTATION DE LA LIGNE DROITE.

────

Projections déterminantes d'une droite

13. — Une droite AB est déterminée sans ambiguïté par deux points (a, a'), (b, b') (fig. 6).

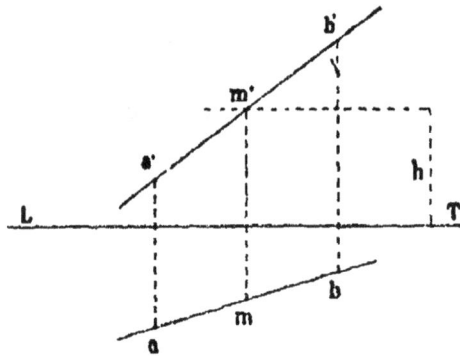

Fig. 6.

En joignant les projections horizontales a et b des deux points, on a la *projection horizontale ab* de la droite AB ; et, en joignant les projections verticales a' et b', on obtient la *projection verticale a'b'*.

Pour restituer la position de la droite AB d'après ses projections ab et $a'b'$, on relèvera par la pensée (fig. 7) le plan vertical; puis, par la position que $a'b'$ aura prise, on imaginera un plan P perpendiculaire au plan vertical redressé ; l'intersection du plan P et du plan Q élevé par ab perpendiculairement au plan horizontal sera la droite demandée.

Il n'y aura indétermination que si les deux plans P et Q, qu'on nomme *plans projetants* de la droite, se confondent en un seul, qui, devant être alors perpendiculaire à la fois à chacun des plans de projection, serait perpendiculaire à la ligne de terre. Dans ce cas, la projection horizontale et la projection verticale de la droite sont situées sur une même ligne de de rappel, et la droite n'est alors déterminée que si elle est perpendiculaire à l'un des plans de projection, c'est-à-dire que si l'une de ses deux projections se réduit à un point.

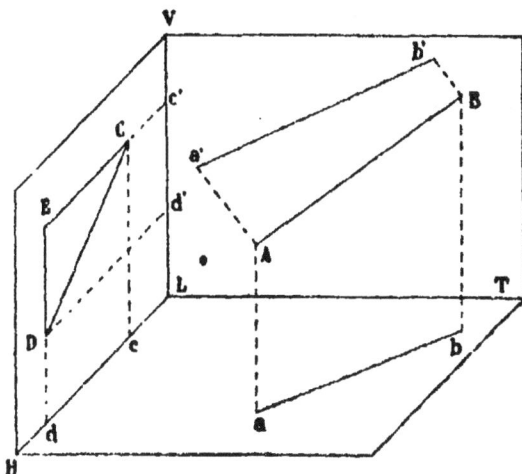

Fig. 7.

Ainsi, *une droite est déterminée par sa projection horizontale et par sa projection verticale, à moins que ces projections ne soient deux droites perpendiculaires sur la ligne de terre au même point.*

14. — *Pour qu'une droite AB, déterminée par ses projections, passe par un point M, il faut et il suffit que ses projections passent respectivement par celles du point.*

Ces conditions sont nécessaires, puisque la projection d'une ligne est, par définition, le lieu des projections de ses divers points. Ces conditions sont d'ailleurs suffisantes ; car, si *m* appartient à *ab* et *m'* à *a'b'*, les projetantes du point M appartiennent respectivement aux deux plans projetants de la droite et par suite le point commun M à ces deux projetantes se trouve sur l'intersection des deux plans, c'est-à-dire sur la droite considérée.

15. — Quand on a deux points (a, a') (b, b') d'une droite AB, il est aisé d'obtenir deux projections *déterminantes* de cette droite.

Les projections demandées seront ab et $a'b'$, à moins que ab et $a'b'$ ne soient deux droites perpendiculaires à la ligne de terre au même point (n° 13) ; et, dans ce cas, il suffira, pour avoir deux projections déterminantes, d'associer à la projection horizontale ab la projection sur un nouveau plan vertical non perpendiculaire à ab.

Inversement, quand on a deux projections déterminantes ab et $a'b'$ d'une même droite, rien n'est plus simple que de se procurer les projections d'un ou de plusieurs points de cette droite (fig. 6). Il suffira (n° 14) de mener une ligne de rappel quelconque ; les points m et m' où elle coupera respectivement ab et $a'b'$ seront les projections d'un point de la droite considérée. Par exemple, veut-on avoir, sur la droite, un *point de cote donnée h*, on portera perpendiculairement à LT une cote égale à h ; par son extrémité, on mènera la parallèle à LT jusqu'à sa rencontre m' avec $a'b'$; la ligne de rappel de m' coupera ab en un point m ; (m, m') sera le point cherché.

D'après ce qui précède, on passe en quelque sorte immédiatement du mode de détermination d'une droite par deux points au mode de détermination par deux projections.

Nous pourrons donc désormais, dans tout problème où figurera une droite, soit comme donnée, soit comme inconnue, considérer cette droite comme définie par celui des deux modes (deux points, ou deux projections déterminantes) qui s'adaptera le mieux à notre recherche.

Positions principales d'une droite par rapport aux plans de projection

16. — Une droite peut être parallèle, perpendiculaire ou oblique à la ligne de terre [1].

1° Si une droite est *parallèle à la ligne de terre*, ses projections sont l'une et l'autre parallèles à la ligne de terre, puisque quand deux droites sont parallèles leur projections sur un même plan sont parallèles [2]. Telle est la droite (*ab*, *a'b'*) de la fig. 8.

2° Une droite *perpendiculaire à la ligne de terre* peut être *oblique aux deux plans de projection* comme CD (fig. 7), ou *verticale*, c'est-à-dire perpendiculaire au plan horizontal comme DE, ou *de bout* c'est-à-dire perpendiculaire au plan vertical comme CE. Dans le premier cas, ses projections *cd*, *c'd'* sont deux droites perpendiculaires à la ligne de terre au même point; dans le second cas, la projection horizontale est un point *e* et la projection verticale une droite *c'd'* perpendiculaire à LT et dont le prolongement passe par *e*; enfin, dans le troisième cas, la projection verticale est un point *c'*, et la projection horizontale une perpendiculaire à LT dont le prolongement passerait par *c'*.

3° Lorsqu'une droite est oblique à la ligne de terre, elle peut être *horizontale* (c'est-à-dire parallèle au plan horizontal), ou *de front* (c'est-à-dire parallèle au plan vertical), ou enfin, elle peut couper à la fois les deux plans de projection.

Toute horizontale (*cd*, *c'd'*) (fig. 8) *a sa projection verticale parallèle à la ligne de terre*, puisque ses points ont même cote. Quant à sa projection horizontale, elle coupe LT, puisque nous excluons ici le cas déjà examiné d'une droite parallèle à la ligne de terre ; cette projection horizontale est d'ailleurs parallèle à la droite elle même de l'espace, puisque

---

1. On sait que, par *angle de deux droites* (situées ou non dans un même plan), on entend l'angle formé en menant par un point quelconque des droites parallèles aux proposées et de même sens. Deux droites sont dites *perpendiculaires* (qu'elles se rencontrent ou non), lorsque leur angle ainsi défini est droit.

2. Voir *Éléments de géométrie* par MM. E. R. et de C. livre V, § IV.

cette droite, sa projection horizontale, et les projetantes de
deux de ses points forment un rectangle.

D'une manière analogue, *toute ligne de front (fe, f'e')*
(fig. 8) *a sa projection horizontale parallèle à la ligne de terre ;*
sa projection verticale coupe LT et est parallèle à la droite
elle-même de l'espace.

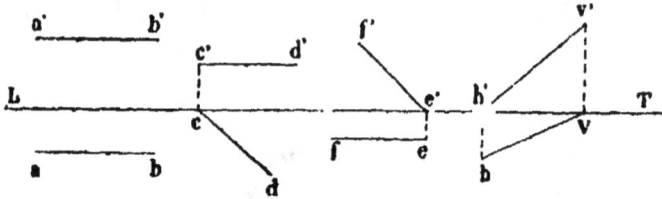

Fig. 8.

Enfin, la dernière position à considérer est celle d'une droite
(*hv, h'v'*) (fig. 8) oblique à la ligne de terre et rencontrant à la
fois les deux plans de projection ; ses projections *hv* et *h'v'*
rencontrent la ligne de terre obliquement : car, si l'une des projections était perpendiculaire à LT, la droite de l'espace
étant alors dans un plan projetant perpendiculaire à LT serait
elle-même perpendiculaire à la ligne de terre.

17. — L'examen auquel nous venons de nous livrer
montre qu'une ligne droite ne saurait avoir pour projections :

Deux lignes droites perpendiculaires à la ligne de terre en
deux points différents ;

Deux lignes droites dont une seule est perpendiculaire à la
ligne de terre ;

Une ligne droite oblique à la ligne de terre et un point ;

Une ligne droite perpendiculaire à la ligne de terre et un
point non situé sur cette perpendiculaire.

Intersection et parallélisme de deux droites.

18. — Deux droites étant données, il importe de savoir reconnaître si elles se coupent ou non, et dans le cas de l'affir-
mative, de trouver leur point commun (fig. 9).

A cet effet, de quelque manière que les droites soient données, on commencera par se procurer deux projections déterminantes pour chacune d'elles. Puis, en vertu du n° 14, il
suffira de constater que les projections horizontales se coupent,

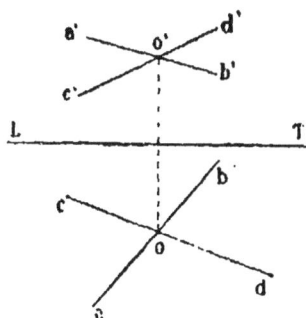

Fig. 9.

que les projections verticales se coupent, et enfin que les deux
points de rencontre *o* et *o'* ainsi obtenus sont sur une même ligne de rappel. Ces conditions étant remplies, *o* et *o'* seront respectivement la projection horizontale et la projection verticale
du point commun.

19. — Nous avons déjà dit que *deux droites parallèles ont
leurs projections de même nom parallèles* (n° 16). La réciproque est vraie, si les droites sont déterminées par leur projections ; en d'autres termes, AB étant une droite déterminée
par ses projections *ab*, *a'b'*, et CD étant une droite déterminée
par ses projections *cd*, *c'd'*, si *ab* est parallèle à *cd* et si *a'b'* est
parallèle à *c'd'*, AB et CD sont parallèles.

En effet, concevons la parallèle AX à CD menée par un point
A de AB. Sa projection horizontale passera par *a* (n° 14), et
sera parallèle à *cd* en vertu de la proposition directe ; cette
projection sera donc *ab*. De même, la projection verticale de
AX sera *a'b'*. Donc, puisque, par hypothèse, il n'existe qu'une
droite ayant *ab* et *a'b'* pour projections, il faut que AX et AB
coïncident, c'est-à-dire que AB et CD soient parallèles.

De ce théorème résulte immédiatement le moyen de *mener
par un point donné* (c, c') *la parallèle à une droite détermi-*

née par ses *projections ab, a'b'*. Il suffit de mener par *c* la parallèle *cd* à *ab*, et par *c'* la parallèle *c'd'* à *a'b'* ; (*cd*, *c'd'*) sera la droite demandée.

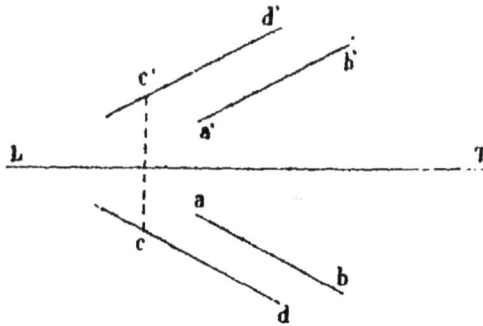

Fig. 10.

Traces d'une droite.

20. — On nomme *trace horizontale d'une droite* le point où elle perce le plan horizontal de projection. C'est le point de la droite dont la cote est nulle, c'est-à-dire le point de la droite dont la projection verticale est sur la ligne de terre. *On obtiendra donc cette trace (h, h') en prolongeant* (fig. 8) *la projection verticale h'v' de la droite jusqu'à sa rencontre h' avec LT et menant la ligne de rappel h'h jusqu'à sa rencontre h avec la projection horizontale hv de la droite.*

21. — D'une manière analogue, on obtiendra la *trace verticale d'une droite*, c'est-à-dire le point (*v*, *v'*) où elle perce le plan vertical, en prolongeant la projection horizontale *hv* de la droite jusqu'à sa rencontre *v* avec la ligne de terre, puis menant la ligne de rappel *vv'*.

22. — Une droite horizontale (*cd*, *c'd'*) (fig. 8) n'a qu'une trace, la trace verticale (*c*, *c'*).

Une droite de front (*f*, *e'f'*) n'a qu'une trace, la trace horizontale (*e, e'*).

Une parallèle à la ligne de terre n'a pas de traces.

23. — La détermination des traces est utile dans la recherche des parties d'une droite qui sont cachées par les plans de projection. Il n'y a pas lieu évidemment de procéder à cette recherche lorsque la droite n'est qu'une ligne de construction ou lorsque les plans de projection sont simplement des plans de référence, n'ayant aucune existence matérielle et qu'il convient alors de supposer transparents. Le problème n'a de raison d'être que dans le cas où la droite représente une tige ou une arête de corps solide, et que les plans de projection sont opaques comme le sol, un plancher, un mur, etc.

Dans ces conditions, les seules parties visibles de la droite sont celles qui sont situées dans l'angle dièdre du spectateur, c'est-à-dire en avant du plan horizontal et au-dessus du plan vertical. Or, il est évident d'après cela, que pour qu'un point d'une droite sépare une partie vue d'une partie cachée, il faut et il suffit que ce point soit une trace visible. Une fois le point ou les points de démarcation ainsi déterminés, il suffira de considérer ce qui a lieu pour un point de chacun des tronçons de la droite. S'il n'y a pas de point de démarcation, la droite est toute vue ou toute cachée ; l'examen de l'un de ses points tranchera la question.

Sur les épures, on dessine les parties vues en trait noir et plein, les parties cachées en points noirs et ronds, et les lignes auxiliaires (ou de construction) en trait rouge et plein ou en trait noir interrompu.

Distance de deux points et angles d'une droite avec les plans de projection.

24. — A et B étant deux points donnés quelconques, on propose de trouver la longueur de la droite AB et son inclinaison sur le plan horizontal, c'est-à-dire l'angle de cette droite avec sa projection horizontale (fig. 11).

Les deux inconnues étant des éléments d'une figure située tout entière dans le plan qui projette AB horizontalement, il suffit de prendre ce plan pour nouveau plan vertical de projection ; les deux quantités cherchées se trouveront en vraie grandeur sur cette projection.

Toutefois, pour alléger le tracé, on imagine que, avant de faire le changement de plan vertical, on ait déplacé verticalement les points A et B d'une même quantité égale à la côte de l'un d'eux, de A par exemple, ce qui n'altère évidemment ni la distance ni l'angle à déterminer. Dans ces conditions, la nouvelle projection verticale du point A est a lui-même et la nouvelle projection verticale b'' de B s'obtient en portant perpendiculairement à L, T, le segment bb'' égale à la différence v,b' des cotes vb' et $\mu a'$; ab'' et $b''ab$ sont la distance et l'angle cherchés.

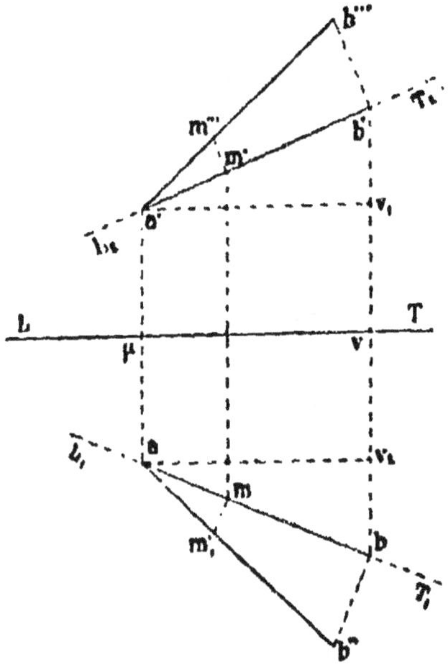

Fig. 11.

On voit que tout se réduit à construire le *triangle rectangle abb''* qui a pour côtés de l'angle droit la projection horizontale de la portion de droite considérée et la différence des côtes de ses extrémités.

24. — En opérant d'une manière analogue par rapport au plan vertical de projection, on trouvera à la fois la distance AB et l'angle de cette droite avec le plan vertical, c'est-à-dire l'angle de cette droite avec sa projection verticale.

On prendra pour plan de projection auxiliaire le plan qui projette AB verticalement ; $a'b'$ sera la nouvelle ligne de terre, et, si l'on suppose qu'avant le changement de plan on ait déplacé les points A et B perpendiculairement au plan vertical d'une même quantité égale à l'éloignement du point A, la nouvelle projection de A sera a', et celle b'' de B s'obtiendra en prenant $b'b''$ égal à la différence v_2b des éloignements μa et vb ; $a'b''$ et $b''a'b'$, seront la distance et l'angle cherchés. — Ici, le triangle rectangle à construire a pour côtés la projection verticale et la différence des éloignements.

26. — On peut demander inversement de *porter sur une droite donnée (ab, a'b') un segment dont on donne l'origine (a, a'), la longueur* l *et le sens* (de A vers B, par exemple) (fig. 11).

On se procurera, à l'aide du point (a, a') et d'un autre point (b, b') choisi à volonté sur la droite, la nouvelle projection ab'' de cette droite sur le plan qui la projette horizontalement ; ab est la nouvelle ligne de terre, et on suppose que tous les points de la droite AB aient été préalablement déplacés verticalement d'une même quantité égale à la côte du point A. On portera alors sur ab'', de a vers b'', un segment am'_1 égal à l ; puis, en menant successivement les lignes de rappel m'_1m, mm' par rapport aux lignes de terre L_1T_1 et LT, on aura dans le système de représentation primitif les projections am, $a'm'$ du segment considéré.

On pourrait, comme le montre la figure, opérer par rapport au plan vertical d'une manière analogue : on prendrait $a'b'$ pour nouvelle ligne de terre et sur la nouvelle projection $a'b''$ on porterait un segment $a'm'''$ égal à l ; puis, on mènerait les lignes de rappel $m'''m'$, $m'm$.

CHAPITRE III

REPRÉSENTATION DU PLAN

Position d'un plan d'après ses traces

27. — On nomme *trace horizontale* d'un plan l'intersection de ce plan avec le plan horizontal de projection, et *trace verticale* d'un plan l'intersection de ce plan avec le plan vertical de projection.

Un plan peut couper la ligne de terre ou lui être parallèle.

1° Quand un plan coupe la ligne de terre en un point α, ses traces αH et αV passent par ce point α (fig. 12).

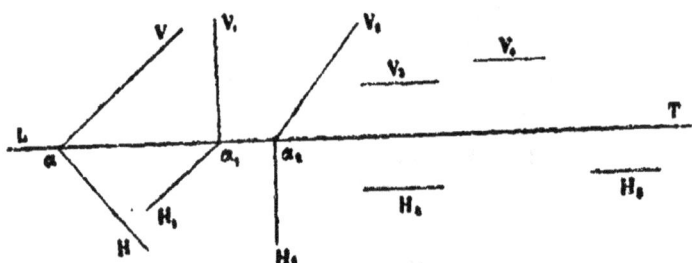

Fig. 12.

Si ce plan est en outre *vertical* (c'est-à-dire perpendiculaire au plan horizontal), sa trace verticale est perpendiculaire à la ligne de terre, attendu que l'intersection de deux plans verticaux est une verticale [1] Tel est le plan $V_1 \alpha_1 H_1$.

D'une manière analogue, si un plan est *de bout*, c'est-à-dire perpendiculaire au plan vertical, sa trace horizontale est perpendiculaire à la ligne de terre ; tel est le plan $V_2 \alpha_2 H_2$.

1. *Éléments de Géom.* par MM. E. R. et de C., livre V, § V.

2° Lorsqu'un *plan* est *parallèle à la ligne de terre* sans être parallèle à aucun des plans de projection, ses deux traces H, et V, sont parallèles à la ligne de terre. Car, lorsqu'un plan est parallèle à une droite LT, il coupe tout plan passant par cette droite suivant une parallèle à LT.[1]

L'une de ces traces parallèles à la ligne de terre disparaît à l'infini lorsque le plan devient parallèle à l'un des plans coordonnés. Ainsi un *plan horizontal*, c'est-à-dire parallèle au plan horizontal de projection, n'a pas de trace horizontale et sa trace verticale V, est parallèle à LT. De même, un *plan de front*, c'est-à-dire parallèle au plan vertical de projection n'a pas de trace verticale et sa trace horizontale H, est parallèle à LT.

Observons enfin que, lorsqu'un plan passe par la ligne de terre, ses traces se confondent avec cette ligne ; le plan n'est plus alors déterminé par ses traces.

On voit par cette discussion combien le dessin des traces est propre à indiquer les positions du plan dans l'espace. Mais ce mode de détermination si expressif est trop particulier, et il est indispensable, pour éviter tout embarras, de savoir résoudre toutes les questions sur le plan en supposant le plan donné par deux quelconques des droites qu'il renferme. De cette façon, quand on aura à chercher un plan d'après certaines conditions, on regardera le problème comme résolu dès qu'on aura obtenu deux droites du plan.

Connaissant l'une des projections d'une droite d'un plan, trouver l'autre.

26. — Soient (*oa*, *o'a'*), (*ob*, *o'b'*) les deux droites qui définissent un plan et *cd* la projection horizontale d'une droite CD de ce plan (fig. 13). Le point *p* où *cd* rencontre *oa* est la projection horizontale du point commun à OA et CD ; sa projection verticale *p'* est donc sur *o'a'* et sur la ligne de rappel du point *p*. On trouve pareillement la projection verticale *q'* du point

1. *Éléments de Géom.* par MM. E. R. et de C., livre V, § II.

d'appui de CD sur OB. Donc enfin, $p'q'$ est la projection verticale de la droite CD.

On procéderait de même si l'on donnait la projection verticale $c'd'$ d'une droite CD du plan AOB et que l'on voulût trouver
la projection horizontale cd ; on aurait alors immédiatement
les projections verticales p' et q' des points d'appui de CD sur OA
et sur OB ; en reportant p' en p sur oa, et q' en q sur ob, au
moyen de lignes de rappel, on aurait deux points p et q de la
projection demandée cd.

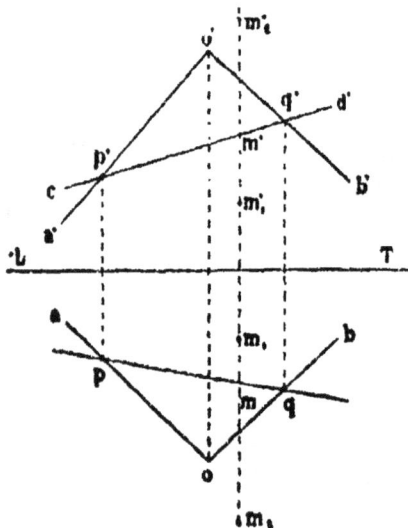

Fig. 13.

20. — Quand on coupe un plan PαQ par des plans horizontaux, on obtient des droites parallèles auxquelles on donne le
nom d'*horizontales* du plan. On nomme *lignes de front* d'un
plan les droites parallèles que l'on obtient en coupant ce plan
par des plans de front (fig. 14).

Par tout point M d'un plan PαQ passent une horizontale H$_1$,
et une ligne de front GG$_1$.

La trace horizontale est l'horizontale de cote nulle et la trace
verticale est la ligne de front dont l'éloignement est nul.

30. — Un plan étant donné par deux droites (oa, oa'), (ob, ob')

qui se rencontrent, pour avoir une horizontale de ce plan (fig. 15), on se donnera sa projection verticale $h'k'$, qui est parallèle à la ligne de terre ; puis, on en déduira la projection horizontale

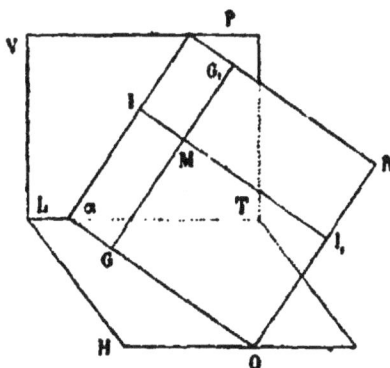

Fig. 14.

hk par le procédé indiqué au n° 28. D'une manière analogue, pour trouver une ligne de front, on se donne sa projection horizontale ef, qui est parallèle à LT ; puis, on en déduit la projection verticale $e'f'$ par le procédé du n° 28.

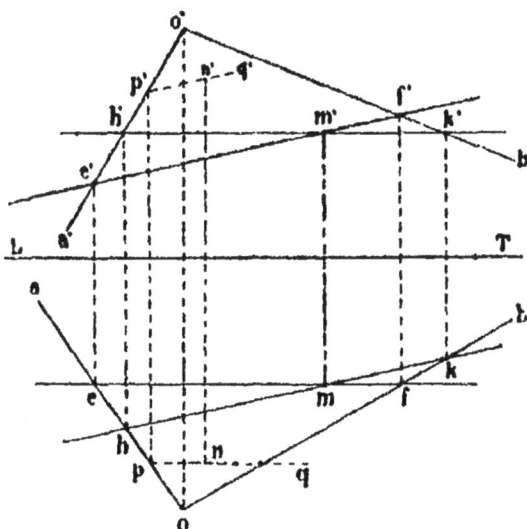

Fig. 15.

31. Lorsqu'on a une première ligne de front, le tracé des

autres lignes de front se simplifie ; il suffit de prendre un
point (p, p') (fig. 15) sur l'une $(oa, o'a')$ des deux droites qui
définissent le plan et de mener par ce point une parallèle
$(pq, p'q')$ à la ligne de front connue $(cf, e'f')$. Une observation
analogue s'applique aux horizontales.

On se trouve toujours dans le cas en question lorsque le
plan est défini par ses traces, comme dans la figure 16. Pour
avoir une horizontale, on mène par un point (p, p') de la trace
verticale αV une parallèle $(pr, p'r')$ à la trace horizontale αH.
De même, on obtient une droite de front en menant par un
point quelconque (q, q') de la trace horizontale αH une parallèle
$(qs, q's')$ à la trace verticale αV.

Connaissant l'une des projections d'un point d'un plan, trouver l'autre

89. — Nous pouvons maintenant résoudre ce problème fondamental : m étant la projection horizontale d'un point M d'un
plan AOB, trouver la projection verticale m' de ce point M.

On mènera à volonté par le point m une droite pq (fig. 13)
que l'on regardera comme la projection d'une droite du plan
AOB ; on déterminera (n° 28) la projection verticale $p'q'$ de
cette droite, et le point demandé m' sera l'intersection de $p'q'$
avec la ligne de rappel du point m.

On pourrait donner la projection verticale m' du point considéré M et demander sa projection horizontale m. On mènerait
par m' une droite $p'q'$ que l'on regarderait comme la projection
verticale d'une droite du plan AOB ; on déterminerait (n° 28) la
projection horizontale pq de cette droite, et le point cherché
m serait celui où la ligne de rappel de m' rencontre pq.

33. — Au lieu d'employer une droite quelconque passant
par celle des projections du point qui est donnée, on peut se
servir d'une ligne de front si la projection donnée est m ou
d'une horizontale si la projection donnée est m' (fig. 15).

34. — On peut même employer à volonté soit une horizontale soit une ligne de front, quelle que soit celle des projections

du point qui soit donnée, si l'on connaît déjà la direction des
lignes de front et celle des horizontales du plan. On trouve
alors un réel avantage à se servir de ces lignes particulières,
puisqu'il suffit (n° 31) de faire intervenir un seul des deux points
où une telle ligne rencontre les droites qui définisssent le plan.

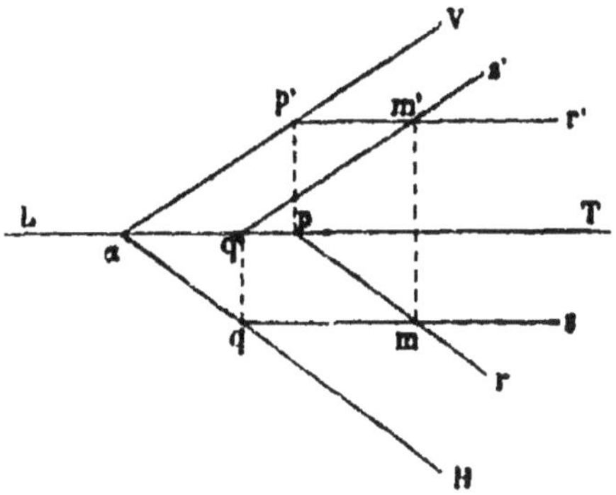

Fig. 16.

C'est ainsi (fig. 15) que nous avons déterminé n' connaissant
n, ou n connaissant n', à l'aide de la ligne de front (pq, $p'q'$)
dont on n'a relevé que le point d'appui (p, p') sur la droite
(oa, $o'a'$).

C'est aussi de la sorte que nous avons opéré, dans la figure
16, pour le point (m, m'), le plan étant donné par ses traces.

**Intersection d'une droite ou d'un plan avec un plan
perpendiculaire à l'un des plans de projection.**

35. — Soit P un plan perpendiculaire à l'un des plans de
projection et (ab, $a'b'$) une droite déterminée par ses projections (fig. 17).

Si le plan P est vertical, il est pleinement défini par sa trace
horizontale seule hh_1; d'ailleurs tout ce qu'il contient se projette horizontalement sur cette trace, et en particulier le point
M où il rencontre la droite AB; donc la projection horizontale
m du point M est le point commun à ab et à hh_1, et la ligne de
rappel de m donne, par son intersection avec $a'b'$, la projection
verticale m'.

Si le plan P est de bout, il est pleinement défini par sa trace verticale $v'v'_1$, laquelle contient les projections verticales de tous les points de ce plan P et, en particulier la projection verticale du point N où la droite AB perce ce plan de bout ;

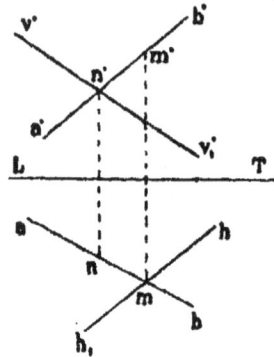

Fig. 17.

donc la projection verticale n' de N est à la rencontre de $a'b$ et de $v'v'_1$ et par suite la ligne de rappel de n' donne, par son intersection avec ab, la projection horizontale n.

26. — Pour avoir l'intersection d'un plan quelconque Q et d'un plan P perpendiculaire à l'un des plans de projection, on cherche les points où le plan P rencontre deux droites du plan Q, et on réunit ces deux points par une ligne droite.

Ceci nous fournit une nouvelle explication du tracé employé au n° 28 ; c'est qu'en effet le problème actuel et la question résolue au n° 28 sont identiques, puisque donner l'une des projections d'une droite d'un plan c'est dire que cette droite est l'intersection de ce plan et du plan projetant de la droite.

Situation d'un point par rapport à un plan.

27. — Un point M et un plan AOB étant donnés, pour reconnaître leur situation relative, on cherchera d'abord (n° 32 ou 33) la projection verticale m' du point du plan AOB qui a même projection horizontale m que le point M (fig. 13). Le point m' ainsi obtenu pourra être au-dessus ou au-dessous de la projection verticale m'_1 ou m'_2 du point M. Le point (m, m') étant dans le plan, il est clair que (m, m'_2) sera au-dessus de ce plan tandis que (m, m'_1) sera au-dessous.

De même, en déterminant la projection horizontale m du point du plan qui se projette verticalement en m', on verra, puisque $(m_1 m')$ est dans le plan AOB, que (m_2, m') est en avant tandis que (m_1, m') est en arrière de ce plan AOB.

Recherche des traces d'un plan.

38. — Quand une droite est dans un plan, sa trace horizontale est sur la trace horizontale du plan et sa trace verticale est sur la trace verticale du plan. Tel est le principe évident sur lequel on fonde la recherche des traces d'un plan donné d'une manière quelconque. On se procure deux droites du plan considéré, et l'on joint d'une part leurs traces horizontales, et de l'autre leurs traces verticales.

39. — On a souvent à chercher la trace d'un plan quelconque P sur un plan de projection auxiliaire perpendiculaire à l'un des plans de projection primitifs et que l'on rabat sur celui-ci.

Supposons le nouveau plan de projection vertical et défini par la nouvelle ligne de terre $L_1 T_1$. (oa, oa') étant une droite du plan P, on prendra son intersection (p, p') (n° 35) avec le plan vertical $L_1 T_1$ et l'on déterminera (n° 11) la nouvelle projection p'_1 de ce point. Une autre droite $(ob, o'b')$ du plan P donnera de même un second point q'_1 de la nouvelle trace demandée $p'_1 q'_1$.

Dans chaque cas on choisira les deux droites qui offrent le plus de commodité, le plus souvent deux horizontales.

Lignes de plus grande pente.

40. — On sait[1] que parmi toutes les droites que l'on peut

1. *Éléments de Géom.*, par MM. E. R. et de C., livre V § V.

mener par un point M dans un plan P (fig. 18), celle qui fait
le plus grand angle avec un autre plan donné Q est la perpendiculaire MI abaissée du point M sur l'intersection AB des
plans P et Q.

Comme la projection d'un angle droit sur un plan parallèle
à l'un de ces côtés est encore un angle droit[2], la projection de
la ligne MI sur le plan Q est perpendiculaire à AB.

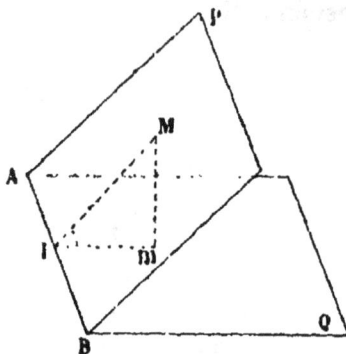

Fig. 18.

Par chaque point M du plan P passe une ligne telle que MI ;
on donne à ces droites le nom de *lignes de plus grande pente*
du plan P par rapport au plan Q. L'angle de l'une quelconque
de ces lignes de plus grande pente avec le plan Q n'est autre
que l'angle plan MI*m* qui mesure l'angle dièdre PQ.

En appliquant ces considérations au cas où le plan P restant quelconque, le plan Q est tour à tour le plan horizontal
ou le plan vertical de projection, on voit que par chaque point
d'un plan passent une ligne de plus grande pente par rapport
au plan horizontal et une ligne de plus grande pente par rapport au plan vertical ; la première a sa projection horizontale
perpendiculaire aux horizontales du plan, et la seconde a sa
projection verticale perpendiculaire aux lignes de front.

41. Cela posé, voici le problème à résoudre : *par un point*
(*m,m′*) *d'un plan donné P, mener la ligne de plus grande*

1. *Eléments de Géom.*, par MM. E. R. et de C., livre V § IV.

pente par rapport au plan horizontal et trouver l'angle du plan P avec le plan horizontal (fig. 19).

On se procurera d'abord une horizontale (ab, $a'b'$) du plan P ; la perpendiculaire mc, menée de m sur ab, sera la projection horizontale de la ligne de plus grande pente ; la projection verticale $m'c'$ s'ensuivra (n° 28) à l'aide de la ligne de rappel cc' du point d'appui de la ligne de plus grande pente sur l'horizontale.

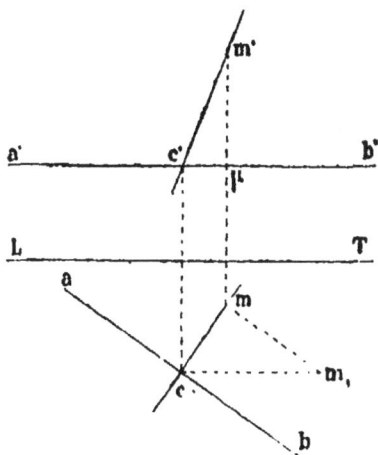

Fig. 19.

L'angle du plan P avec le plan horizontal, n'étant autre que celui de la ligne de plus grande pente (mc, $m'c'$) avec sa projection horizontale, s'obtiendra par le procédé du n° 24 ; c'est l'angle en c du triangle rectangle cmm_1 formé en menant la droite mm_1 parallèle à ab et égale à la différence des côtes des points M et C.

On tracerait pareillement par le point (m,m') la ligne de plus grande pente du plan P par rapport au plan vertical et l'on obtiendrait l'angle du plan P avec le plan vertical. Il suffit d'intervertir les rôles des deux plans de projection.

49. — Un plan, non vertical, est déterminé par l'une quelconque (mc, $m'c'$) de ses lignes de plus grande pente par rapport au plan horizontal (fig. 19); il suffit, en effet, pour avoir une horizontale du plan, de prendre un point à volonté (c,c')

sur cette ligne, puis de mener par *c* une perpendiculaire *cb* à *cm* et par *c'* une parallèle *c'b'* à LT.

De même un plan, à moins qu'il ne soit de bout, est déterminé par l'une quelconque de ses lignes de plus grande pente par rapport au plan vertical; on s'en procurera immédiatement autant de lignes de front qu'on voudra.

Perpendiculaire au plan.

42. — *Pour qu'une droite AB, déterminée par ses projections, soit perpendiculaire à un plan VαH, il faut et il suffit que sa projection horizontale ab soit perpendiculaire à la trace horizontale αH du plan, et que sa projection verticale a'b' soit perpendiculaire à la trace verticale αV du plan* (fig. 20).

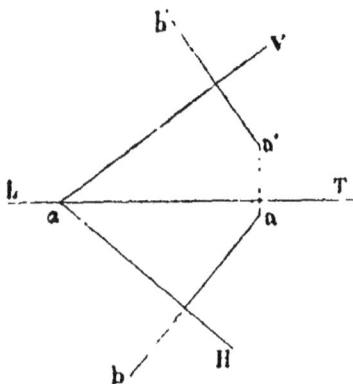

Fig. 20.

Ces conditions sont nécessaires; car, l'angle de AB et de αH, étant droit et ayant l'un de ses côtés horizontal, reste droit en projection horizontale. De même, l'angle de AB et αV reste droit en projection verticale.

Ces conditions sont suffisantes. En effet, imaginons la perpendiculaire AX menée par le point A au plan VαH. La projection horizontale de AX devra passer par *a* et être en outre, d'après la proposition directe, perpendiculaire à αH; cette projection n'est donc autre que *ab*. De même, la projection verticale de AX ne diffère pas de $a'b'$. Donc, puisque ab et $a'b'$ sont des projections déterminantes, AX coïncide avec AB; en d'autres termes, AB est perpendiculaire au plan VαH.

11. — Ce théorème permet de *mener par un point quel-conque une perpendiculaire à un plan donné.*

Si, comme dans la figure 20, le plan est défini par ses traces, et si (a,a') est le point donné, on mènera ab perpen-diculaire à αH et $a'b'$ perpendiculaire à αV.

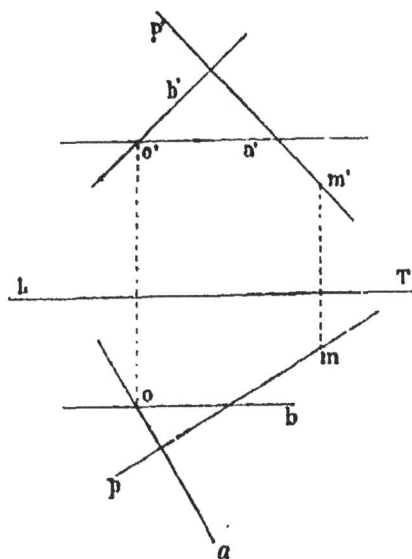

Fig. 21.

En général, de quelque manière que le plan soit défini, on s'en procurera une horizontale $(oa, o'a')$ et une ligne de front $(ob, o'b')$ (fig. 21); puis, si (m, m') est le point donné, on mè-nera mp perpendiculaire à la direction oa des horizontales et $m'p'$ perpendiculaire à la direction $o'b'$ des lignes de front.

Toutefois, si le plan donné était (fig. 22) parallèle à la ligne de terre ou passait par cette ligne, les projections mp, $m'p'$, ainsi obtenues pour la perpendiculaire, ne seraient pas déter-minantes. Il faudrait alors changer préalablement de plan ver-tical en prenant une nouvelle ligne de terre L_1T_1 non parallèle LT. Dans ce cas, on choisit le plus souvent pour L_1T_1, la projection horizontale mp de la perpendiculaire; le point donné (m, m') devient (m, m'_1); la nouvelle trace verticale du plan est $H_1 V_1$ (on l'obtient d'après le n° 39 en figurant dans le nouveau système les points où les droites H et V rencontrent le nouveau plan vertical $L_1 T_1$). La perpendiculaire cherchée est

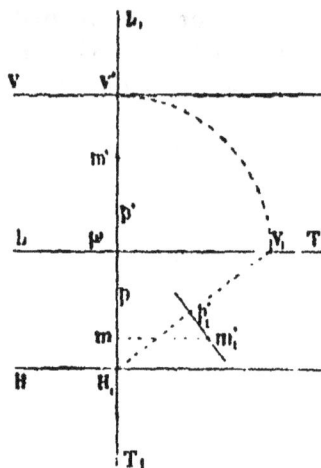

Fig. 22.

déterminée par sa projection horizontale mp et par sa nouvelle projection verticale $m'_1 p'_1$ qui est menée par m'_1, perpendiculairement à la nouvelle trace verticale $H_1 V_1$ du plan considéré.

45. — On a souvent besoin de résoudre la question inverse : *par un point donné (o, o'), mener un plan perpendiculaire à une droite déterminée par ses projections mp et m'p'* (fig. 21).

En menant oa perpendiculaire à mp et $o'a'$ parallèle à LT, on a une horizontale $(oa, o'a')$ du plan cherché. On obtient ensuite une ligne de front $(ob, o'b')$ du même plan, en menant $o'b'$ perpendiculaire à $m'p'$ et ob parallèle à LT.

Plans parallèles.

46. — *Pour mener, par un point donné M, un plan parallèle à un plan donné P*, on choisira à volonté dans le plan P deux droites qui se coupent et on leur mènera des parallèles par le pont M. Le plan de ces parallèles sera le plan cherché.

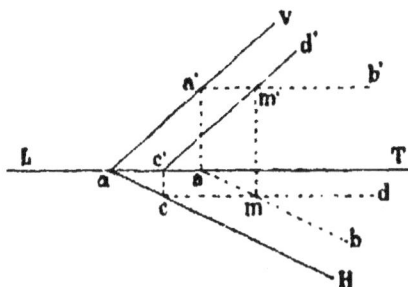

Fig. 23.

Si parmi les données se trouvent les directions des traces du plan P, on mènera par le point $(m_1 m')$ (figure 23) une parallèle $(ab, a'b')$ à la trace horizontale et une parallèle $(cd, c'd')$ à la trace verticale. Ces deux droites seront une horizontale et une ligne de front du plan cherché. Comme les traces de ce plan doivent être parallèles à ces droites, on tombe sur ce théorème : *quand deux plans sont parallèles, leurs traces de même nom sont parallèles.* Si l'on veut user de cette proposition, l'une des droites $(ab, a'b')$ $(cd, c'd')$ suffit; prenons par exemple la première; en menant par sa trace verticale a' la parallèle Vz à la trace verticale du plan cherché, on aura cette trace verticale elle-même, et la parallèle à ab menée par z sera la trace horizontale. Mais le succès de ce tracé particulier exige que les points a' et z soient situés dans les limites de l'épure.

CHAPITRE IV

INTERSECTIONS DES DROITES ET DES PLANS

—

47. — Les problèmes élémentaires relatifs aux intersections des droites et des plans sont les trois suivants : intersection de deux droites, intersection de deux plans, intersection d'une droite et d'un plan.

Le premier a été traité complètement au n° 18. Quant aux deux autres, nous ne les avons résolus jusqu'ici que dans le cas simple (n°ˢ 34 et 35), où, parmi les données (deux plans ou droite et plan) se trouve un plan perpendiculaire à l'un des plans de projection. Il s'agit maintenant d'indiquer la solution générale de ces deux problèmes et d'en faire quelques applications.

Intersection de deux plans.

48. — Deux plans P_1 et P_2 étant donnés, pour avoir un point de leur intersection Δ, on les coupe par un plan auxiliaire Q perpendiculaire à l'un des plans de projection. Le point commun aux deux droites D_1 et D_2 ainsi obtenues (n° 35) appartient à la droite cherchée Δ. Un second plan auxiliaire perpendiculaire à l'un des plans de projection donnera un second point de la droite Δ, qui sera ainsi bien déterminée.

Un seul plan auxiliaire suffit quand on connaît déjà un point ou la direction de l'intersection.

Voici des exemples :

49. — Soient les deux plans (*oab*, *o'a'b'*), (*ωxβ*, *ω'α'β'*) donnés chacun par deux droites qui se coupent (fig. 24) ; c'est le cas général.

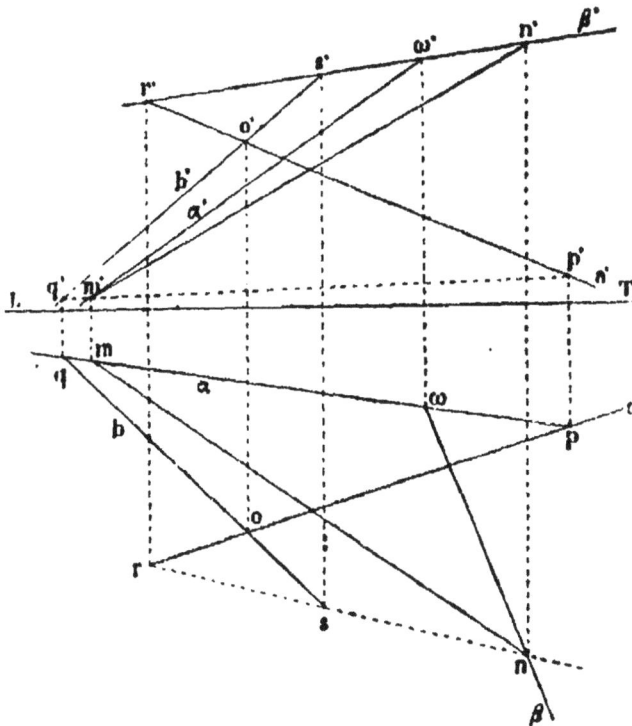

Fig. 24.

Prenons, pour plan sécant auxiliaire, le plan qui projette horizontalement la droite (*ωx*, *ω'x'*) ; il coupe le plan OAB suivant la droite (*pq*, *p'q'*) qui, par sa rencontre avec (*ωx,ω'x'*), donne un premier point (*m,m'*) de l'intersection.

Prenons, pour autre plan auxiliaire, le plan qui projette verticalement la droite (*ωβ*, *ω'β'*); il coupe le plan OAB suivant la droite (*rs*, *r's'*) qui, par sa rencontre avec (*ωβ*, *ω'β'*), donne un second point (*n*, *n'*) de l'intersection.

L'intersection est donc la droite (*mn*, *m'n'*).

50. — Soient V*x*H, V₁*x*₁H₁ deux plans définis par leurs traces, en supposant d'ailleurs que les points *h* et *v'* où se

3

coupent respectivement les traces horizontales et les traces
verticales soient situées dans les limites de l'épure (fig. 25).

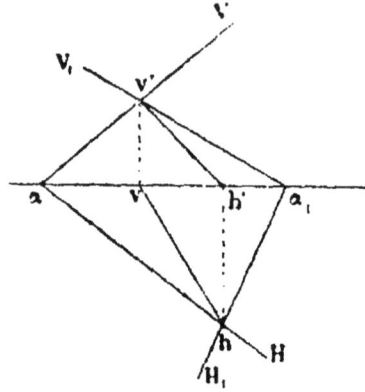

Fig. 25.

On prend pour premier plan sécant auxiliaire le plan horizontal de projection ; ce plan coupe les deux plans proposés
suivant leurs traces horizontales χH, χ_1H$_1$, dont le point commun (h,h') est un point de l'intersection demandée. Le plan
vertical de projection employé comme plan sécant auxiliaire
donne, d'une manière analogue, un second point (v, v') de
l'intersection, qui est la droite (hv, h'v').

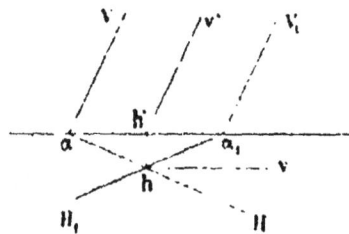

Fig. 26.

Si deux traces de même nom, les traces verticales αV,
α_1V$_1$, par exemple, étaient parallèles, v' et v seraient à l'infini
respectivement sur χV et sur la ligne de terre ; l'intersection
serait la ligne de front (hv, h'v') menée par (h, h') parallèlement
à la direction commune de αV et de α_1V$_1$ (fig. 26).

51. — La disposition de la figure 25 est au fond très particulière ; il arrive rarement que les points h et r' soient l'un et
l'autre dans les limites de l'épure.

Si l'un d'eux, h par exemple, est seul accessible, il faudra
se procurer un second point de l'intersection. A cet effet, on
coupera par un plan de front ou par un plan horizontal ; c'est
un plan horizontal $p'q'$ que nous avons employé dans la figure
27 ; il donne les horizontales pr et qr, et l'intersection demandée est la droite $(hr, h'r')$.

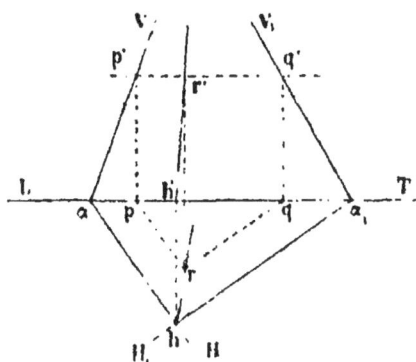

Fig. 27.

On couperait par un second plan, horizontal ou de front, si
le point h sortait du cadre en même temps que r'.

52. — Un cas fréquent dans la pratique, est celui où chacun des plans est donné par sa trace horizontale et par son
inclinaison sur le plan horizontal. On coupe alors par des plans
horizontaux (fig. 28).

Soit $\alpha_1 H_1$ la trace horizontale du premier plan et ω_1 son inclinaison sur le plan horizontal. Quand un plan est donné de
la sorte, on se procure immédiatement la trace $\alpha_1 V_1$ de ce plan
sur un plan vertical $L_1 T_1$, perpendiculaire à $\alpha_1 H_1$; il suffit de
mener, par le point α_1, intersection de $L_1 T_1$ et de $\alpha_1 H_1$, une
droite $\alpha_1 V_1$ faisant avec $L_1 T_1$ un angle $V_1 \alpha_1 T_1$ égal à l'inclinaison donnée ω_1.

On opère de même pour le second plan, dont $\alpha_2 H_1$ est la
trace horizontale et ω_2 l'inclinaison sur le plan horizontal ; en

menant L_2T_2 perpendiculaire à α_2H_2, puis α_2V_2 faisant avec L_2T_2 un angle $V_2\alpha_2L_2$ égal à ω_2, on obtient la trace du second plan sur le plan vertical L_2T_2.

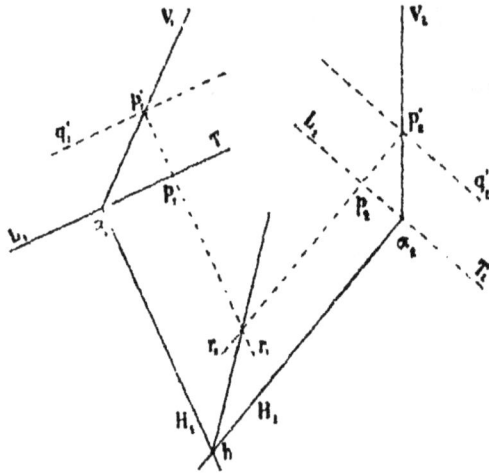

Fig. 28.

A l'aide de cette préparation préliminaire, les deux plans $V_1\alpha_1H_1$, $V_2\alpha_2H_2$ se trouvent définis par leurs traces α_1H_1, α_2H_2 sur le plan horizontal de projection et par leurs traces verticales α_1V_1, α_2V_2 sur deux plans verticaux différents.

Cela étant, coupons par un plan horizontal auxiliaire ; ce plan aura pour traces verticales sur les plans L_1T_1 et L_2T_2 des droites $p'_1q'_1$, $p'_2q'_2$ respectivement parallèles à L_1T_1 et à L_2T_2 et situées à la même distance de ces deux lignes. L'intersection du plan $V_1\alpha_1H_1$ et du plan auxiliaire sera l'horizontale $(p_1r_1, \; p'_1)$, tandis que l'horizontale $(p_2r_2, \; p'_2)$ sera l'intersection du même plan auxiliaire et de $V_2\alpha_2H_2$; en joignant alors le point commun à p_1r_1 et p_2r_2 au point h commun aux traces horizontales α_1H_1, α_2H_2, on a la projection horizontale de l'intersection cherchée ; cette intersection a d'ailleurs pour projection verticale, α_1V_1 sur le plan L_1T_1 ou α_2V_2 sur le plan L_2T_2.

Si le point h n'était pas accessible, on couperait par un second plan horizontal.

Si les plans étaient donnés chacun par sa trace verticale et

par son inclinaison sur le plan vertical de projection, on emploierait pour plans auxiliaires des plans de front au lieu de
plans horizontaux.

53. — On choisirait encore avec avantage comme plan
auxiliaire un plan horizontal ou un plan de front, si l'un des
plans était défini par ses traces et l'autre par la condition
de passer par la ligne de terre et un point donné (a, a')
(fig. 29).

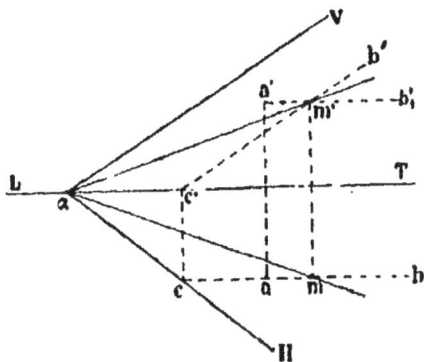

Fig. 29.

Le plan de front cb passant par (a, a') donne dans le plan
VαH la droite de front $(cb, c'b')$ et dans l'autre plan donné la
parallèle $(ab, a'b'_1)$ à la ligne de terre ; le point (m, m') commun à ces deux droites appartient à l'intersection cherchée
$(\alpha m, \alpha m')$, dont le point α de la ligne de terre est évidemment
un premier point.

54. — Pour donner un exemple de l'emploi d'un plan de
profil, c'est-à-dire d'un plan perpendiculaire à la ligne de terre,
nous supposerons les deux plans donnés (HV), (H,V,) parallèles à la ligne de terre. Leur intersection est évidemment parallèle à cette ligne, et il suffit d'en trouver un point. A cet
effet, on a coupé par un plan de profil $\lambda\theta$ (fig. 30) que l'on a
pris comme nouveau plan vertical de projection. Les traces hu,
h_1u_1 des plans proposés sur ce plan de projection auxiliaire se

coupent en un point μ dont la projection sur le plan horizontal
et sur l'ancien plan vertical sont m et m'; la parallèle à LT
menée par (m,m') est l'intersection demandée (mn, m'n').

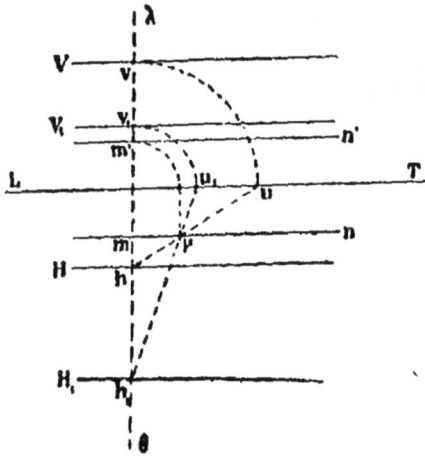

Fig. 30.

55. — Considérons enfin (fig. 31) deux plans VαH, V₁α₁H₁
donnés par leurs traces et rencontrant la ligne de terre en un
même point α, qui appartient dès lors à l'intersection.

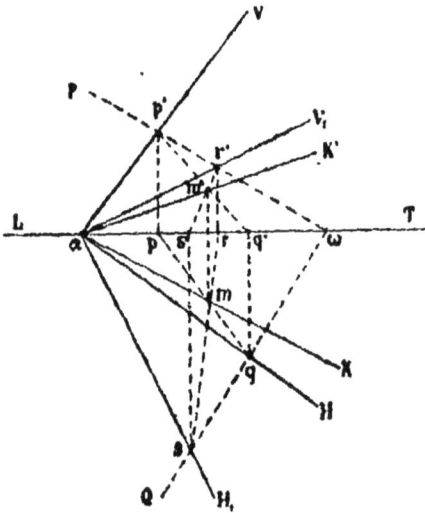

Fig. 31.

Pour trouver un autre point de cette ligne, coupons les

plans donnés par un plan auxiliaire PωQ défini par ses traces et tel que les points q et s où ωQ rencontre respectivement αΗ et αΗ₁, soient accessibles aussi bien que les points p' et r', où ωP rencontre αV et αV₁ ; le plan auxiliaire coupe les plans proposés suivant les droites $(pq, p'q')$, $(rs, r's')$ (nᵒ 53), et il suffira de joindre le point α aux projections du point (m, m'), commun à ces deux droites pour avoir l'intersection demandée (am, am').

56. — On voit, par ce dernier exemple, que les plans perpendiculaires aux plans de projection ne sont pas les seuls plans auxiliaires qu'on puisse employer. La règle du nᵒ 49 peut être généralisée : *il suffit de prendre des plans auxiliaires tels qu'on sache construire les droites suivant lesquelles ils coupent les plans proposés.* Diminuer le nombre des lignes à tracer, obtenir les points par des droites se coupant sous un bon angle, telles sont les conditions qui doivent guider le choix de l'opérateur.

Intersection d'une droite et d'un plan.

57. — Pour obtenir l'intersection d'une droite et d'un plan, on mène par la droite un plan choisi à volonté ; ce plan auxiliaire coupe le plan donné suivant une droite, qui rencontre la droite proposée au point cherché.

Il convient de choisir le plan auxiliaire de façon que la recherche de son intersection avec le plan proposé tombe dans l'un des cas simples de l'intersection de deux plans. Aussi prend-on le plus souvent pour plan auxiliaire l'un des plans projetants de la droite donnée.

58. — La figure 32 est relative au cas où le plan VαΗ est donné par ses traces ; $(ab, a'b')$ est la droite donnée.

On a pris pour plan auxiliaire le plan $a'h'$ qui projette la droite verticalement : il coupe le plan proposé suivant la droite $(vh, v'h')$, et le point (m, m') commun à $(ab, a'b')$ et à $(vh, v'h')$ est le point cherché.

59. — Dans la figure 33, il s'agit de trouver le point où la droite (*cd*, *c'd'*) rencontre le plan (*aob*, *a'o'b'*) défini par deux droites quelconques qui se coupent.

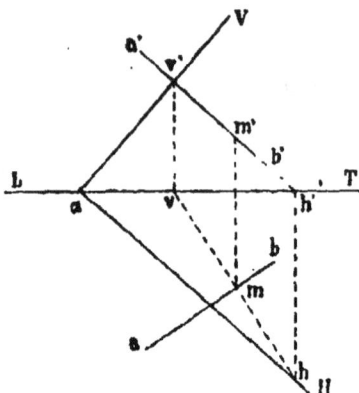

Fig. 32.

On a pris pour plan auxiliaire le plan vertical *cd* qui projette la droite horizontalement; ce plan coupe le plan (*aob*, *a'o'b'*) suivant la droite (γδ, γ'δ'), et le point (*m*, *m'*) commun à (*cd*, *c'd'*) et (γδ, γ'δ') est le point demandé.

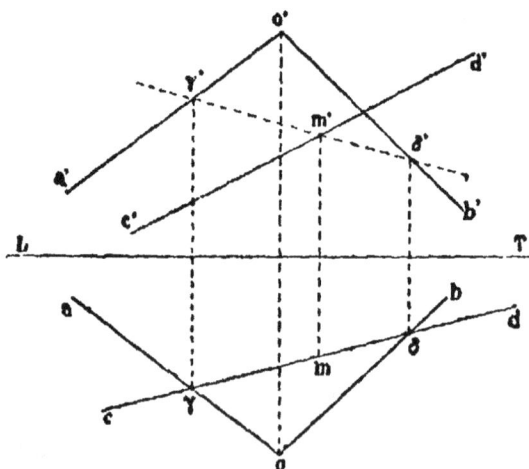

Fig. 33.

60. — Lorsqu'on prend comme plan auxiliaire l'un des plans projetants de la droite donnée, on peut effectuer les tracés que proscrit la règle du n° 57, soit en opérant sur les plans de projections primitifs comme nous venons de le faire, soit en prenant pour plans de projection le plan auxiliaire et à celui des plans de projections primitifs qui lui est perpendiculaire.

Ce second mode d'exécution est préférable dans les deux cas suivants : 1° lorsque la droite proposée est dans un plan de profil ; 2° lorsque la droite et le plan proposés sont perpendiculaires entre eux.

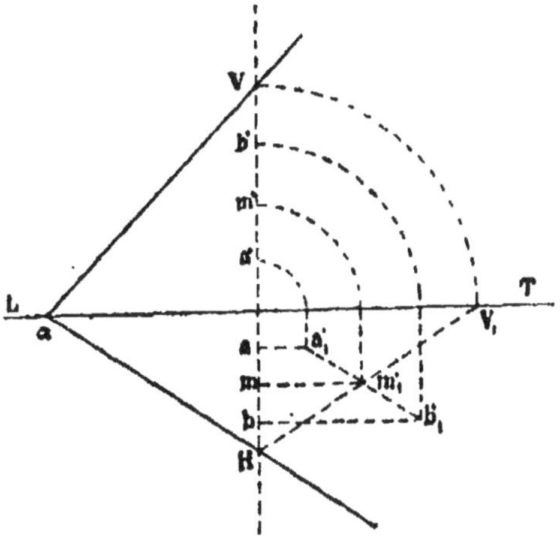

Fig. 34.

61. — La figure 34 est relative au cas où la droite est située dans un plan de profil et définie par deux points (a, a'), (b, b'). Quant au plan, nous l'avons supposé défini par ses traces αH, αV. Prenons le plan de profil pour plan auxiliaire ; la nouvelle ligne de terre sera ab; soit $a'_1 b'_1$ la nouvelle projection de la droite et HV_1 la nouvelle trace du plan ; le point m'_1 commun à $a'_1 b'_1$ et à HV_1 est la projection auxiliaire du point cherché, d'où résultent immédiatement, comme on sait, les projections m et m' sur les plans de projection primitifs.

62. — La figure 35 se rapporte au cas où la droite et les plans proposés sont perpendiculaires entre eux. Nous supposons la droite bien définie par ses deux projections $(ab, a'b')$; la connaissance d'un seul point (p, p') du plan suffit alors pour la déterminer.

On a choisi pour plan auxiliaire le plan qui projette la droite horizontalement et on a adopté ce plan ab pour nouveau plan vertical de projection ; soient a'_1, b'_1, p'_1 les projections verticales auxiliaires des trois points (a, a') (b, b') (p, p'). La perpendiculaire $p'_1q'_1$ abaissée de p'_1 sur $a'_1b'_1$, sera la nouvelle trace verticale du plan proposé, car d'une part cette trace doit

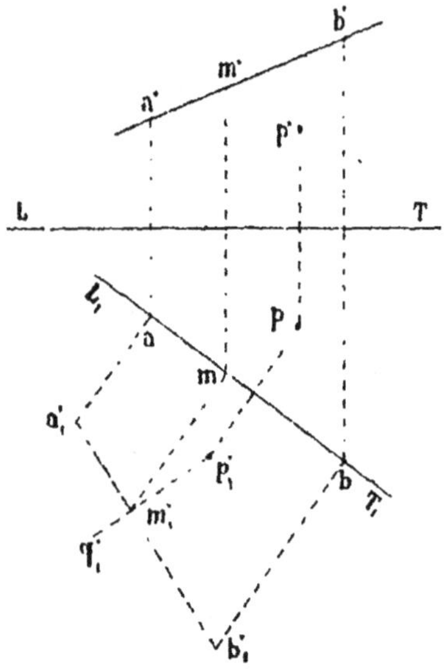

Fig. 35.

contenir le point p'_1 puisque le plan proposé est perpendiculaire au nouveau plan vertical L_1T_1, et d'autre part cette trace doit être perpendiculaire à $a'_1b'_1$ puisque sur tout plan de projection la trace du plan doit (n° 43) être à angle droit sur la projection de la droite. Le point cherché a donc pour projection auxiliaire l'intersection m'_1 de $a'_1b'_1$ et de $p'_1q'_1$, d'où l'on passe, comme on sait, aux projections m et m' sur les plans coordonnés primitifs.

Applications.

83. — *Trouver le point commun à trois plans.*

On détermine les droites suivant lesquelles l'un de ces plans coupe les deux autres, puis on cherche le point commun à ces deux droites.

On peut aussi chercher la droite commune à deux des plans proposés, puis prendre l'intersection de cette droite avec le troisième plan.

64. — *Trouver une droite passant par un point donné et rencontrant deux droites données.*

La droite inconnue est l'intersection des deux plans déterminés respectivement par le point donné et par chacune des droites données. Il suffit d'ailleurs de trouver un point de cette intersection.

65. — *Trouver une droite de direction donnée et rencontrant deux droites données.*

La droite inconnue est l'intersection des deux plans déterminés respectivement par les deux droites données et la direction donnée. Il suffit d'ailleurs d'obtenir un point de cette intersection.

66. — *Trouver une droite passant par un point donné, rencontrant une droite donnée et parallèle à un plan donné.*

La droite inconnue est l'intersection du plan déterminé par la droite et le point donnés et du plan mené par le point donné parallèlement au plan donné ; il suffit d'ailleurs d'obtenir un point de cette intersection.

On peut aussi déterminer le point où la droite inconnue rencontre la droite donnée en cherchant l'intersection de cette dernière avec le plan mené par le point donné parallèlement au plan donné.

CHAPITRE V

ROTATIONS ET RABATTEMENTS

Problème des rotations.

67. — Etant données les projections d'une figure sur deux plans coordonnés rectangulaires, trouver les projections de cette figure sur les mêmes plans après qu'elle a tourné d'un angle donné autour d'une droite donnée ; tel est l'énoncé du problème des rotations.

La droite donnée prend le nom d'*axe de rotation*. Dans la pratique on n'emploie utilement que des axes perpendiculaires ou parallèles à l'un des plans de projection.

La solution du problème des rotations est fondée sur le principe suivant : *quand une figure tourne autour d'un axe, tout point de cette figure décrit un arc de cercle dont le centre est sur l'axe et dont le plan est perpendiculaire à l'axe.*

Rotation autour d'un axe vertical ou de bout.

68. — Quand l'axe de rotation est vertical, les arcs décrits par les divers points de la figure sont horizontaux ; ils se projettent donc, verticalement suivant des droites parallèles à la lignes de terre, et horizontalement, en vraie grandeur, suivant des arcs de cercle ayant tous le pied de l'axe pour centre commun.

Soient donc $(o,o'o')$ l'axe vertical (fig. 36) et (m,m') un point quelconque de la figure qui doit tourner d'un angle donné ω et dans le sens indiqué par la flèche f. Du point o comme

centre, on décrira un arc de cercle passant par m; on arrêtera
cet arc sur le rayon om, qui fait avec om dans le sens de la

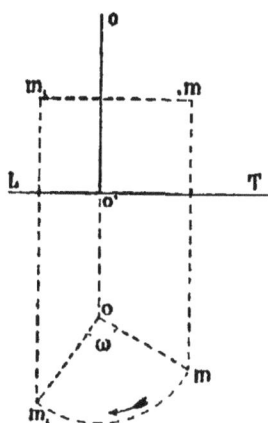

Fig. 36.

flèche un angle $m_1\, om = \omega$; le point, après sa rotation, aura
pour projection horizontale m_1 et pour projection verticale le
point m', où la ligne de rappel de m_1 rencontre la parallèle à la
ligne de terre menée par m'.

69. — Pour faire tourner une droite, on en fait tourner
deux points.

On choisit souvent deux points équidistants de l'axe ; de
cette façon les arcs décrits par ces points sont, en projection
horizontale, sur le même cercle.

Plus souvent encore, on choisit le point le plus voisin
de l'axe et un autre point quelconque. C'est ce que nous
avons fait dans la figure 37; soit AB la droite que l'on veut
faire tourner d'un angle ω, et dans le sens de la flèche f, autour de l'axe $(o,o'o'')$. Les perpendiculaires abaissées sur l'axe
par les divers points de AB se projettent horizontalement en
vraie grandeur suivant les droites qui joignent le point o aux
divers points de ab; on aura donc la projection horizontale p
du point de AB qui est le plus voisin de l'axe en abaissant du
point o la perpendiculaire op sur ab; la rotation amènera le
point (p,p') en (p_1,p'_1) (n° 68). Mais, dans sa nouvelle position,

la droite AB se projettera suivant la tangente en p, au cercle pp, vu que, dans la rotation, la droite AB reste perpendiculaire au rayon OP et que l'angle droit OPA, ayant son côté OP horizontal, reste droit en projection horizontale. Il n'y a donc plus à trouver qu'un point de la projection verticale

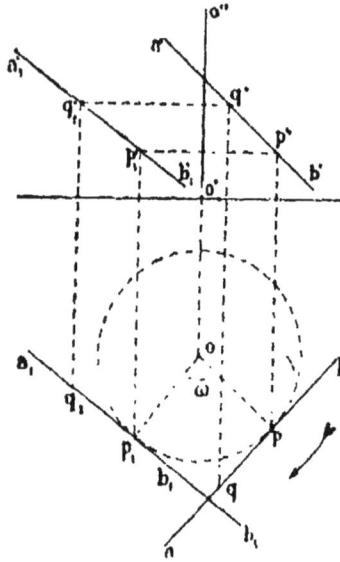

Fig. 37.

de la droite après la rotation. Or (q, q') étant pris à volonté sur la droite AB, le segment QA conserve, dans le mouvement, sa longueur et son inclinaison sur le plan horizontal; donc la longueur de la projection horizontale de ce segment reste inaltérée, et l'on aura la projection horizontale q_1 du point Q après la rotation, en portant sur la tangente a_1b_1 à partir de p_1, une longueur p_1q_1 égale à pq et de même sens; la projection verticale q'_1 sera d'ailleurs à la rencontre de la ligne de rappel de q_1 et de la parallèle à la ligne de terre menée par q'. Donc enfin $(p_1q_1,\ p'_1q'_1)$ sera la droite AB après la rotation.

70. — Il suffit de faire tourner un seul point de la droite lorsque cette droite rencontre l'axe ou lui est parallèle; en effet, dans le premier cas, le point de rencontre reste immobile, et, dans le second, la droite reste parallèle à l'axe.

71. — Pour faire tourner un plan on peut en faire tourner deux droites ou trois points. Mais le mieux consiste
à faire simplement tourner celle des lignes de plus grande

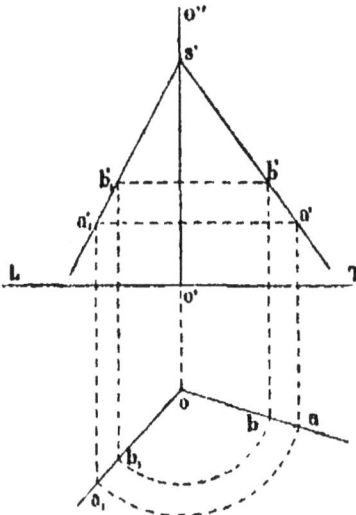

Fig. 38.

pente du plan qui rencontre l'axe ; on fait d'ailleurs tourner
un seul point (a,a') ou deux points (a,a'), (b,b') (fig. 38) de
cette ligne de plus grande pente suivant que le point s' où elle
rencontre l'axe est accessible ou non.

72. — Nous avons supposé jusqu'ici l'axe de rotation vertical ; s'il était de bout, on opérerait pareillement, sauf à intervertir les rôles des deux plans de projection ; c'est sur le
plan vertical que les arcs décrits se projetteraient en vraie
grandeur. On voit sur la figure 39 les tracés relatifs à la rotation du point (m,m') autour de l'axe de bout (o,o_1,o') ; (n,n') est
la position finale.

73. — Signalons enfin, comme application des rotations
autour d'un axe vertical ou de bout, les deux questions suivantes :

1° *Rendre une droite parallèle à l'un des plans de projec-*

tion. — Il suffit de la faire tourner autour d'un axe perpendiculaire à l'autre plan jusqu'à ce que sa projection sur ce second plan soit parallèle à la ligne de terre.

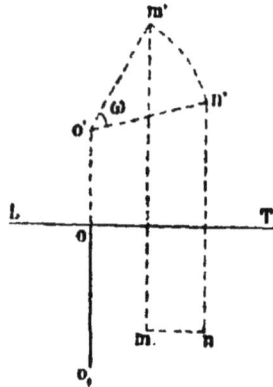

Fig. 39.

2° *Rendre un plan perpendiculaire à l'un des plans de projection.* — Il suffit de le faire tourner autour d'un axe perpendiculaire à l'autre plan de projection jusqu'à ce que sa ligne de plus grande pente par rapport à ce second plan soit parallèle à la ligne de terre.

Rotation autour d'un axe horizontal ou de front; problème des rabattements.

74. — Quand l'axe de rotation est horizontal ou de front, on prend pour plan de projection auxiliaire un plan perpendiculaire à cet axe et l'on retombe ainsi immédiatement sur le cas où l'axe est de bout ou vertical.

75. — Cette question ne mériterait donc pas de nous arrêter, si elle ne comprenait comme cas particulier, la *méthode des rabattements*, qui fournit un procédé général et fort usuel : 1° pour trouver la vraie grandeur d'une figure plane quelconque ; 2° pour résoudre tout problème dont la solution n'exige que l'intervention de lignes toutes situées dans un même plan.

Pour trouver la vraie grandeur d'une figure plane, on fait
tourner le plan de cette figure autour d'une de ses horizontales (ou d'une de ses lignes de front) jusqu'à ce que ce plan
soit devenu horizontal (ou de front) ; arrivée dans cette position, la figure se projette horizontalement (ou verticalement)
en vraie grandeur.

Pour résoudre un problème qui ne dépend au fond que de la
géométrie plane, on rend horizontal (ou de front) le plan qui
doit renfermer toutes les lignes de construction, en faisant
tourner ce plan, avec toutes les données qu'il contient, autour de
l'une de ses horizontales (ou de l'une de ses lignes de front).
On effectue alors les tracés qu'exige la solution du problème ;
puis, par une rotation inverse de la première, on ramène le
plan dans la position primitive en entraînant les éléments
qu'on a déterminés.

Souvent l'horizontale (ou la ligne de front) choisie pour
axe de rotation est la trace horizontale (ou la trace verticale)
du plan, lequel vient alors s'appliquer ou se rabattre sur le
plan horizontal (ou sur le plan vertical) de projection. De là
le nom de *rabattement* donné à la méthode en question.

78. — Soit proposé de *rabattre un plan quelconque P
autour d'une de ses horizontales.* — Il s'agit de trouver le
rabattement d'un point quelconque (m,m') de ce plan, c'est-
à-dire la projection horizontale m_1 de ce point, lorsque le plan
P est devenu horizontal, par une rotation autour de l'axe horizontal $(hk,h'k')$ (fig. 40).

Prenons pour nouveau plan vertical de projection un plan
L_1T_1 perpendiculaire à hk, et soient h'_1 et m'_1 les projections
auxiliaires de la droite HK et du point M.

On est ainsi conduit à faire tourner le point (m, m'_1) autour
d'un axe (hk,h'_1) qui est de bout par rapport au plan vertical
L_1T_1 ; on décrit à cet effet, d'après la théorie précédente, un
cercle du point h'_1 comme centre avec $h'_1m'_1$ pour rayon, et on
arrête le point M, dans son mouvement sur ce cercle, lorsque
le rayon est devenu horizontal, c'est-à-dire a pris la position
$h'm''_1$ parallèle à L_1T_1 ; la projection horizontale du point M
est alors à la rencontre m_1 de la ligne de rappel du point m''_1

4

et de la droite $m\omega$ qui est menée par m parallèlement à L_1T_1 et qui représente la projection horizontale du cercle décrit.

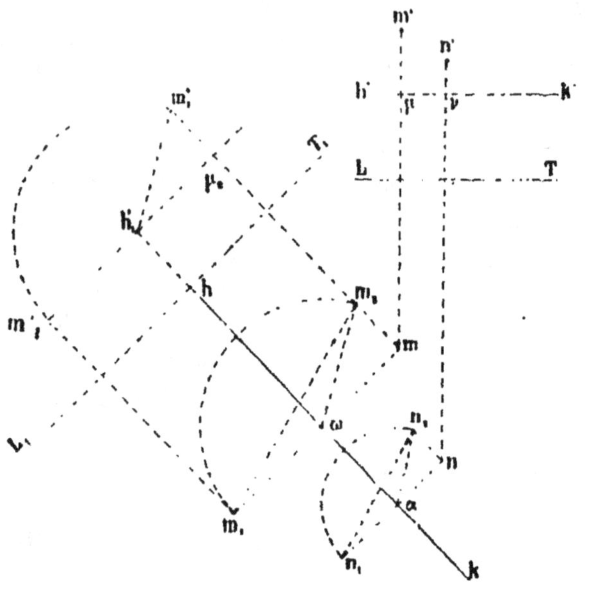

Fig. 40.

Le point m_1 est le rabattement demandé. Mais si l'on imagine la parallèle ωm_2 au rayon $h'_1m'_1$ jusqu'à sa rencontre m_2 avec $m\mu_2$, les triangles $m\omega m_2$, $h'_1\mu_2m'_1$ ayant leurs côtés parallèles et le côté $m\omega$ égal à $h'_1\mu_2$ donnent :

$$mm_2=\mu_2m'_1 \text{ ou } \mu m', \omega m_2=h'_1m'_1 \text{ ou } \omega m_1$$

De là cette règle pratique : *pour rabattre un point* (m, m'), *menez, par sa projection horizontale* m *une perpendiculaire* $m\mu$ *et une parallèle* mm₁ *à la projection horizontale* hk *de l'axe ; portez sur la parallèle la cote* $\mu m'$ *du point comptée à partir de la projection verticale* h'k' *de l'axe ; puis, du pied* ω *de la perpendiculaire comme centre, décrivez un arc de cercle passant par l'extrémité* m₁ *de la parallèle, et arrêtez cet arc à sa rencontre* m₁ *avec la perpendiculaire* mω *prolongée.*

Ce tracé est usuel ; il faut savoir l'exécuter sans aucune hésitation.

77. — La droite $h'_1 m'_1$ est la trace du plan P sur le plan $L_1 T_1$; l'angle $\mu_2 h'_1 m'_1$ et, par suite, son égal $m \omega m_2$ représente l'inclinaison du plan P sur le plan horizontal. Donc, pour tous les points du plan P les triangles analogues au triangle isoscèle $m m_1 m_2$ ont leur côtés respectivement parallèles.

On profite de ce parallélisme pour simplifier, dès qu'un premier point est rabattu, les tracés relatifs au rabattement des autres points du plan. Ainsi, pour rabattre le point projeté horizontalement en n, on mènera successivement la droite $n\alpha$, αn_2 $n n_2$, $n_2 n_1$ respectivement parallèles à $m\omega$, ωm_2, $m m_2$, $m_2 m_1$. Tout se construit donc avec la règle seule sans le secours du compas.

78. — Le relèvement d'un point exige les mêmes tracés effectués en ordre inverse. Mais il faudra commencer, si on ne l'a déjà fait, par rabattre un premier point du plan, afin de se procurer les directions fixes ωm_2, $m_2 m_1$.

Alors, pour relever le point N dont on donne le rabattement n_1, on mènera successivement les droites $n_1 \alpha$, $n_1 n_2$, αn_2 respectivement parallèles à $m_1 \omega$, $m_1 m_2$, ωm_2 ; on aura ainsi la projection horizontale n du point N, et la projection verticale s'obtiendra en portant sur la ligne de rappel du point n et, à partir de $h'k'$, la cote $\omega n'$ égale à $n n_2$.

Si l'angle des droites $n_1 n_2$, αn_2 était très aigu, on remplacerait l'une de ces deux droites par l'arc de cercle décrit du point α comme centre avec αn_1 pour rayon.

79. — La figure 41 est relative *au rabattement autour d'une ligne de front*.

Le plan à rabattre est défini par cette ligne de front $(ef, e'f')$ et par un point (m, m').

Les raisonnements et les tracés subsistent à condition d'intervertir les rôles des deux plans de projection. Ainsi pour rabattre le point (m, m'), on mènera par m' une parallèle et une perpendiculaire à $e'f'$; on portera sur la parallèle une longueur $m'm'_2$ égale à l'éloignement ωm du point compté à partir de ef ; puis, du pied ω de la perpendiculaire comme centre, on décrira un arc de cercle passant par m'_2 et qu'on arrêtera à son intersection m'_1 avec $m'\omega$; m'_1 sera le rabattement demandé.

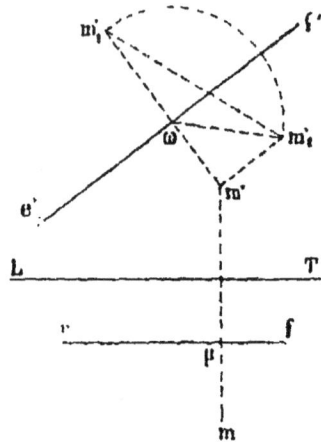

Fig. 41.

On profitera, soit pour rabattre d'autres points du même plan soit pour les relever, de ce que les côtés des triangles tels que $m'm', m'_2$ ont des directions constantes.

Autre tracé pour le problème des rabattements.

80. — Revenons au rabattement d'un plan P autour d'une ligne horizontale $(hk, h'k')$ et soit (fig. 42) le rabattement m_1 d'un point (m, m') du plan P.

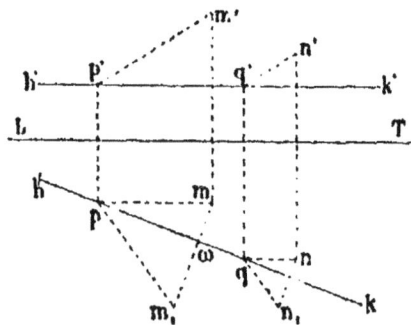

Fig. 42.

Traçons, dans le plan P, la ligne de front $(mp, m'p')$ qui

passe par le point (m,m') et soit (p,p') le point où cette ligne rencontre l'axe $(hk, h'k')$; m_1p sera le rabattement de cette ligne de front et l'on aura $pm_1 = p'm'$, puisque la ligne de front considérée est, dans sa position primitive, parallèle au plan vertical, et, dans sa position finale, parallèle au plan horizontal. Donc, on aura le rabattement m_1 en abaissant la perpendiculaire $m\omega$ sur hk, puis, décrivant du point p comme centre, avec $p'm'$ pour rayon, un arc de cercle qui coupe $m\omega$ au point cherché m_1.

Observons que pour tous les points du plan P, les triangles analogues à mpm_1 ont leurs côtés respectivement parallèles ; il en est de même d'ailleurs des lignes analogues à $p'm'$. On profite de ce parallélisme pour faciliter le rabattement ou le relèvement des autres points du plan P. Veut-on, par exemple, relever le point dont n_1 est le rabattement, on mènera successivement les droites n_1n, n_1q, qn respectivement parallèles à m_1m, m_1p, pm; n sera la projection horizontale cherchée. Quant à la projection verticale, elle se trouvera à la rencontre n' de la ligne de rappel du point n et de la parallèle $q'n'$ à $p'm'$ menée par la projection verticale q' du point de l'axe qui est projeté en q.

Le tracé qui précède est souvent commode, mais on doit l'éviter lorsque le point p est trop éloigné du point ω.

81. — Ajoutons qu'on peut obtenir un tracé analogue pour le rabattement autour d'une ligne de front. On considère, dans ce cas, l'horizontale du plan qui passe par le point considéré.

Application à la projection du cercle.

82. — Nous allons appliquer la méthode des rabattements à la recherche de la projection du cercle.

Mais nous devons préalablement démontrer la proposition suivante :

La tangente à la projection d'une courbe est la projection de la tangente à cette courbe au point correspondant.

En effet, soit AMB une courbe quelconque et amb sa projection sur un plan quelconque P (fig. 43). La tangente *mt* est la limite des positions que prend la sécante *mm₁s* lorsque *m* restant fixe, *m₁* vient, en restant sur *amb*, se confondre avec *m*. Or, si l'on désigne par M₁ le point de AB qui se projette en *m₁*, la sécante *mm₁s* sera dans toutes ses positions successives la projection de la sécante MM₁S, et il en sera de même à la limite lorsque cette sécante deviendra la tangente *mt* ; mais la sécante MM₁S devient en même temps la tangente MT. Donc *mt* est la projection de MT.

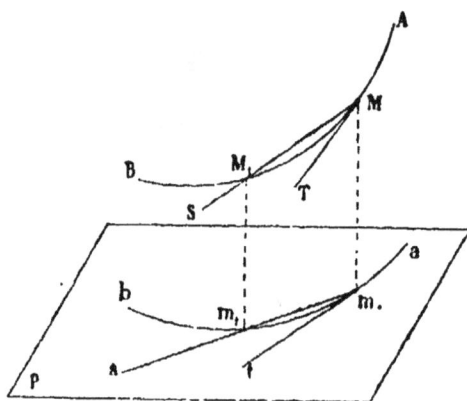

Fig. 43.

La proposition qui précède, aussi bien que sa démonstration, supposent qu'au point considéré M la tangente MT ne soit pas perpendiculaire au plan de projection, c'est-à-dire qu'on ne se trouve pas dans le cas exceptionnel où la projection de la droite MT se réduit à un point.

83. — Proposons-nous maintenant de trouver la projection horizontale d'un cercle dont on donne le rayon R, le centre C et le plan P (fig. 44). On commencera par déterminer la projection horizontale *acd* de l'horizontale du plan P qui passe par le centre, ainsi que l'inclinaison ω de ce plan sur le plan horizontal.

Cela fait, on décrira du point *c* comme centre avec le rayon R un cercle *ab₁de₁* que l'on regardera comme le rabattement du cercle donné autour du diamètre horizontal ACD, et il s'agira de revenir de ce rabattement à la projection. Or, on a tout ce qu'il faut pour opérer ce relèvement puisqu'on connaît l'angle ω. Il convient de commencer par relever l'extrémité b_1

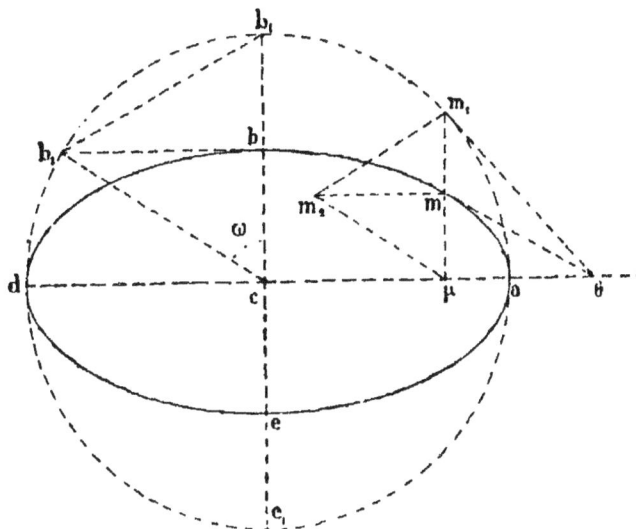

Fig. 44.

du rayon perpendiculaire au diamètre ad; on fera l'angle b_1cb_2 égal à ω et du point b_2 on abaissera la perpendiculaire b_2b sur cb_1; b sera le relèvement de b_1. Pour tout autre point m_1, on mènera successivement les droites $m_1\mu$, μm_2, m_1m_2 et m_2m respectivement parallèles à b_1c, cb_2, b_1b_2 et b_2b; m sera le relèvement de m_1.

La tangente en m est la projection de la tangente au point correspondant du cercle donné; on aura d'ailleurs le rabattement de cette tangente en menant la tangente $m_1\theta$ au cercle ab_1dc_1, et il ne restera qu'à relever un point de cette droite $m_1\theta$. L'opération n'offre en tout cas aucune difficulté; il suffit même de joindre θm si le point θ où la tangente en m_1 rencontre l'axe ad est accessible.

Le lieu des points m est une ellipse ayant ad pour grand axe et be pour petit axe.

Des trois courbes que l'on peut obtenir en coupant par un plan une cône de révolution, l'ellipse est assurément celle dont on fait, en stéréotomie, l'emploi le plus fréquent; mais les deux autres sections coniques, l'hyperbole et la parabole, jouent un aussi un rôle important, et il est indispensable, pour étudier la *Coupe des pierres* avec fruit, de connaitre les propriétés fondamentales et les tracés principaux[1] de ces trois lignes auxquelles on donne encore, depuis l'invention de la *Géométrie analytique*, le nom de *Courbes du second ordre*.

1. Voir *Eléments de Géom.*, par MM. E. R. et de C. (*Courbes usuelles*).

CHAPITRE VI

ANGLES ET DISTANCES

Problèmes relatifs aux angles.

84. — Ces problèmes sont au nombre de trois : *l'angle de
deux droites, l'angle de deux plans, l'angle d'une droite et
d'un plan*. Il suffit d'ailleurs de résoudre les deux premiers,

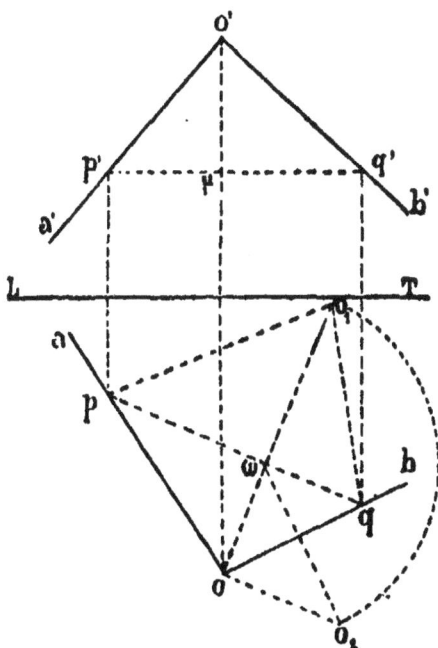

Fig. 45.

car l'angle d'une droite et d'un plan est le complément de
l'angle que la droite fait avec une perpendiculaire au plan.

Angle de deux droites.

85. — La recherche de l'angle de deux droites est une
application immédiate du problème des rabattements; il suffit
de rabattre le plan des deux droites. Cela suppose, il est vrai,
les deux droites situées dans une même plan; mais. s'il en
était autrement, on mènerait par un point de l'une une parallèle à l'autre et l'on chercherait l'angle de cette parallèle et de
la première droite.

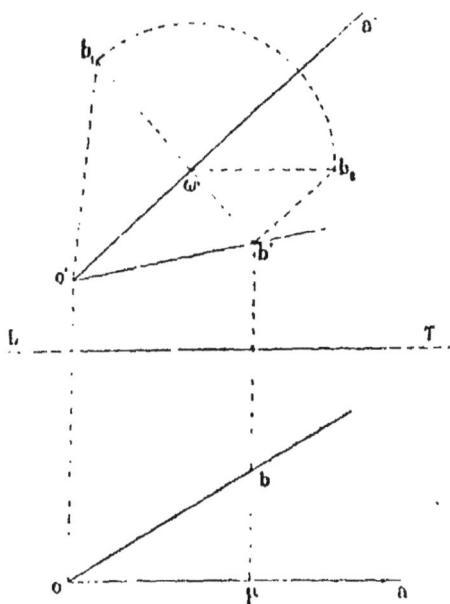

Fig. 46.

La figure 45 est relative à l'angle des deux droites (*oa*, *o'a'*)
(*ob*, *o'b'*): on a cherché une horizontale (*pq*, *p'q'*) de leur plan
et on a rabattu autour de cette horizontale; le sommet (*o*, *o'*)
de l'angle est venu en *o₁*; les points (*p*, *p'*), (*q*, *q'*) sont restés
fixes: les deux droites après le rabattement sont donc *o₁p* et
o₁q et l'angle *po₁q* est l'angle demandé.

La figure 46 est relative à l'angle de deux droites (*oa*, *o'a'*),
(*ob*, *o'b'*) dont la première est de front; il a suffi de chercher
le rabattement *b₁*, autour de cette ligne de front, d'un point
(*b*,*b'*) de la droite (*ob*, *o'b'*); *a'o'b₁* est l'angle demandé.

Dans l'une et l'autre cas, si l'on voulait la bissectrice de l'angle considéré, on mènerait la bissectrice de l'angle rabattu, puis on relèverait un point de cette droite.

Angle de deux plans.

86. — Pour trouver l'angle de deux plans, on les coupe par un plan perpendiculaire à leur intersection et on cherche l'angle des deux droites aussi obtenues.

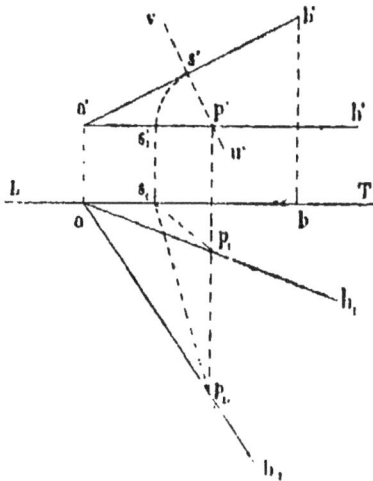

Fig. 47.

Supposons les deux plans, BAH$_1$, BAH$_2$ définis par deux points A et B de leur intersection et par les horizontales AH$_1$, AH$_2$ qui passent par le point A; ce sont là les données les plus usuelles. Puisque nous aurons à chercher le point de rencontre de la droite AB avec un plan qui lui est perpendiculaire, nous prendrons (n° 62) pour plan vertical de projection le plan qui projette AB horizontalement. Soit donc $a'b'$ (fig. 47) la projection verticale de cette droite dont la projection horizontale ab est sur la ligne de terre; et soient $(ah_1, a'h')$ $(ah_2, a'h')$ les deux horizontales données, qui ont d'ailleurs pour projection verticale commune la parallèle $a'h'$ à LT. Le plan sécant auxiliaire sera pleinement défini par sa trace verticale qui est une perpendiculaire $u'v'$ à $a'b'$. Ce plan coupe la droite AB en un point S dont la projection horizontale, d'ailleurs inutile, serait située sur ab; il coupe les deux horizontales respectivement aux points (p_1, p'), (p_2, p') et c'est l'angle P$_1$SP$_2$ qu'il faut avoir en vraie grandeur, en rabattant son plan autour de la droite de bout (p_1p_2, p'). D'ailleurs les points P$_1$ et P$_2$ restant fixes, il suffit de rabattre le sommet S, c'est-à-dire de l'amener dans le plan horizontal $a'h'$, à l'aide de l'arc de cercle $s's'_1$ qu'il décrit dans le plan vertical même et qui a p' pour centre. Après la rotation ce sommet s'_1 se projette en s_1 sur la ligne de terre, et $p_1s_1p_2$ est l'angle demandé.

En définitive, il y a là deux problèmes successifs, une intersection et un rabattement; on choisit le plan vertical de projection de façon à simplifier la seconde opération en utilisant le travail fait pour la première; c'est un exemple remarquable de la manière dont on doit, dans les questions complexes, enchaîner les constructions.

Si on voulait le plan bissecteur du dièdre formé par les deux plans donnés, on mènerait la bissectrice de l'angle rabattu $p_1s_1p_2$; le point où cette bissectrice rencontre l'axe de rotation et la droite $(ab, a'b')$ déterminent le plan bissecteur.

Problèmes relatifs aux distances.

87. — Les problèmes fondamentaux relatifs aux distances des points, des droites et des plans sont la *distance des deux points, la distance d'un point à une droite, la distance d'un point à un plan* et la *distance de deux droites*.

Il faudrait y ajouter la *distance de deux plans parallèles;* mais cette recherche rentre dans le troisième des problèmes énoncés ci-dessus, car la distance de deux plans parallèles n'est autre que la distance d'un point du premier plan au second.

Distance de deux points.

88. — Cette question a déjà été résolue au n° 24 à l'aide d'un changement de plan de projection.

On la résout aussi fort souvent au moyen d'une rotation. Soient (a, a'), (b, b') les deux points (fig. 48). Faisons tourner la droite qui les joint, autour de la verticale du point (a, a'), jusqu'à ce que cette droite soit de front, c'est-à-dire jusqu'à

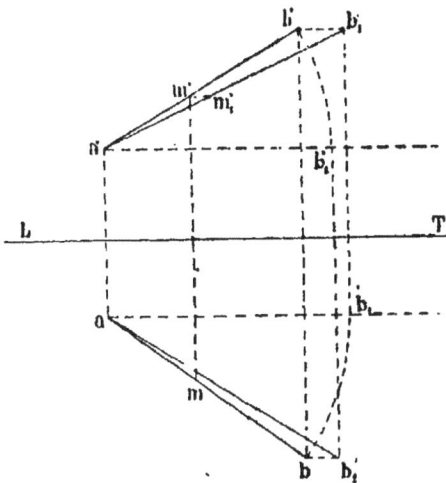

Fig. 48.

ce que sa projection horizontale ab soit devenue parallèle à la ligne de terre ; le point (b, b') viendra en (b_1, b'_1) et, dans sa nouvelle position $(ab_1, a'b'_1)$ la droite se projettera verticalement en vraie grandeur. La distance cherchée est donc $a'b'_1$. Cette opération donne en même temps l'inclinaison $a'b'_1b'$ de la droite $(ab, a'b')$ sur le plan horizontal.

89. — Si l'on propose le problème suivant : *porter sur une droite donnée* (ab, a'b'), *à partir d'un point donné* (a, a') *et dans un sens indiqué, une longueur donnée* l, on fera tourner la droite autour de la verticale du point (a, a') de manière à l'amener à être de front; on se servira pour cela d'un point (b, b') quelconque de la droite ; puis, sur $a'b'_1$ on portera le

segment donné $a'm'_1 = l$, et on ramènera le point m'_1 en position par une rotation inverse; il suffit de mener, d'abord la
parallèle m'_1m' à LT jusqu'à sa rencontre avec $a'b'$, puis la
ligne de rappel $m'm$ jusqu'à son intersection avec ab.

90. — Enfin, observons que, au lieu d'une rotation autour
de la verticale du point (a, a'), on aurait pu faire une rotation
autour de la ligne de bout passant par (a, a') et amener la droite
$(ab, a'b')$ à être horizontale ; ce serait alors sur la nouvelle
projection horizontale ab_1 que la droite se projetterait en vraie
grandeur. D'ailleurs, l'angle ab_1b serait l'inclinaison de la
droite sur le plan vertical.

Distance d'un point à une droite.

91. — La solution de ce problème est une application immédiate de la méthode des rabattements.

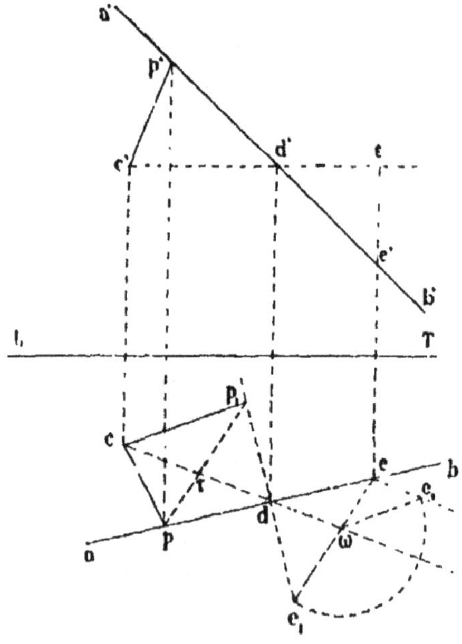

Fig. 49.

C étant le point donné et AB la droite donnée, on rabat le
plan ABC autour d'une horizontale ou d'une ligne de front.

Pour abréger les tracés, on fait passer l'axe du rabattement par le point C; ce point, ainsi que celui D où l'axe du rabattement rencontre AB seront fixes et il suffira de rabattre un point quelconque E de AB.

Dans la figure 49, on a rabattu autour de l'horizontale $(cd, c'd')$; le point (e, e') de la droite $(ab, a.b')$ est venu en e_1 et comme d est resté fixe, $e_1 d$ est le rabattement de la droite, et, par suite, la distance cp_1 du point c à $e_1 d_1$ est en vraie grandeur la distance cherchée.

Si on voulait les *projections de la perpendiculaire abaissée du point C sur la droite AB*, il suffirait de relever le point p_1 au moyen de la perpendiculaire $p_1 i$ sur cd qui rencontre ab en p et de la ligne de rappel pp'. La droite cherchée serait $(cp, c'p')$.

92. — Si la droite donnée AB était horizontale ou de front, c'est cette droite qu'il faudrait prendre pour axe du rabattement, et il n'y aurait à rabattre que le point C.

Distance d'un point à un plan.

93. — On obtient la distance d'un point C à un plan P en abaissant du point C une perpendiculaire D sur le plan P. cherchant l'intersection M de la droite D et du plan P, et en déterminant enfin la distance des deux points C et M. C'est donc un problème composé de trois autres, dont il faut combiner les tracés de façon à économiser les lignes employées. On y parvient en suivant le procédé du n° 62 pour résoudre les deux premières parties; la troisième n'exige plus de la sorte aucune construction, car les points C et M dont il faut prendre la distance se trouvent alors situés dans le plan vertical de projection. Entrons dans les détails :

De quelque manière que le plan P soit donné, il faudra se procurer la direction de ses horizontales, afin de pouvoir tracer la projection horizontale de la perpendiculaire D et de prendre cette projection pour ligne de terre. Nous supposerons donc le plan P défini par deux horizontales HH_1 et KK_1 de cotes données et le point C par sa projection horizontale c et sa cote.

La perpendiculaire *cm* (fig. 50) sur hh_1 étant prise pour ligne de terre, on déterminera, à l'aide des cotes données, la projection verticale *c'* du point *c* ainsi que les traces verticales *h'* et *k'*

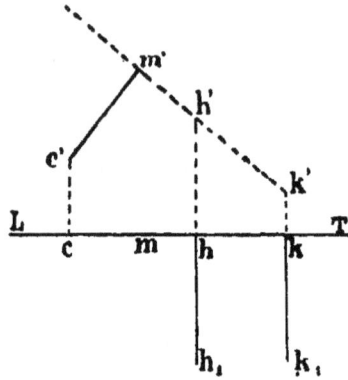

Fig. 50.

des horizontales HH_1, KK_1 ; *h'k'* sera la trace verticale du plan P et la perpendiculaire *c'm'* abaissée de *c'* sur *h'k'* sera (n° 43) la projection verticale de la perpendiculaire D et en même temps la distance cherchée.

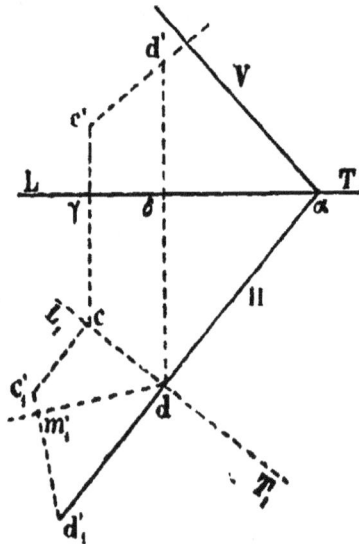

Fig. 51.

La figure 51 se rapporte au cas où le plan P est défini par ses traces αH, αV, le point C étant donné d'ailleurs par les

projections c et c'. Ici on a les deux projections cd, $c'd'$ de la
perpendiculaire D menée du point C sur le plan VαH ; ce sont
(n° 43) les perpendiculaires abaissées respectivement de c sur
αH et de c' sur αV. On en déduit immédiatement la projection
$c'_1d'_1$ de cette droite D sur le nouveau plan vertical L_1T_1 ; par
suite, la droite dm'_1, menée par d perpendiculairement à $c'_1d'_1$,
est (n° 43) la nouvelle trace verticale du plan P, et $c'_1m'_1$ est la
distance cherchée.

Plus courte distance de deux droites.

91. — *Quand deux droites AB et CD ne sont pas situées
dans un même plan (fig. 52), il existe une droite MN et une
seule qui les rencontre l'une et l'autre à angle droit ; cette perpendiculaire commune MN est plus courte que toute autre droite
s'appuyant sur les deux droites AB et CD; c'est pourquoi elle
a reçu le nom de plus courte distance de ces deux droites.*[1]

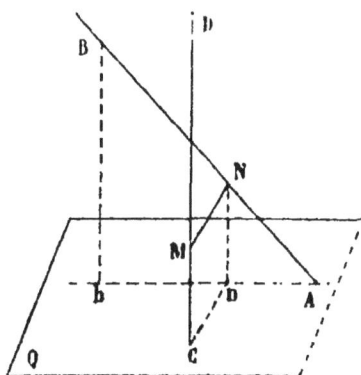

Fig. 52.

Il est aisé de voir que la *projection de la perpendiculaire
commune MN sur un plan Q perpendiculaire à l'une quelconque CD des deux droites données AB et CD est la perpendiculaire Cn, abaissée du pied C de CD sur la projection Ab de AB,
et que la longueur Cn est égale à la plus courte distance MN.*

1. *Eléments de Géom.*, par MM. E. R. et de C., livre V, § 4.

En effet, MN étant perpendiculaire à CD est parallèle au plan Q ; elle se projette donc en vraie grandeur sur ce plan, et l'angle droit MNA se projette suivant un angle droit ; la projection de MN est donc la perpendiculaire *Cn* menée du point C sur la projection A*b* de AB.

Les épures 53, 54, 55, ne sont que la mise en œuvre de cette proposition.

95. — La figure 53 est relative au cas où l'une des droites est verticale ; soit (*c*,*c'd'*) cette droite et (*ab*, *a'b'*) l'autre. Ici, le résultat se trouve en quelque sorte immédiatement ; la droite *cn*, menée par *c* perpendiculairement à *ab* est à la fois la vraie grandeur et la projection horizontale de la perpendiculaire commune, dont on obtient ensuite la projection verticale *n'm'* en reportant *n* en *n'* sur *a'b'* et menant *n'm'* parallèle à la ligne de terre.

On opérerait de même si l'une des droites était de bout.

96. — La figure 54 se rapporte au cas où l'une des droites est horizontale.

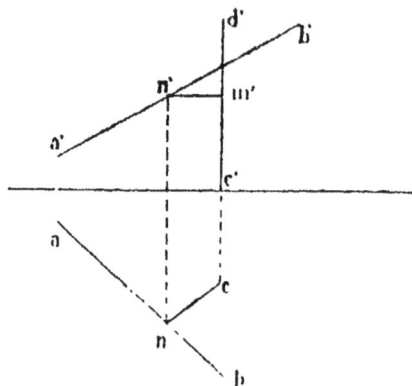

Fig. 53.

Cette droite CD est supposée donnée par sa projection horizontale *cd* et sa cote ; l'autre AB est donnée par les projections horizontales *a* et *b* et les cotes de deux de ses points. Il faut prendre ici pour plan vertical de projection un plan LT perpendiculaire à **CD**; cette droite s'y projette suivant un point c' obtenu en prenant sur le prolongement de dc la longueur cc' égale à la cote de l'horizontale ; on obtient de même la projec-

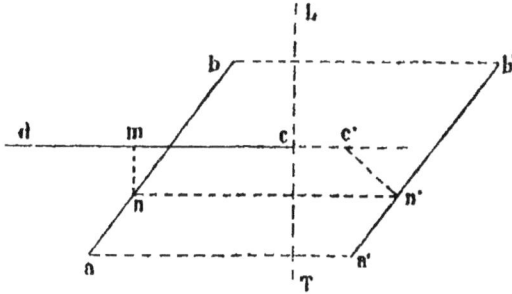

Fig. 54.

tion verticale $a'b'$ de **AB** à l'aide des cotes des deux points donnés. Dès lors, la droite $c'n'$ perpendiculaire sur $a'b'$ est à la fois la vraie grandeur et la projection verticale de la perpendiculaire commune, dont on obtient ensuite la projection horizontale nm, parallèle à **LT**, à l'aide de la ligne de rappel $n'n$.

On opérerait de même si l'une des droites était de front.

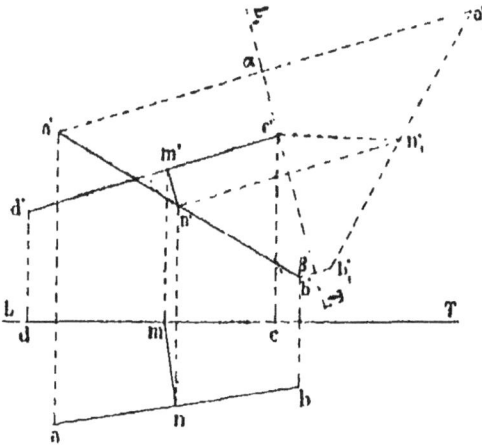

Fig. 55.

57. — Dans la figure 55, les deux droites **AB** et **CD** sont quelconques ; nous supposerons chacune d'elles donnée par les projections horizontales et les cotes de deux de ses points.

En prenant la projection horizontale *cd* pour ligne de terre
LT, la droite CD se trouve située dans le plan vertical de
projection, et on retombe de la sorte sur le cas précédent. On
prendra donc une nouvelle ligne de terre L_1T_1 perpendiculaire
à *c'd'*, et on déterminera la projection auxiliaire $a'_1 b'_1$ de la
droite AB; la perpendiculaire $c'n'_1$ est à la fois la vraie grandeur de la perpendiculaire commune et sa projection sur le
plan L_1T_1; la ligne de rappel $n'_1 n'$ donne ensuite la projection
verticale *n'* du point d'appui N sur AB, et *n'm'* parallèle à L_1T_1
est la projection verticale de la perpendiculaire commune MN;
la projection horizontale *mn* s'obtiendra à l'aide des lignes de
rappel *m'm*, *n'n*.

98. — Parfois, on ne veut avoir que la direction ou la vraie
grandeur de la perpendiculaire commune aux deux droites
AB et CD.

On mène alors par un point A de AB une parallèle AE à CD.

La direction de la perpendiculaire commune n'est autre que
celles des perpendiculaires au plan BAE.

La vraie grandeur de la perpendiculaire commune est égale
à la distance d'un point quelconque de CD au plan BAE.

CHAPITRE VII

LES POLYÈDRES

Représentation d'un polyèdre

99. — La définition du polyèdre que l'on considère permet de placer sur l'épure les projections des divers sommets ; elle indique en outre l'ordre suivant lequel on doit joindre les sommets pour avoir les arêtes.

Il faut encore, avant de mettre à l'encre, distinguer les parties vues des parties cachées. Nous ne parlons ici que des parties cachées par le corps lui-même, les plans de projection étant considérés uniquement comme des plans de référence et par suite comme transparents. S'ils étaient opaques, on déterminerait, à près coup et par le procédé du n° 23, celles des arêtes reconnues jusque-là comme visibles qui seraient cachées en tout ou en partie par les plans de projection.

On suppose que le spectateur, quand il lit la projection horizontale, est placé à une distance infinie au-dessus du plan horizontal de projection : quand il lit la projection verticale, on le suppose placé à l'infini en avant du plan vertical.

D'après cette convention, pour reconnaître si un point M de la surface d'un polyèdre est vu ou caché en projection horizontale, on déterminera les points où la verticale du point M rencontre la surface du polyèdre. Si M est celui de ces points qui a la plus grande cote, le point M sera vu ; sinon il sera caché. Observons d'ailleurs que pour trouver les points où une verticale rencontre la surface d'un polyèdre, il suffit de couper cette surface par un plan passant par cette verticale. C'est de la sorte qu'on a opéré au n° 37 pour déterminer la situation d'un point par rapport à un plan ; on a coupé par le plan vertical pq (fig. 13).

De même, pour reconnaître si un point M de la surface d'un polyèdre est vu ou caché en projection verticale, on détermine les points où la ligne de bout du point M rencontre la surface du polyèdre ; si M est celui de ces points qui a le plus grand éloignement, il est vu ; sinon il est caché. D'ailleurs on trouve les points où une ligne de bout rencontre la surface d'un polyèdre en coupant cette surface par un plan passant par cette ligne de bout.

100. — Voici quelques remarques qui permettent d'alléger la besogne.

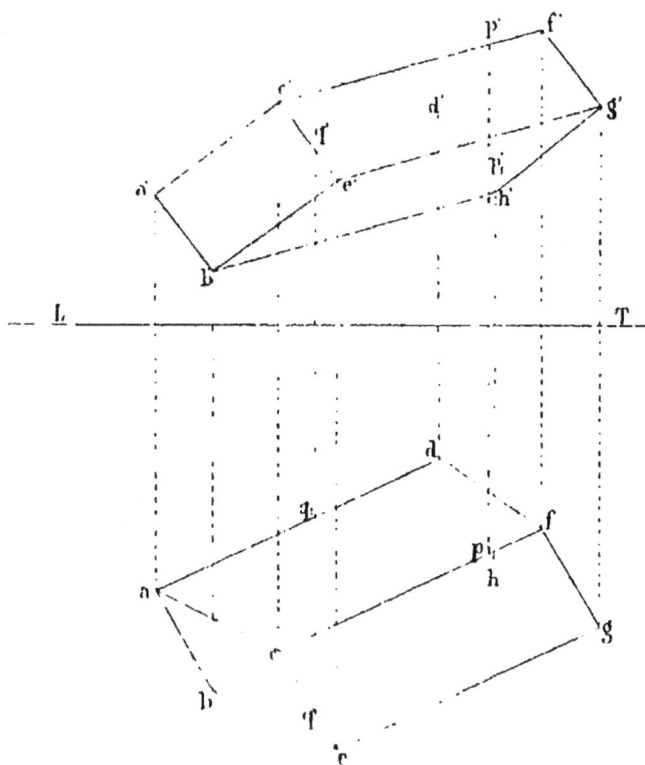

Fig. 56.

Supposons, par exemple, qu'il s'agisse de la projection horizontale :

1° Le contour de la projection est toujours vu ;

2° Si le polyèdre est convexe, on ne peut, en cheminant le long des arêtes, passer de la partie vue à la partie cachée, qu'en rencontrant le contour de la projection. Si les projections horizontales de deux arêtes intérieures se coupent, on mènera la ligne de rappel du point de croisement jusqu'aux points où elle rencontre les projections verticales des deux arêtes ; on trouvera ainsi deux points en projection verticale : des deux arêtes, celle qui appartient au plus haut de ces deux points est vue ; l'autre est cachée.

Voici un exemple où ces prescriptions si simples suffisent :

Soit à représenter un parallélipipède connaissant les projections $(ab.\ a'b')$, $(ac,\ a'c')$, $(ad.\ a'd')$ de trois arêtes AB, AC, AD partant d'un même sommet A (fig. 56).

On complète d'abord les projections du solide en se fondant sur ce que deux droites égales et parallèles ont leurs projections sur un même plan égales et parallèles.

Cela posé considérons la projection horizontale. Le contour extérieur $abcgfda$ est vu, d'après la première remarque ; en vertu de la seconde, l'un des deux systèmes $(ca,\ ce,\ cf)$, $(hb,\ hd,\ hg)$ d'arêtes intérieures est vu et l'autre caché ; la ligne de rappel du point de croisement p des arêtes dh et cf montre d'ailleurs, que le point $(p.p'_{\prime}$, qui est vu appartient à $(cf\ c'f')$; donc cf est vue et dh est cachée.

Quand à la projection verticale, le contour extérieur $a'b'h'g'f'c'a'$ est vu ; d'ailleurs la ligne de rappel $q'qq_{\prime}$ montre que $c'c'$ est vu, tandis que $a'd'$ est caché ; en sorte que le système $(d'a'.\ d'b,\ d'f)$ est caché, tandis que le système $(e'b',\ c'c',\ c'g')$ est vu.

Section plane

101. — Pour obtenir la section d'un polyèdre P par un plan Q, on commence par chercher un premier côté de la section. A cet effet on détermine l'intersection du plan Q et du plan d'une face F du polyèdre ; si la droite indéfinie ainsi obtenue n'a aucune partie située dans l'intérieur du polygone F,

l'opération qu'on vient d'exécuter est inutile, et il faut recommencer en s'adressant à une autre face du polyèdre, jusqu'à ce
qu'on tombe sur une face F_1 contenant dans son intérieur un
segment de la droite commune aux plans Q et F_1; le segment AB
sera le premier côté de la section.

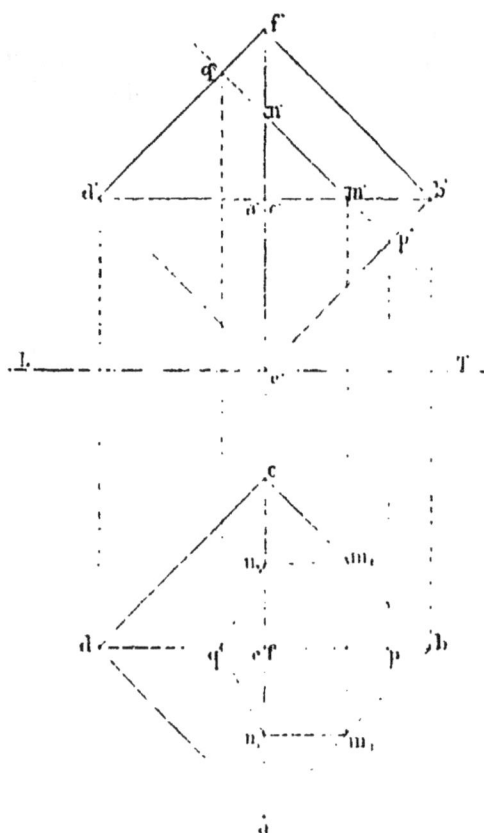

Fig. 57.

Pour avoir le côté BC qui suit AB, on s'adressera à la face F_2
qui est contiguë à F_1 suivant l'arête sur laquelle est situé le
point B ; le point B appartient évidemment à l'intersection
du plan Q et du plan de la face F_2 ; on déterminera un nouveau point γ de cette interjection, et le segment BC de la
droite $B\gamma$, qui sera compris dans l'intérieur du polygone F_2,
sera le second côté demandé.

En continuant de la sorte, jusqu'à ce qu'on soit revenu au point de départ A, on aura une ligne brisée qui sera la section du polyèdre P par le plan Q, ou du moins l'une de ses parties,

Pour avoir le premier côté il faut construire l'intersection complète de deux plans ; puis, chacun des autres côtés n'exige que la recherche d'un point de l'intersection de deux plans. On facilite singulièrement ces constructions auxiliaires en prenant pour plan vertical de projection un plan vertical perpendiculaire au plan sécant A.

La figure 57 représente la section plane d'un octaèdre défini de la manière suivante : ABCD est un quarré horizontal dont la cote est égale au côté ; E est la trace horizontale de la verticale passant par le centre O du quarré et F est le symétrique de E par rapport au plan du carré. L'octaèdre considéré est formé par l'assemblage de deux pyramides ayant pour base commune le carré ABCD et pour sommets respectifs les points E et F. Il s'agit de couper l'octaèdre par un plan Q perpendiculaire au plan BOF et passant par les milieux M et N des droites OB et OF.

Prenons pour plan vertical de projection un plan parallèle à BOF ; la ligne de terre LT sera de la sorte parallèle à bd et le plan sécant sera un plan de bout ayant pour trace verticale la droite $m'n'$ qui joint les milieux de $a'b'$ et de $a'f'$ et qui est par conséquent parallèle à $b'f'$.

La projection verticale montre immédiatement que les arêtes qui sont coupées par le plan Q sont EB, BA, BC, FD, FA, FC et que leurs points de rencontre avec ce plan sont respective-(p,p'), (m_1,m'), (m_2,m'), (q,q'), (n_1,n'), (n_2,n') ; les projections horizontales p, m_1, m_2, q se déduisent immédiatement des projections verticales p', m'_1, m'_2, au moyen de lignes de rappel ; il n'en est pas de même pour n_1 et n_2, car la ligne de rappel du point n' se confond avec les projections horizontales des arêtes FA et FC ; mais si l'on remarque que le plan Q et le plan FAB ont leurs lignes de front parallèles, on voit que n_1 est à la rencontre de fa et de la parallèle à LT menée par m_1 ; d'ailleurs, n_2 est symétrique de n_1 par rapport au plan de front ab.

Ces préliminaires acquis, appliquons la marche indiquée ci-dessus (n° 101).

Le plan de la face AB coupe le plan Q suivant la droite pm_1 qui est un premier côté de la section. Le côté suivant, qui part de m_1, appartient à la face FAB dont le plan rencontre le plan Q suivant la droite m_1n_1 ; cette droite est le second côté de la section. Le côté suivant, qui part de n_1, doit appartenir à la face FAD dont le plan coupe le plan Q suivant n_1q ; cette droite n_1q est le troisième côté de la section. Tout est fini dès lors, vu la symétrie par rapport à ab, qui permet de déduire immédiatement le reste qn_2m_2p de la section de la partie pm_1n_1q déjà obtenue.

Des six côtés de la section, deux seulement pm_1 et pm_2 sont invisibles en projection horizontale.

103. — Au problème de la section plane d'un polyèdre se rattache immédiatement la recherche des *points où une droite D rencontre la surface d'un polyèdre P*.

On construit la section du polyèdre P par un plan auxiliaire contenant la droite D ; les points cherchés sont ceux où le contour de cette section rencontre la droite D.

On prend le plus souvent pour plan auxiliaire l'un des plans projetants de la droite. Toutefois, s'il s'agit d'une pyramide ou d'un prisme, il est ordinairement plus avantageux de choisir le plan auxiliaire de telle sorte qu'il passe par le sommet de la pyramide ou qu'il soit parallèle aux arêtes du prisme.

Intersection de deux polyèdres.

104. — La marche à suivre pour trouver l'intersection de deux polyèdres P et P' est la généralisation de celle que nous avons indiquée au n° 101.

On détermine d'abord l'intersection D du plan d'une face F du polyèdre P et du plan d'une face F' du polyèdre P'. L'opération est inutile si la droite D n'a aucune partie comprise à la fois dans l'intérieur des deux polygones F et F', et il faut recommencer jusqu'à ce que l'on tombe sur deux faces F_1 et F'_1 telles que l'intersection D_1 de leur plan ait une partie AB située à la fois à l'intérieur du polygone F_1 et du polygone F'_1. Cette partie AB est un premier côté de l'intersection des deux polyèdres.

Pour avoir le côté BC qui suit AB, on remarque que le point
B appartient nécessairement à l'un des deux polyèdres P ou
P'; supposons qu'il soit sur une arête du polyèdre P, arête
qui est commune à la face F_1 et à une autre face qui est par là
même bien définie et que nous désignerons par F_2. Le côté
BC appartiendra à la face F_1 du polyèdre P. et à la face F'_1;
du polyèdre P'. On connaît un premier point B de l'intersection des plans F_2 et F'_1; on en déterminera un second γ. et la
partie BC de Bγ qui sera située à la fois à l'intérieur des polygones F_2 et F'_1 sera le second côté de l'intersection des polyèdres P et P'.

On continuera de la sorte jusqu'à ce qu'on soit revenu au
point de départ. La ligne polygonale, généralement gauche,
que l'on aura ainsi obtenue, fera partie de l'intersection des
deux polyèdres. On dit qu'il y a *arrachement* ou *pénétration*
suivant que l'intersection se compose d'une ou plusieurs lignes
polygonales fermées.

105. — Pour obtenir le premier côté, il faut construire l'intersection complète de deux plans; pour chacun des côtés suivants, il suffit de construire un seul point de l'intersection de
deux plans.

Ces constructions exigent l'emploi de plans auxiliaires que
l'on choisit le plus simplement dans chaque cas; s'il s'agit
de deux pyramides, on prendra des plans auxiliaires passant
par les sommets de ces deux corps ; si l'on a affaire à deux prismes, on prendra les plans auxiliaires parallèles à la fois aux
arêtes de l'un et de l'autre corps; enfin, pour un prisme et
une pyramide, on fera passer les plans auxiliaires par la droite
menée par le sommet de la pyramide parallèlement aux arêtes
du prisme.

106. — La figure 58 est relative à l'intersection d'un
prisme et d'un tronc de pyramide.

Le prisme est de bout; sa section droite m'n'p'q' est un
parallélogramme dont les côtés opposés m'q', n'p' sont horizontaux,

Le tronc de pyramide a pour bases inférieure et supérieure

des rectangles horizontaux $(abcd,\ a'b')\ (a_1b_1c_1d_1,\ a'_1b'_1)$ dont les longs côtés sont de front.

Considérons d'abord la face latérale de droite du tronc de pyramide et la face inférieure du prisme ; leur intersection est la droite de bout (12, 1') ; c'est un premier côté de l'intersection.

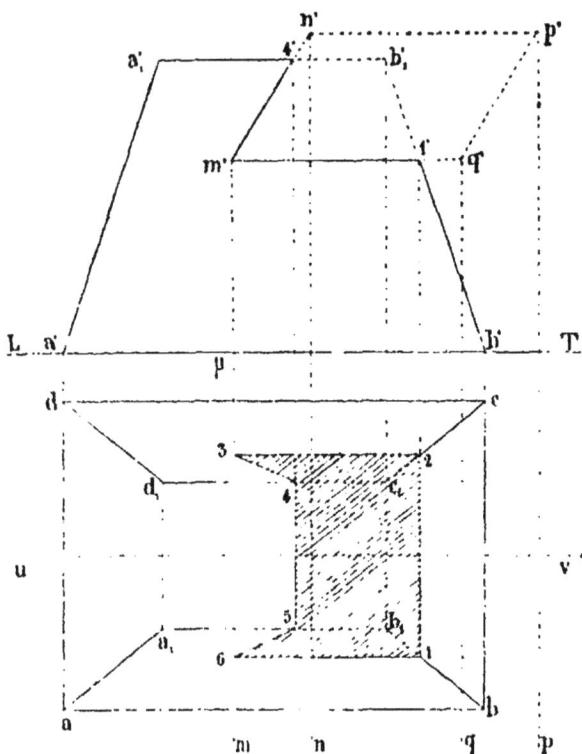

Fig. 58.

Le sommet 2 est sur l'arête c_1c qui appartient au tronc, et qui est commune aux faces bb_1c_1c et c_1cdd_1 ; il faut donc déterminer l'intersection des plans de la face c_1cdd_1 du tronc, et du plan de la face inférieure $m'q'$ du prisme ; or, 2 est un premier point de cette intersection, laquelle est d'ailleurs horizontale et parallèle à dc ; la portion 2 3 de cette parallèle qui est comprise entre les lignes de rappel de 1' et de m' est le second côté de l'intersection.

Le sommet $(3, m')$ appartient à l'arête $(m\mu, m')$ du prisme, et cette arête est commune à la face inférieure et à la face de gauche; il faut donc déterminer un point de l'intersection de la face de gauche du prisme et de la face latérale postérieure du tronc de pyramide; $(4, 4')$ est évidemment un tel point et 3 4 est le troisième côté de l'intersection.

Le sommet 4 est sur l'arête $(c_1d_1,\ a_1'b_1')$ du tronc, et on est conduit à chercher l'intersection de la face supérieure de ce tronc et de la face de gauche du prisme; c'est la droite de bout $(45, 4')$ laquelle constitue le quatrième côté de l'intersection.

Tout est fini dès lors, vu la symétrie par rapport au plan de front uv passant par le milieu de ad.

Nous avons supposé que le tronc de pyramide existait seul et nous avons seulement représenté ce qui reste de ce corps quand on supprime la partie située dans le prisme.

CHAPITRE VIII

GÉNÉRALITÉS SUR LES COURBES ET LES SURFACES

Définitions.

107. — On dit qu'une courbe est *plane* lorsque tous ses points sont situés dans un même plan : sinon, on dit qu'elle est *gauche*.

Une surface est le lieu des positions successives d'une ligne qui varie de position et même parfois de forme suivant une loi déterminée. Le plus souvent, on définit, au moins en partie, le mouvement de cette ligne variable, qu'on nomme *génératrice*, en l'astreignant à rencontrer certaines lignes fixes qu'on appelle *directrices*.

Surface de révolution.

108. — Une surface de révolution est le lieu des positions successives d'une ligne MNP (fig. 59) qui tourne autour d'une droite fixe xy.

Dans ce mouvement, tout point M de la génératrice MNP décrit une circonférence dont le plan est perpendiculaire à l'axe xy et dont le centre est sur cet axe. D'après cela, toutes les sections d'une surface de révolution par des plans perpendiculaires à l'axe sont des cercles : ces cercles $M_1M_2M_3$, $N_1N_2N_3$, reçoivent le nom de *parallèles*.

On appelle *méridien* tout plan passant par l'axe xy, et *méridienne* toute section par un plan méridien. Deux méridiennes quelconques $M_1N_1P_1$, $M_2N_2P_2$ sont superposables ; car si l'on fait tourner le plan XCP₁, de l'angle P₁CP₂, autour de *xy*, de manière à amener P₁ sur P₂, les points M₁, N₁, arriveront simultanément sur M₂, N₂, à cause de l'égalité des angles M₁AM₂, N₁BN₂, P₁CP₂, qui sont les angles plans d'un même dièdre.

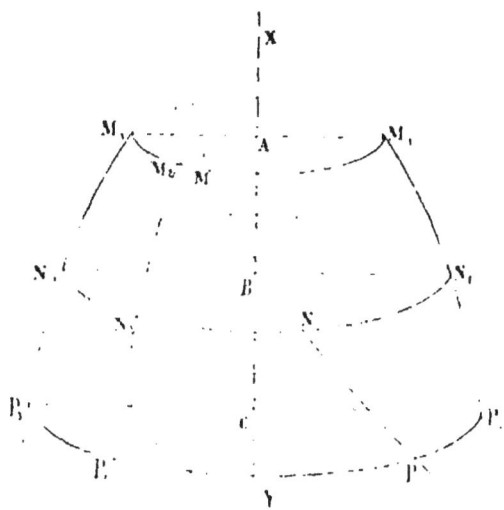

Fig. 5⁰.

109. — Toute ligne tracée sur une surface de révolution et coupant les diverses parallèles, peut être prise pour génératrice de la surface ; le plus souvent on choisit pour génératrice une méridienne.

Si cette méridienne est une droite, suivant que cette droite rencontre l'axe *xy* ou lui est parallèle, on retombe sur le cône ou sur le cylindre droit à base circulaire qu'on a étudiés en géométrie élémentaire et qu'on nomme donc à bon droit *cône* ou *cylindre* de révolution.

Lorsque la courbe méridienne est un cercle, suivant que ce cercle générateur a son centre sur l'axe *xy* ou en dehors, on tombe sur la *sphère* ou sur une surface en forme d'anneau qu'on nomme *tore*.

110. — Les surfaces de révolution admettent un second mode de génération fort remarquable.

On peut considérer une telle surface comme le lieu des positions successives d'un cercle dont le centre parcourt l'axe xy, et dont le plan reste perpendiculaire à cet axe, tandis que le rayon varie de telle sorte que le cercle s'appuie sans cesse sur une méridienne ou sur toute autre ligne tracée sur la surface. C'est ce cercle variable de grandeur et de position qui est alors la génératrice ; la directrice est la courbe méridienne ou la courbe fixe considérée sur la surface et que le parallèle mobile est astreint à rencontrer sans cesse.

Surfaces coniques ou cylindriques.

111. — On appelle *surface conique* ou simplement *cône* le lieu des positions successives d'une droite G_1SG (fig. 60) qui

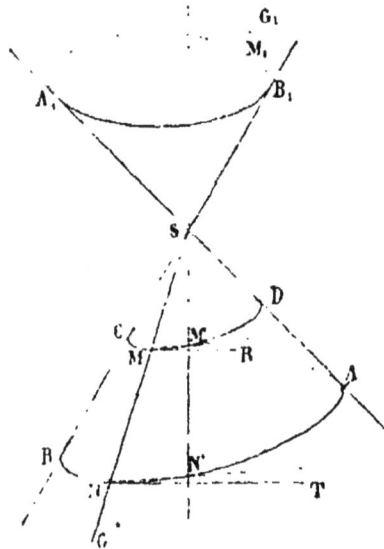

Fig. 60.

passe toujours par un point fixe S et qui s'appuie en outre sur une ligne fixe ANB plane ou gauche. Ici, la génératrice est constante de forme ; c'est une droite, et l'une des directrices se réduit à un point S qu'on nomme *sommet*. La surface se compose de deux parties SAB, SA₁B₁ ou *nappes* qui sont séparées par le sommet.

112. — On appelle *surface cylindrique* ou simplement *cylindre*, le lieu des positions successives d'une droite GG₁ (fig. 61) qui reste parallèle à elle-même en s'appuyant sur une ligne fixe ANB plane ou gauche.

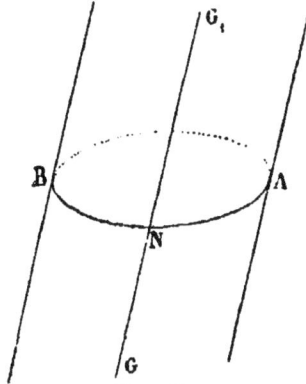

Fig. 61.

Un cylindre peut être considéré comme un cône dont le sommet est à l'infini dans une direction donnée.

113. — Imaginons que, après avoir coupé un cône ou un cylindre par un plan, on inscrive dans la section un polygone, et qu'on mène par les sommets de ce polygone des droites passant par le sommet du cône ou parallèles aux génératrices du cylindre. On obtiendra de la sorte une pyramide inscrite dans le cône et un prisme inscrit dans le cylindre, et les propriétés de la pyramide ou du prisme qui sont indépendantes de la grandeur des côtés du polygone subsisteront pour le cône ou le cylindre. Il résulte de là et des propriétés connues des sections d'une pyramide ou d'un prisme par deux plans parallèles, que les *sections d'un cylindre par deux plans parallèles sont égales*, et que *les sections d'un cône par deux plans parallèles, sont semblables*.

6

Surfaces réglées, gauches ou développables.

114. — On nomme en général *surface réglée* toute surface engendrée par une droite qui se déplace d'une manière continue suivant une loi déterminée.

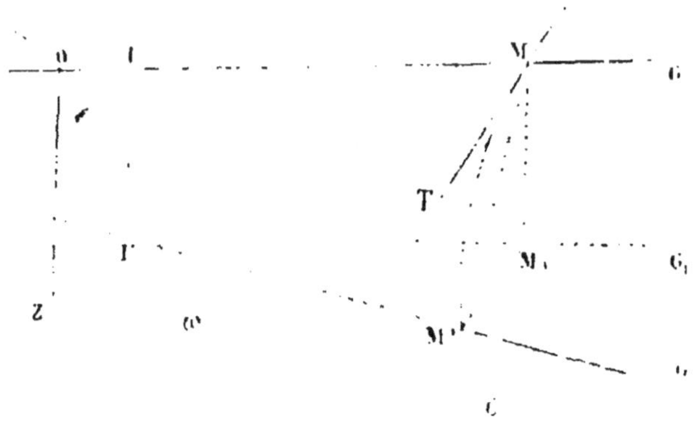

Fig. 62.

Considérons une génératrice quelconque G d'une surface réglée (fig. 62). Soient G' une génératrice infiniment voisine de G, p et ε la plus courte distance et l'angle des deux droites G et G'. On appelle *indice* de la génératrice G la limite h du rapport $\frac{p}{\varepsilon}$ lorsque G' tend vers G.

Trois cas peuvent s'offrir, suivant que, pour toutes les génératrices de la surface, l'indice est infini, nul ou a une valeur déterminée différente de zéro et de l'infini.

Dans le premier cas, ε est négligeable par rapport à p : la génératrice, pour passer de l'une quelconque de ses positions à la position infiniment voisine, se déplace sans changer de direction ; la surface est donc un cylindre. La réciproque est d'ailleurs évidente : dans tout cylindre, l'indice de chaque génératrice est infini, puisque l'angle ε est constamment nul.

Dans le second cas, c'est p qui est négligeable par rapport à ε ; les positions successives et infiniment voisines G, G', G'', G''', de la génératrice sont telles que chacune d'elles rencontre la précédente. Si, par exception, les points de rencontre successifs M, M', M'', se confondent en un seul, la surface est *un*

cône ; mais, en général, les points M, M', M", forment un polygone gauche dont les côtés infiniment petits (fig. 63) appartiennent aux génératrices successives G, G', G", et, à la limite,
une courbe à laquelle ces génératrices sont tangentes. Ainsi,
lorsque l'indice est constamment nul, la surface réglée est un
cône ou une surface dont les génératrices ont une *enveloppe*,
c'est-à-dire sont tangentes à une même courbe qu'on nomme
arête de rebroussement de la surface. La réciproque, évidente
dans le cas du cône, est, dans le cas général, une conséquence
immédiate de l'assimilation de la courbe enveloppe à un polygone à côtés infiniment petits.

115. — On nomme *surface développable* toute surface réglée dont les diverses génératrices ont pour indice l'infini ou
pour indice zéro. Ce sont, d'après ce qui précède, les cylindres,
les cônes et les surfaces réglées dont les génératrices ont une
enveloppe.

Toute surface réglée non développable est dite *gauche*. Il
résulte des raisonnements ci-dessus que dans toute surface
gauche chaque génératrice a une indice bien déterminé fini
et différent de zéro. Certaines génératrices isolées peuvent
seules faire exception : on leur donne le nom de *génératrices
singulières*.

Les surfaces *développables* sont ainsi nommées parce qu'on
peut les appliquer sur un plan sans les déchirer ni les replier.
Considérons, en effet, une surface lieu des tangentes à une
courbe gauche, et assimilons cette courbe à un polygone gauche MM'M"M"' (fig. 63 à côtés infiniment petits : ces côtés indéfiniment prolongés forment une surface polyédrale, et,
parmi les propriétés de cette surface polyédrale, celles qui
sont indépendantes de la grandeur des côtés du polygone,
subsisteront pour la surface développable. Or, on peut évidemment étendre sur un plan sans déchirure ni duplicature la
surface polyédrale en question ; il suffit de faire tourner chaque
face plane autour de l'arête commune avec la face précédente de manière à la rabattre sur le plan de cette face précédente. On voit d'ailleurs, en traçant un polygone PP'P"P"',...
sur la surface polyédrale, que les rotations successives, dont

nous venons de parler, n'altèrent ni la longueur des côtés PP',
PP", de ce polygone ni les angles que ces côtés forment avec
les génératrice MG, MG', M'G".... Donc, *dans le développement
d'une surface développable, la longueur d'une ligne quelconque*

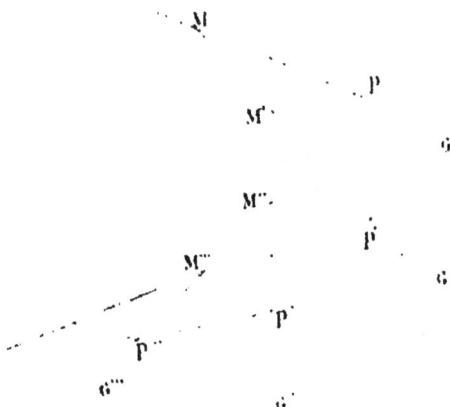

Fig. 63.

située sur la surface n'est pas altérée, et il en est de même de
l'inclinaison de cette ligne sur une génératrice quelconque et
par suite aussi *de l'angle de deux courbes quelconques tracées sur
la surface*, puisque cet angle est la différence des inclinaisons
de ces deux lignes sur la génératrice qui passe par leur point
de croisement.

116. — *Une surface réglée est déterminée par trois directrices A, B, C.* On obtient, en effet, les génératrices qui passent
par un point quelconque M de la directrice A en prenant les
génératrices G, G', G"..., communes aux deux cônes qui ont pour
sommet le point M et pour directrices, respectives, les lignes B et
C. Au point M_1 de la ligne A qui est infiniment voisin de M ré-
pondra un nouveau groupe G_1, G_{21}, G_1" de génératrices, et on
associera à l'une des génératrices G, G', G", celle des génératrices G_1, G_1', G_1"... qui fait un angle infiniment petit avec elle.

*Toute surface réglée qui a une directrice rectiligne est gau-
che.* En effet, si elle était développable, en projection sur un
plan perpendiculaire à la directrice rectiligne toutes les géné-

ratrices seraient tangentes à une même courbe et passeraient
en même temps par un même point (projection de la directrice
rectiligne), ce qui est absurde puisque ces génératrices sont en
nombre infini.

Plan tangent en un point d'une surface quelconque

117. — *Le lieu des tangentes menées, par un point d'une
surface quelconque, aux différentes lignes que l'on peut tracer
par ce point sur la surface, est un plan* (fig. 64).

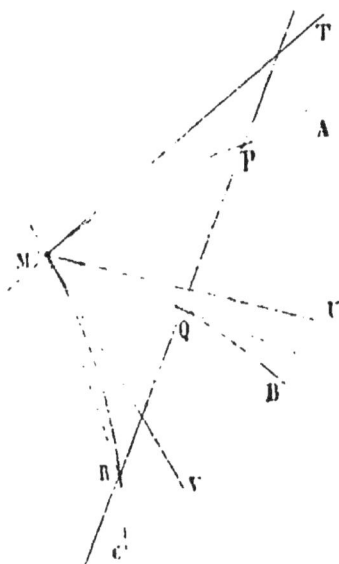

Fig. 64.

Soit M le point considéré, MA, MB, MC trois lignes quelconque menées par ce point sur la surface, et MT, MU, MV les
tangentes à ces lignes au point M. Il s'agit de prouver que les
trois droites MT, MU, MV sont situées dans un même plan.

Or, soit PQR une génératrice de la surface réglée déterminée
par les trois directrices MA, MB, MC. Les cordes MP, MQ, MR,
qui joignent le point M aux points où la génératrice rencontre
les trois directrices, ont respectivement pour limites les tangentes MT, MU, MV, puisque les points P, Q, R se confondent
avec le point M quand la génératrice mobile vient passer par M.

Mais pour chaque position de la génératrice, les sécantes MP, MQ, MR sont dans un même plan ; leurs positions limites, c'est-à-dire les tangentes MT, MU, MV appartiennent donc aussi à un même plan.

On donne à ce plan le nom de *plan tangent* à la surface au point M. Le plan tangent en un point d'une surface est déterminé par les tangentes à deux lignes menées à volonté sur la surface par ce point.

La droite menée par un point M d'une surface perpendiculairement au plan tangent en ce point prend le nom de *normale* à la surface au point M.

Observons enfin que le théorème que nous venons de démontrer est en défaut pour certains points singuliers tels que le sommet d'un cône.

Propriétés spéciales des plans tangents aux surfaces réglées

118. — *Dans toute surface réglée le plan tangent en un point contient la génératrice qui passe par ce point*, puisque cette génératrice est sa propre tangente.

119. — *Le plan tangent au cône (ou au cylindre) est le même en tous les points d'une même génératrice ; il ne varie que d'une génératrice à l'autre.* En effet, soient : ANB, CMD (fig. 60) deux courbes tracées sur la surface ; N et M les points où elles rencontrent une même génératrice G ; N'M' ceux où elles rencontrent une génératrice voisine G', et enfin NT, MR les tangentes en N et M aux courbes ANB, CMD. Les sécantes NN', MM' étant situées dans le plan déterminé par G et G', les plans GNN', GMM' coïncident, et, cette coïncidence, ayant lieu pour toute position de G', subsistera à la limite lorsque G' se confondra avec G, c'est-à-dire lorsque les plans GNN', GMM' deviendront respectivement les plans tangents GNT, GMR.

120. — Considérons maintenant une surface réglée quelconque S qui ne soit ni conique ni cylindrique (fig. 62).

Soient : G une génératrice quelconque, G' une génératrice voisine de G et H' leur perpendiculaire commune, qui est bien déterminée de position puisque la surface S n'est, par hypothèse, ni un cône ni un cylindre. Quand G' tend vers G, la perpendiculaire commune H' se déplace et tend vers une position limite OZ. Le point O limite de L reçoit le nom de *point central* de la génératrice G, et le plan GOZ, limite du plan GH', est dit le *plan central* de cette même génératrice. Chaque génératrice G a son point central O, et le lieu des points centraux des diverses génératrices est une ligne ω que l'on nomme la *ligne de striction* de la surface S.

Cela posé, par un point M pris à volonté sur la génératrice G, menons un plan perpendiculaire à cette génératrice, et, soit C la section faite dans la surface S par ce plan et MT la tangente à cette section : GMT sera le plan tangent en M, et il s'agit d'évaluer l'inclinaison θ de ce plan tangent sur le plan central GOZ, en fonction du segment OM = *u* compté à partir du point central et qui fixe la position du point M sur la génératrice; nous donnerons à ce segment le nom d'*abscisse* du point M et à la tangente trigonométrique de l'angle θ le nom d'*obliquité du plan tangent* GMT.

Désignons par M' le point où la courbe C rencontre G', et par M₁ le point où le plan de cette courbe rencontre la parallèle G₁ à G, menée par le point l'; enfin, menons les droites MM', MM₁, M₁M'.

Le plan GMM' ayant pour limite le plan tangent GMT, et le plan GMM₁ ayant pour limite le plan central GOZ, l'angle M₁MM' aura pour limite l'angle cherché θ. D'ailleurs, les angles l'M₁M, l'M₁M' sont droits puisque le plan du triangle MM₁M' est normal à G et par suite à G₁. On a, dès lors, en évaluant M₁M' dans les deux triangles rectangles M₁M'M, M₁M'l'.

$$M_1M' = MM_1 \operatorname{tg} M_1 MM'$$
$$M_1M' = l'M_1 \operatorname{tg} M_1 l'M,$$

d'où :

$$\operatorname{tg} M_1 MM' = \frac{\operatorname{tg} \varepsilon}{p} \, l'M,$$

en appelant *p* et ε la plus courte distance et l'angle des géné-

ratrices G et G'. On déduit de là, en passant à la limite, et désignant par h l'indice de la génératrice G :

$$\operatorname{tg}\theta = \frac{u}{h} \cdot \lim \left(\frac{\operatorname{tg} \varepsilon}{\varepsilon}\right)$$

c'est-à-dire :

$$\operatorname{tg}\theta = \frac{u}{h} \qquad\qquad (1$$

181. — De cette formule résultent les conséquences suivantes :

1° Si la surface S est le lieu des tangentes à une courbe
gauche, h est nul : par suite, l'angle θ est égal à 90° quel que
soit u ; en d'autres termes, le plan tangent en un point quelconque de la génératrice est perpendiculaire au plan central ;
il est donc unique pour chaque génératrice, et comme les cônes et les cylindres jouissent de cette dernière propriété, on
voit que *dans toute surface développable, le plan tangent est
le même en tous les points d'une même génératrice et ne varie
que d'une génératrice à l'autre.*

2° Si la surface est gauche, l'indice h a pour chaque génératrice une valeur finie et différente de zéro. Quand le point M
se déplace sur la génératrice G, l'angle θ change d'après la
formule (1), et il n'y a pas deux points de la génératrice où le
plan tangent soit le même. Ainsi dans *toute surface gauche
le plan tangent varie* non-seulement d'une génératrice à l'autre, mais encore *aux divers points d'une même génératrice* ;
il tourne autour de la génératrice *de telle sorte que son obliquité soit proportionnelle à l'abscisse du point de contact.*
Comme on a $\theta = 0$ pour $u = 0$, et $\theta = 90°$ pour $u = \infty$, on voit
que le *plan tangent au point central est le plan central* et que
le *plan tangent à l'infini est perpendiculaire au plan central.*

182. — Sur chaque génératrice d'une surface réglée, il y
a un point à l'infini ; le plan tangent en ce point est dit le *plan
asymptotique* relatif à la génératrice considérée.

*Dans toute surface réglée, le plan asymptotique relatif à
une génératrice quelconque G, est la limite du plan mené par
cette génératrice parallèlement à la génératrice infiniment
voisine G'.*

La proposition est évidente pour les cônes et les cylindres; car alors le plan mené par G parallèlement à G' n'est autre que le plan de G et de G'; or, ce plan a pour limite le plan tangent suivant la génératrice G, plan qui est en particulier tangent à l'infini puisqu'il touche la surface en tout point de la génératrice.

S'agit-il d'une surface réglée qui n'est ni conique ni cylindrique, reportons-nous à la figure 62. D'après le n° précédent, le plan asymptotique relatif à une génératrice G est le plan mené par G perpendiculairement au plan central, c'est donc la limite du plan mené par G parallèlement au plan G₁IG, c'est-à-dire du plan mené par G parallèlement à G'.

123. — On nomme *cône directeur* d'une surface réglée le cône qu'on obtient en menant par un point quelconque de l'espace des parallèles avec diverses génératrices de la surface.

Le plan mené par une génératrice G de la surface réglée parallèlement à la génératrice G' infiniment voisine est parallèle au plan déterminé par les génératrices du cône directeur qui correspondent à G et à G'. Le parallélisme de ces deux plans, ayant lieu pour toutes les positions de G', subsiste lorsque G' vient se confondre avec G, et comme alors ces deux plans deviennent, l'un le plan asymptotique de la génératrice G, l'autre le plan tangent au cône directeur suivant la génératrice correspondante, on voit que *dans toute surface réglée, le plan asymptotique relatif à une génératrice quelconque est parallèle au plan tangent au cône directeur suivant la génératrice correspondante*. Quand la surface est développable, on peut, puisqu'il n'y a qu'un plan tangent pour chaque génératrice, substituer, dans l'énoncé qui précède, les mots *plan tangent* aux mots *plan asymptotique*.

124. — Au lieu de trois directrices A, B, C (n° 116) on peut, pour déterminer une surface réglée, donner *deux directrices A et B et un cône directeur* γ : on obtient alors les génératrices qui passent par un point quelconque M de la ligne A en prenant les génératrices communes au cône ayant M pour sommet et B pour directrice et au cône directeur transporté parallèlement à lui-même de façon que son sommet soit en M.

185. — *Quand la surface est développable, il suffit, pour la déterminer, de donner deux directrices A et B, ou une directrice A et le cône directeur.* En effet, soient G l'une des génératrices qui passent par un point quelconque M de la ligne A, MT la tangente en M à cette ligne, et γ le cône qui a pour sommet M et pour directrice B ou bien le cône directeur transporté parallèlement à lui-même de manière que son sommet vienne en M. La génératrice G devra appartenir au cône γ et le plan tangent à ce cône suivant la droite G, devant être tangent à la surface suivant cette même génératrice, contiendra la tangente MT. Les génératrices de la surface qui passent par M seront donc les génératrices de contact des plans tangents au cône γ menés par MT.

186. — Le cône directeur peut se réduire à un plan; ce *plan directeur et deux directrices* A et B déterminent la surface; on obtient les génératrices qui passent par un point quelconque M de A en prenant les génératrices communes au cône ayant M pour sommet et B pour directrice, et au plan mené par M parallèlement au plan directeur.

Toute surface réglée à plan directeur est gauche. En effet, si elle était développable, en projection sur un plan perpendiculaire au plan directeur toutes les génératrices seraient parallèles et toucheraient une même courbe, ce qui est absurde, puisque les génératrices sont en nombre infini.

Parmi les surfaces réglées à plan directeur, on nomme *conoïdes* celles dont une des deux directrices A et B est rectiligne. Le conoïde est d'ailleurs *droit ou oblique*, suivant que la directrice rectiligne est perpendiculaire ou oblique au plan directeur.

Le conoïde le plus simple est celui dont la seconde directrice est aussi rectiligne; il est donc engendré par une droite qui s'appuie sur deux droites données en restant parallèle à un plan fixe. On donne à cette surface, fort usuelle et que nous étudierons plus tard avec détail, le nom *paraboloïde hyperbolique*.

Propriétés spéciales des plans tangents aux surfaces de révolution.

127. — *Le plan tangent en un point M d'une surface de révolution est perpendiculaire au plan méridien ZOM qui passe par le point de contact (fig. 65).*

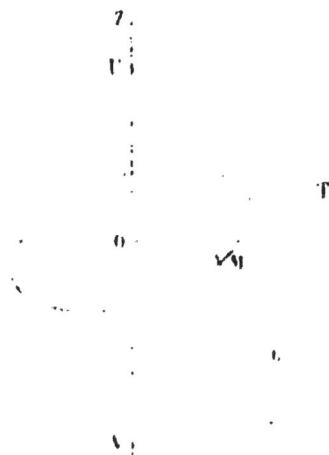

Fig. 65.

En effet, le plan tangent au point M contient la tangente MT au parallèle OM, et, cette tangente est perpendiculaire au plan méridien ZOM comme étant à angle droit sur deux droites OM et OZ de ce plan.

128. — *Les tangentes aux diverses méridiennes, aux points situés sur un même parallèle, forment un cône de révolution dont l'axe est celui de la surface et qui est circonscrit à cette surface suivant le parallèle considéré.*

En effet, soit U le point où la tangente en M à la méridienne MU rencontre l'axe OZ. Lorsque la méridienne tourne autour de OZ en entraînant la tangente MU, le point U reste fixe ; la tangente MU engendre donc un cône de révolution ayant pour sommet le point U et pour axe OZ. Ce cône est d'ailleurs circonscrit à la surface suivant le parallèle OM, c'est-à-dire a le même plan tangent que la surface en tout point M de ce parallèle, puisque pour chacune de ces deux surfaces le plan tangent en M est le plan mené par MT perpendiculairement au plan méridien ZOM.

129. — *Les normales menées à une surface de révolution par les divers points d'un même parallèle forment un cône de révolution dont l'axe est celui de la surface.*

En effet, soit MV la perpendiculaire menée dans le plan méridien ZOM à la tangente MT, et soit V le point où cette droite rencontre l'axe OZ. Quand la méridienne tourne autour de OZ en entraînant sa normale MV, le point V reste fixe ; la droite MV décrit donc un cône de révolution ayant pour sommet le point V et pour axe OZ, et il suffit de démontrer que MV est la normale en M à la surface. Or, MV est, d'une part, situé dans le plan méridien UMV qui est perpendiculaire au plan tangent UMT ; elle est, d'autre part, perpendiculaire à l'intersection UM de ces deux plans ; donc elle est perpendiculaire au plan UMT [1].

Plan osculateur et projection d'une courbe gauche.

130. — Nous avons dit (n° 82) que la tangente *mt* à la projection *cc₁* d'une courbe CC₁ n'était plus la projection de la tangente MT à cette courbe lorsque cette dernière tangente était perpendiculaire au plan de projection H (fig. 66).

Il est clair en effet que, dans ce cas, la projection de MT se réduit au point *m*, tandis que la tangente *mt* est une droite bien déterminée.

Quelle est alors cette tangente *mt* ? C'est évidemment la limite de la trace *mm'* du plan mené par MT et par le point M' de de la courbe CC₁ qui est infiniment voisin de M, c'est-à-dire la trace du plan P qui touche, suivant la génératrice MT, le cylindre projetant de la courbe CC₁.

On donne à ce plan P le nom de *plan osculateur* de la courbe CC₁ au point M.

1. Voir *Éléments de Géom.*, par MM. R. et de C., livre V, §   .

131. — Il est aisé de voir que ce même plan P est la limite du plan mené par la tangente MT parallèlement à la tangente au point infiniment voisin M'; en effet, ce dernier plan a pour trace la parallèle *mu* menée par *m* à la tangente *m'l'* et cette droite *mu* a pour limite *mb*.

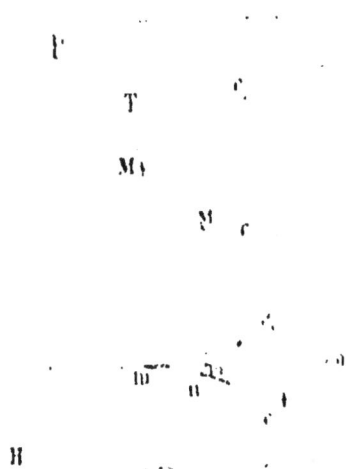

Fig. 66.

Enfin, puisque le point de contact M d'une tangente MT est la réunion de deux points infiniment voisins de la courbe CC₁, on peut encore dire que le plan osculateur en un point d'une courbe est la limite du plan partant par ce point et par deux points de la même courbe infiniment voisins du premier.

Quant un mobile passe alternativement de part et d'autre d'un plan, il se trouve finalement du même côté de ce plan que le point de départ ou du côté opposé, suivant qu'il a rencontré le plan un nombre de fois pair ou impair. Il résulte de là que *le plan osculateur d'une courbe traverse cette ligne*, puisqu'il a en commun avec elle trois points infiniment voisins.

132. — Soit S la surface développable dont la courbe C est l'arête de rebroussement, γ le cône directeur de cette surface et γ₁ la génératrice de ce cône qui est parallèle à la tangente MT à la courbe C. Le plan osculateur de cette courbe au point M est évidemment, d'après la seconde définition du plan osculateur, parallèle au plan tangent au cône γ suivant la génératrice γ₂ et par suite (n° 123) le plan tangent à la surface S suivant MT. Donc *le plan osculateur en un point d'une courbe gauche est le plan qui touche, suivant la tangente en ce point, la surface développable dont la courbe considérée est l'arête de rebroussement.*

De là résulte le moyen de trouver graphiquement le plan osculateur en un point M d'une courbe C dont on donne la projection horizontale et la projection verticale. On prendra sur la courbe C quelques points, les uns M_1, M_2 à gauche de M, les autres M_3, M_4 à droite, et l'on construira les traces horizontales t_1, t_2, t, t_3, t_4, des tangentes en M_1, M_2, M, M_3, M_4; en joignant ces traces par un trait continu, on aura la trace horizontale t de la surface développable dont C est l'arête de rebroussement ; le plan de la tangente en θ à la courbe t et de la tangente Mθ à la courbe C sera le plan osculateur cherché.

Contour apparent d'une surface

133. — Considérons un corps limité par une surface courbe S et soit H le plan horizontal de projection (fig. 67). Parmi les droites verticales les unes coupent le corps, les autres n'ont aucun point commun avec lui ; d'autres enfin, qui forment la transition entre les premières et les secondes, touchent la surface S qui limite le corps. Portons exclusivement notre attention sur ces dernières : elles forment un cylindre vertical γ ayant pour directrice le lieu CMD de leurs points de contact avec la surface S. Ce cylindre est d'ailleurs *circonscrit* à cette surface suivant la ligne CMD ; en d'autres termes, il a en tout point M de cette ligne le même plan tangent que la surface ; c'est le plan déterminé par la génératrice Mω et par la tangente MT à la courbe CMD.

On donne le nom de *séparatrice* à la ligne CMD, parce qu'elle partage la surface S en deux parties dont l'une est visible et l'autre cachée pour le spectateur que nous supposons, conformément aux conventions du n° 82, placé à l'infini sur une verticale. On nomme enfin *contour apparent horizontal* de la surface S la trace horizontale *cmd* du cylindre γ c'est-à-dire la

projection horizontale de la séparative CMD, ou encore la projection horizontale du lieu des points de contact de tous les
plans tangents verticaux. Tous ces énoncés sont équivalents,
d'après ce qui a été dit dans l'alinéa qui précède.

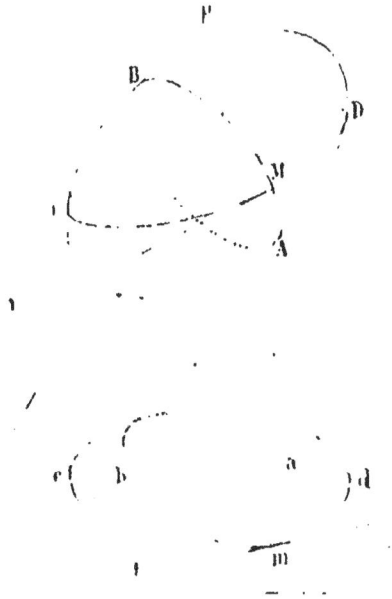

Fig. 67.

On peut raisonner par rapport au plan vertical de projection
comme on vient de le faire par rapport au plan horizontal. Le
corps restant le même, il y aura une nouvelle séparative qui
sera ici le lieu des points de contact des plans de bout tangents
à la surface S et un *contour apparent vertical* qui sera la
projection verticale de cette séparative.

C'est par le contour apparent horizontal et par le contour apparent vertical de la surface courbe qui limite un corps solide,
qu'on représente ce solide en géométrie descriptive.

Voici sur les contours apparents deux théorèmes d'un usage
fréquent.

134. — *La projection amb d'une ligne quelconque AMB
tracée sur une surface S touche le contour apparent cmd au*

point m, qui est la projection du point M où cette ligne AMB rencontre la séparative CMD.

En effet, la projetante Mm du point M, étant tangente à la surface S puisque M appartient à la séparative, est située comme les tangentes M_2 et M_2 aux courbes CD et AB dans le plan tangent en M à la surface S ; les plans projetants mM_2, m M_2 de de ces deux dernières tangentes coïncident donc, et par suite ces deux tangentes ont la même projection mt.

Toutes les fois qu'on aura à tracer une courbe sur une surface, il conviendra de déterminer les points sur les contours apparents ; d'abord, les tangentes en ces points seront connues ; puis, ces points sont des points de passage des parties vues aux parties cachées, sauf dans le cas exceptionnel où la ligne considérée touche la séparative au lieu de la couper.

Le théorème ci-dessus est, bien entendu, en défaut, lorsque la tangente en M à la courbe considérée AMB est verticale. On sait (n° 130) que dans ce cas la tangente en m à la projection amb est la trace du plan osculateur en M à la ligne AMB ; d'ailleurs cette projection amb doit offrir un rebroussement puisqu'elle doit être intérieure au contour apparent.

Signalons enfin une application importante au point de vue graphique du théorème en question.

La surface ayant un mode de génération bien défini, si l'on fait les projections d'un nombre suffisant de génératrices, on aura le contour apparent en traçant l'*enveloppe* de ces projections c'est-à-dire une courbe qui les touche successivement.

135. *Quand deux surfaces S et S' se raccordent suivant une ligne commune AB, leurs séparatives CD, C'D' se croisent sur la ligne commune et leurs contours apparents touchent la projection de la ligne commune au même point.*

Soit, en effet, M le point où CD rencontre AB ; puisque ce point appartient à la ligne de raccord AB, c'est que le plan tangent en ce point à la surface S est tangent à la surface S' ; mais, puisque le même point M appartient à la séparative CD, c'est que ce plan est perpendiculaire au plan de projection. Donc le point M appartient à la séparative C'D', ce qui démontre la première partie de l'énoncé. La seconde partie résuite dès lors de l'application du théorème précédent à la courbe AB considérée tour à tour comme appartenant à S et à S'.

Ce théorème permet de construire le contour apparent d'une surface Σ définie comme l'enveloppe d'une suite de surfaces S_1, S_2, S_3 . qu'elle touche respectivement suivant certaines courbes C_1, C_2, C_3.. Si l'on sait construire aisément les contours apparents $\gamma_1, \gamma_2, \gamma_3$... des surfaces individuelles S_1, S_2, S_3... il suffira de prendre la courbe enveloppe des lignes γ_1, γ_2, γ_3... pour avoir le contour apparent de la surface Σ. Ce procédé est avantageux, par exemple, pour le *tore*, surface que l'on peut considérer comme l'enveloppe d'une sphère de rayon constant R dont le centre décrit un cercle. On tracera d'abord la projection de ce cercle, puis de chacun des points de cette projection comme centre on décrira une circonférence du rayon R ; ces circonférence seront les contours apparents de la sphère mobile dans ses positions successives et l'enveloppe de ces circonférences sera le contour apparent du tore. Nous laissons au lecteur le soin d'exécuter cette épure, qui ne peut lui offrir aucune difficulté quelle que soit la position du cercle directeur du tore, puisque nous avons au n° 83 donné le moyen de construire l'ellipse projection de ce cercle.

CHAPITRE IX.

CONES ET CYLINDRES

Recherche d'une génératrice.

136. — Considérons d'abord un cône défini par les projections s et s' de son sommet et par celles abc, $a'b'c'$ de sa directrice (fig. 68).

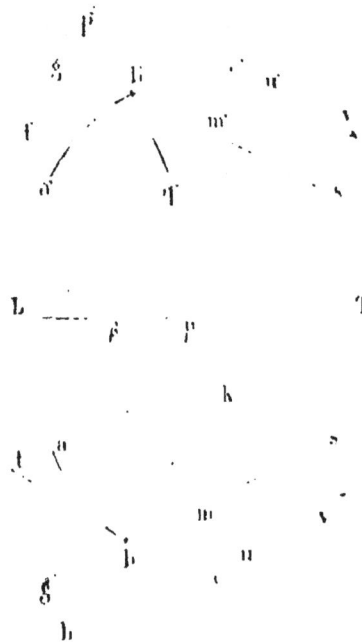

Fig. 68.

On donne l'une des deux projections sg ou $s'g'$ d'une généra-trice SG et l'on demande de trouver l'autre projection de cette droite.

Si c'est la projection horizontale sg qui est donnée, le point de rencontre b de sg et de abc sera la projection horizontale du point B où la génératrice SG rencontre la directrice ABC; l'intersection b' de la ligne de rappel bb' et de $a'b'c'$ sera la projection verticale du point B et l'on aura la projection verticale $s'g'$ de SG en joignant le point b' au point s'.

Il est évident qu'il peut y avoir plusieurs génératrices ayant sg pour projection horizontale.

Si c'est la projection verticale $s'g'$ de SG qui est donnée, le point de rencontre b' de $s'g'$ et de $a'b'c'$ sera la projection verticale du point B où la génératrice SG rencontre la directrice ABC; l'intersection b de la ligne de rappel bb' et de abc sera la projection horizontale du point B et l'on aura la projection horizontale sg de SG en joignant le point b au point s. Il peut y avoir plusieurs génératrices ayant pour projection verticale $s'g'$.

137. — Supposons la directrice ABC plane et définie par son plan P et par l'une de ses projections, la projection horizontale abc par exemple.

Alors, si l'on donne la projection horizontale sg d'une génératrice SG, la projection horizontale b du point B où SG rencontre ABC s'obtiendra comme précédemment par la rencontre de sg et de abc; mais, pour avoir la projection verticale b' du point B, il faudra déterminer l'intersection du plan P et du plan vertical sg. Soit $(sg, p'q')$ cette droite; la ligne de rappel bb' donnera b' par sa rencontre avec $p'q'$, et en joignant b' à s' on aura la projection verticale $s'g'$ de SG.

Si on donne au contraire la projection verticale $s'g'$ de SG, on déterminera d'abord l'intersection $(hk, s'g')$ du plan P et du plan de bout $s'g'$; puis, l'on aura la projection horizontale sg de SG en joignant le point s au point b où hk rencontre abc.

138. — Un cylindre est défini par une directrice plane ou gauche ABC et par la direction $(uv, u'v')$ de ses génératrices; on peut le considérer comme un cône dont le sommet serait à l'infini sur une droite donnée $(uv, u'v')$.

Les tracés indiqués aux deux numéros précédents pour la recherche d'une génératrice subsistent donc à la condition de faire abstraction du point (s, s') et de considérer *by* comme parallèle à *ur* et *b'g'* comme parallèle à *u'r'*. Le lecteur doit avoir sans cesse présente à l'esprit cette idée fondamentale que *joindre un point situé à distance finie à un point situé à l'infini sur une droite donnée, c'est mener par le premier point une parallèle à cette droite.*

Recherche d'un point et du plan tangent en ce point.

139. — Étant donnée l'une des projections, la projection horizontale, *m*, par exemple, d'un point M d'une surface conique ou cylindrique, il est facile de trouver l'autre projection *m'* de M et le plan tangent en ce point (fig. 68).

On joindra le point *m* à la projection horizontale *s* du sommet du cône ; ou, s'il s'agit d'un cylindre, on mènera par *m* la parallèle *mg* à la direction *ur* de la projection horizontale des génératrices. On aura ainsi la projection horizontale de la génératrice qui passe par le point *m* ; on en déduira (136, 137, 138) la projection verticale *s'g'* de cette génératrice, et la ligne de rappel *mx* donnera par sa rencontre avec *s'g'* la projection verticale du point M.

Quant au plan tangent au cône ou au cylindre au point M, il est le même (n° 119) qu'au point B où la génératrice MG rencontre la directrice ABC. il est donc déterminé par cette génératrice (*mg, m'g'*) et par la tangente *bt, b't'* à la directrice au point *b, b'*.

Plan tangent par un point extérieur ou parallèle à une droite donnée.

140. — Étant donnée une surface conique ou cylindrique, on propose de lui mener un plan tangent par un point donné E non situé sur la surface.

Désignons par M le point où la génératrice de contact rencontre la directrice ABC de la surface. Le plan tangent de-

mandé P contiendra la tangente en M à cette directrice ABC
ainsi que la droite D qui joint le point E au sommet du cône,
ou qui est menée par E parallèlement aux génératrices du cylindre. Tout reviendra donc, pour avoir le plan tangent P, à
trouver, parmi les tangentes à la directrice ABC, celle qui
rencontre la droite D, ou qui lui est parallèle.

Pour obtenir cette tangente, le plus simple est en général de
commencer par se procurer (par le procédé que nous indiquerons au n° 143) une directrice plane du cône ou du cylindre, si la directrice donnée est gauche. On prendra ensuite la
trace de la droite D sur le plan de la directrice et l'on mènera
par ce point une tangente à cette directrice.

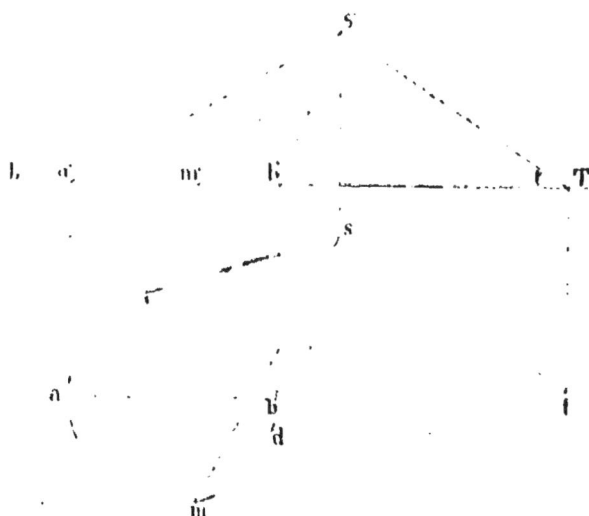

Fig. 69.

Dans la figure 69, il s'agit d'un cône dont on donne le sommet (s, s') et la trace horizontale (abc, a'b'). On cherche
alors la trace horizontale t de la droite (se, s'e'), et la tangente
tm menée par le point t à abc est la trace horizontale d'un
plan tangent mené par le point donné (e, e'); (sm, s'm') est la
génératrice de contact. Il y a autant de solutions que de tangentes menées par t à la courbe abc.

141. Le problème qui consiste à mener un plan tangent à

un cône parallèlement à une droite donnée se résout d'une manière analogue. Par le sommet du cône on mène une droite parallèle à la direction donnée et l'on fait jouer à cette droite le même rôle qu'à la droite que nous avons désignée par D dans le numéro précédent.

Enfin, s'il s'agit de mener un plan tangent à un cylindre parallèlement à un direction donnée Δ, on mènera par un point pris à volonté dans l'espace une parallèle aux génératrices du cylindre et une parallèle à la droite Δ : on cherchera la trace T du plan de ces deux droites sur le plan de la directrice du cylindre, et l'on mènera à cette directrice une tangente parallèle à la trace T ; cette tangente et la génératrice qui passe par son point de contact détermineront le plan demandé.

142. La recherche des génératrices suivant lesquelles le *plan tangent est perpendiculaire à un plan donné* Q revient au problème qui précède, puisqu'un plan perpendiculaire au plan Q n'est autre chose qu'un plan parallèle à une droite perpendiculaire au plan Q.

Si le plan Q est l'un des plans de projection, les génératrices ainsi obtenues sont les *génératrices de contour apparent* par rapport à ce plan, c'est-à-dire les génératrices dont la projection sur ce plan formera le contour apparent relatif à ce même plan.

Supposons d'abord la surface définie par les projections abc, $a'b'c'$ d'une directrice gauche, et par le sommet (s, s') s'il s'agit d'un cône, ou par la direction $(ur, u'r')$ des génératrices s'il est question d'un cylindre. Le contour apparent horizontal sera formé (n° 134) par les tangentes à abc menées par s ou parallèlement à ur, et le contour apparent vertical sera formé par les tangentes à $a'b'c'$ menées par s' ou parallèlement à $u'r'$.

Supposons en second lieu, que la directrice ABC soit plane et qu'elle soit définie par son plan P et par l'une de ses projections, la projection horizontale abc par exemple. Le contour apparent horizontal se trouvera comme ci-dessus en menant, par s ou parallèlement à ur, des tangentes à abc. Quant au contour apparent vertical, il est formé par la projection verticales des génératrices suivant lesquelles le plan tangent est de bout, c'est-à-dire par les traces verticales des plans tangents parallèles à une droite de bout ; la recherche de ce plan tangent a été traitée au n° 141.

La figure 169 est relative aux contours apparents d'un cône donné par son sommet (s, s') et par sa trace horizontale (ab, $a'b'$). Les tangentes sc et sd forment le contour apparent horizontal ; les traces horizontales des plans tangents de bout sont les tangentes aa', bb' menées à la courbe ab perpendiculairement à la ligne de terre ; par suite, $s'a'$ et $s'b'$ sont les traces verticales de ces plans tangents et forment le contour apparent vertical. Veut-on représenter le corps solide revêtu par cette surface conique et limité d'une part au sommet et de l'autre au plan horizontal ? La représentation horizontale se composera des tangentes sc et sd et de l'arc cad qui forme arête, et la représentation verticale sera le triangle $s'a'b'$. Des deux parties cad, cbd de la base, la seconde est cachée en projection horizontale et, sur cette projection, toute génératrice ayant sa trace sur l'arc cad sera vue tandis que toute génératrice ayant sa trace sur l'arc cbd sera cachée. En projection verticale, une génératrice quelconque sera vue ou cachée suivant que la trace horizontale sera sur l'arc adb ou sur l'arc acb.

Section plane d'un cône ou d'un cylindre.

143. — Pour obtenir un point M de la section d'un cône ou d'un cylindre par un plan P, il suffit de chercher l'intersection d'une génératrice G avec le plan P. Cela revient (n° 57) à couper la surface et le plan P par un plan auxiliaire Q passant par le sommet du cône ou parallèle aux génératrices du cylindre. La tangente à la section au point M est la droite MT commune au plan sécant P et au plan tangent au cône ou au cylindre suivant la génératrice considérée ; il suffit d'ailleurs de chercher un seul point de cette droite MT, puisqu'on en possède déjà un premier point M.

On peut obtenir à la fois le point M et la tangente MT, si l'on prend pour plan auxiliaire passant par la génératrice G, le plan tangent suivant cette génératrice.

Ces tracés n'offrent aucune difficulté.

Pour obtenir toute la section, on parcourt la directrice dans un sens déterminé en marquant sur elle des points suffisamment rapprochés ; on prend, pour chacun de ces points, l'intersection de la génératrice correspondante et du plan P, puis on joint les points ainsi obtenus dans l'ordre même où on les a trouvés, en observant qu'aux points situés sur le contour apparent il y a contact entre ce contour et la projection de la section.

144. — Un point μ de la section plane d'un cône passe à l'infini lorsque la génératrice γ correspondante devient parallèle au plan sécant P. On obtient ces génératrices particulières en coupant le cône par un plan passant par le sommet et parallèle au plan P. La tangente en un point à l'infini μ de la section prend le nom d'*asymptote* ; c'est l'intersection du plan P et du plan tangent au cône suivant la génératrice correspondante γ, et comme cette génératrice est parallèle au plan P, le plan tangent coupe le plan P suivant une parallèle à γ, en sorte qu'il suffit encore ici pour avoir la tangente en μ, c'est-à-dire l'asymptote, de déterminer un seul point de l'intersection du plan P et du plan tangent suivant la génératrice γ.

145. — La figure 70 offre un exemple des tracés indiqués dans le numéro précédent. Considérons un cône dont la directrice AB est située dans le plan horizontal de projection et dont le sommet est projeté horizontalement en s. Soient H la trace horizontale du plan sécant P, et H_1 la trace horizontale du plan P_1 mené par le sommet du cône parallèlement au plan P.

Pour avoir le point de la section qui est situé sur une génératrice quelconque sy, on a pris pour plan auxiliaire le plan tangent suivant cette génératrice ; ce plan dont la trace horizontale est nqq_1 coupe le plan P suivant sq_1, et le plan P suivant la parallèle menée par q à sq_1 ; l'intersection de cette parallèle et de sy donne le point m, et la tangente à la section en ce point est qm.

La génératrice sy dont le pied est à la rencontre r_1 de la base AB et de H_1, est parallèle au plan sécant P ; en lui appliquant la

construction précédente, on voit que le point correspondant est
à l'infini et que l'asymptote $r\mu$ est la parallèle à $s\gamma$ menée par
le point r où H rencontre la tangente à la base au point r_1.

Une branche infinie est dite *hyperbolique* ou *parabolique*
suivant que son asymptote est à distance finie ou à distance
infinie.

Dans la figure 70, la branche $mk\mu$ est hyperbolique, vu que
la droite H_1 *coupe* la base AB, et que, par suite, la tangente r_1r

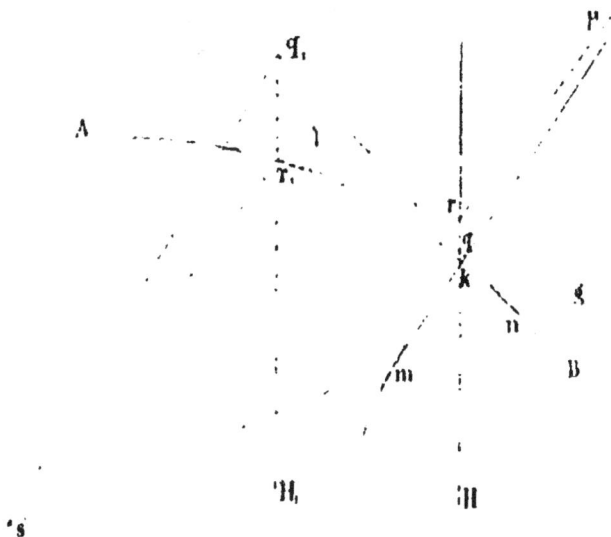

Fig. 70.

à cette base, coupe à distance finie, la droite H qui est parallèle
à H_1. Si H_1 touche la base AB, r_1r devient parallèle à H, le point
r et par suite l'asymptote disparaissent à l'infini ; la branche
est donc alors *parabolique*.

146. — Dans le cas où l'on veut construire la *section droite*
d'un cylindre oblique, c'est-à-dire la section d'un cylindre
quelconque par un plan perpendiculaire aux génératrices, il
convient (n° 62) de prendre pour plan vertical de projection
auxiliaire un plan vertical parallèle aux génératrices. Sur ce
plan de projection, la section se projette suivant une portion de
droite, et des lignes de rappel permettent de passer successivement à la projection horizontale et à la projection sur le plan
vertical primitif.

Intersection de deux surfaces coniques ou cylindriques.

117. — Pour trouver les points d'intersection d'une droite D et d'une surface Σ conique ou cylindrique, on coupe la surface Σ par un plan passant par la droite D et par le sommet de la surface Σ s'il s'agit d'un cône, ou par un plan mené par la droite D parallèlement aux génératrices de la surface Σ, s'il s'agit d'un cylindre; cette section se compose de génératrices qui vont rencontrer la droite D aux points cherchés.

118. — Pour trouver l'intersection de deux surfaces coniques ou cylindriques, on cherche les points où chaque génératrice de l'une des deux surfaces rencontre l'autre surface.

D'après le numéro précédent, cela revient à couper les deux surfaces par des plans auxiliaires choisis de la manière suivante : s'il s'agit de deux cônes, on mène des plans auxiliaires par la droite qui joint les sommets; s'il est question d'un cône et d'un cylindre, on conduit les plans auxiliaires par la droite menée par le sommet du cône parallèlement aux génératrices du cylindre : enfin, si les deux surfaces sont cylindriques, on prend pour plans auxiliaires des plans parallèles à celui que l'on obtient en menant, par un point pris à volonté dans l'espace, une parallèle aux génératrices du premier cylindre et une parallèle aux génératrices du second.

La tangente MO en un point M de l'intersection des deux surfaces est la droite commune aux plans tangents à ces deux surfaces suivant les deux génératrices qui se croisent au point M. Il suffit d'ailleurs de déterminer un seul point (autre que M) de la droite commune.

119. — La figure 71 est relative à l'intersection de deux cônes. Le premier cône est défini par sa trace horizontale A et par son sommet s, s'. Le second cône a pour trace horizontale la courbe B et pour sommet le point t, t'. On commence par déterminer la trace de la droite st, s't', qui joint les sommets, sur le plan commun des bases, c'est-à-dire ici la trace horizontale ω. Toute droite ωn menée dans le plan horizontal par le point ω peut être considérée comme la trace horizontale d'un plan auxiliaire. Soit *a* l'un des points où la droite ωn rencontre la base A, et *b* l'un des points où la droite ωn rencontre la base B; *sa* et *tb* sont les projections horizontales d'une génératrice

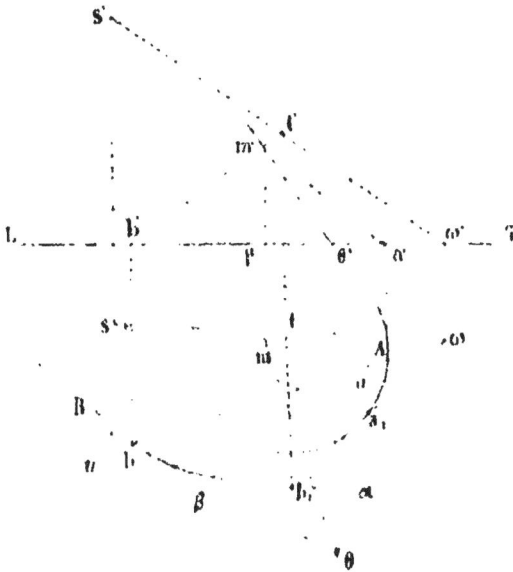

Fig. 71.

du premier cône et d'une génératrice du second cône situées dans le plan auxiliaire (ωn); leur point commun *m* est donc la projection horizontale d'un point M de l'intersection des deux cônes. On obtient d'ailleurs la projection verticale *m'* de ce point *m*, en prenant le point commun à deux des trois droites *s'a'*, *t'b'*, *my*, qui sont les projections verticales des deux génératrices considérées et de la ligne de rappel du point *m*.

La tangente *a* α à la base A, au point où la génératrice (*sa*, *s'a'*) rencontre cette base est la trace horizontale du plan tangent au cône (S) au point M. De même les tangentes *b*β à la base B, au point où la génératrice (*tb*, *t'b'*) rencontre cette base est la trace horizontale du plan tangent au cône (T) au point M. Le point θ commun à *a*α et à *b*β est donc la trace horizontale de la tangente en M à la ligne d'intersection des deux cônes : cette tangente a donc pour projection horizontale $m\theta$, et sa projection verticale est $m'\theta'$, θ' désignant la projection de θ sur LT. Si le point θ sortait des limites de la feuille de dessin, on couperait les plans tangents saz, $tb\beta$ par un plan auxiliaire, ce qui donnerait un nouveau point de la tangente cherchée.

150. — Un plan auxiliaire n'est *utile* qu'autant qu'il rencontre à la fois les deux cônes.

S'il *touche* l'un des cônes (S) et s'il *coupe* l'autre (T), il reçoit le nom de *plan limite* et les génératrices suivant lesquelles il coupe le cône (T) sont dites *génératrices limites*. Ainsi ω α b_1 est un plan limite et tb_1 est la génératrice limite correspondante.

En un point M de la courbe d'intersection situé sur une génératrice limite, la tangente à cette courbe est précisément cette génératrice limite ; car, cette droite appartient à la fois aux plans tangents au point M à l'un et à l'autre cône.

Rappelons en outre que la projection horizontale de l'intésection de deux cônes aux points où cette projection rencontre le contour apparent horizontal est tangente à ce contour apparent, à moins que la tangente correspondante de l'espace ne soit verticale. Une observation analogue convient à la projection verticale.

Pour obtenir toute l'intersection, on décrit une fois la directrice de l'un (S) des deux cônes dans un sens déterminé en marquant sur elle des points A, B. C.... suffisamment rapprochés et prenant pour chacun de ces points l'intersection de la génératrice correspondante avec toutes les génératrices du second cône situées dans le plan auxiliaire passant par le point considéré,

Ainsi soient :

$$M, M_2 \ldots \ldots M_k$$

les points où la génératrice SA du cône (S) rencontre successivement les génératrices du cône (T) situées dans le plan auxiliaire TSA ; soient

$$N, N_2 \ldots \ldots N_k$$

les points analogues pour la génératrice SB ;

$$P, P_2 \ldots \ldots P_k$$

les points analogues pour la génératrice SC, et ainsi de suite ;

il y aura un arc de courbe réunissant les points $M_1, N_1, P_1 \ldots$, un arc réunissant les points $M_2, N_2, P_2 \ldots$, enfin un arc réunissant les points M_k, N_k, P_k. Il faudra, bien entendu, faire figurer parmi les points marqués A,B,C,.. les points qui correspondent aux génératrices limites du cône (S).

Lorsque les deux cônes sont du second ordre, on peut aisément reconnaître *à priori* si l'intersection se réduit à une courbe unique (on dit alors qu'il y a *arrachement* ou *entaille*) ou si elle se compose de deux courbes distinctes (on dit alors qu'il y a *pénétration* ou *trou*).

Deux cas sont à distinguer suivant que la droite des sommets ST tombe dans l'intérieur de l'une des cônes (S) et (T) ou est extérieure aux deux cônes.

Dans le premier cas, il y a un *trou*; car si ST tombe par exemple, à l'intérieur du cône (S), tout plan auxiliaire passant ST coupe le cône (S) suivant deux génératrices; par suite chaque génératrice du cône (T) perce en deux points le cône (S).

Dans le second cas, désignons par α l'angle dièdre qui, comprenant le cône (S), est formé par les deux plans tangents à ce cône menés par la droite ST qui joint les sommets, et désignons par β l'angle dièdre analogue pour le cône T. Si les angles α et β n'ont aucune partie commune, aucun plan auxiliaire n'est utile, et il n'y a pas d'intersection. Si les angles α et β sont compris l'un dans l'autre, par exemple, si α est compris dans β, toute génératrice du cône S perce le cône T en deux points et il y a un trou; enfin si les dièdres α et β empiètent l'un sur l'autre, il y a arrachement.

Observons d'ailleurs, que les choses se passent comme dans le premier cas lorsque la droite ST coïncide avec une génératrice de l'un des cônes; il y a alors *pénétration*.

Enfin, remarquons qu'on aperçoit immédiatement les circonstances dans lesquelles on se trouve, lorsque les deux cônes ont leurs bases dans un même plan, par exemple dans le plan horizontal de projection; tout résulte de la situation relative des deux bases et de la trace horizontale de la droite ST.

151. — La figure 72 représente l'intersection d'un cône et d'un cylindre définis de la manière suivante :

Le cylindre est droit: sa trace horizontale est le cercle ABCD. Le cône a son sommet (S, S') sur l'axe du cylindre ; sa trace horizontale est une hyperbole équilatère tangente au cercle et ayant pour asymptotes deux diamètres du cercle, l'un AB parallèle, l'autre CD perpendiculaire à la ligne de terre LT ; cette hyperbole est dessinée sur l'épure en traits mixtes.

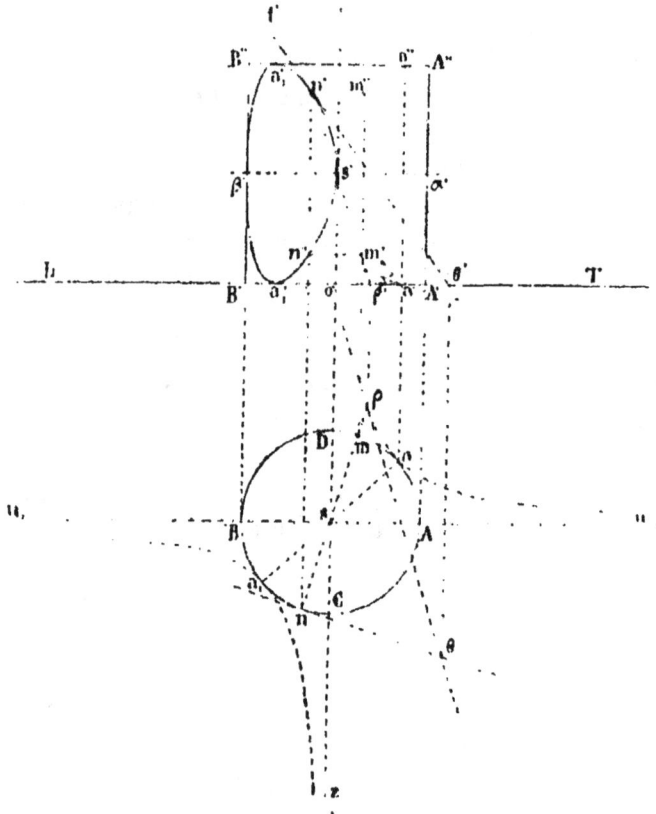

Fig. 72.

Conformément à la règle formulée ci-dessus, on coupe par des plans passant par la verticale du sommet du cône. Soit *ns* la trace d'un tel plan auxiliaire, *n* l'un des points où cette trace coupe la base du cylindre et *ρ* l'un des points où elle coupe la base du cône. L'intersection (n,n') de la génératrice $(n, n'n'')$ du cylindre et de la génératrice $(S\rho, S'\rho')$ du cône est un point de l'intersection cherchée. Le même plan auxiliaire donne trois autres points (m, m') (m, m'') (n, n'') de l'intersection.

Cherchons la tangente en n'. La tangente en n au cercle ABCD est la trace horizontale du plan tangent au cylindre suivant la génératrice $(n, n'n'')$; la tangente en ρ à l'hyperbole est la trace horizontale du plan tangent au cône suivant la génératrice $(S\rho, S'\rho')$; donc le point de concours θ de ces deux tangentes est la trace horizontale de la tangente au point (n,n') et cette tangente a pour projection verticale $\theta'n'$.

Les points α' et β' situés sur le contour apparent vertical du cylindre sont donnés par le plan auxiliaire de front AB.

Aux points (a, a') (a, a'') (a_1, a'_1), (a_1, a''_1), les tangentes sont horizontales ; ce sont les points de la courbe dont la côte est maximum ou minimum.

Enfin la ponctuation est faite dans l'hypothèse où le cylindre existe seul. Il y a ici pénétration ; l'intersection se compose de deux courbes distinctes projetées horizontalement l'une sur l'arc BC, l'autre sur l'arc AD.

151. — Nous passons sous silence la recherche des branches infinies de l'intersection de deux surfaces coniques ou cylindriques, attendu que cette question n'offre aucun intérêt en stéréotomie.

Développement d'une surface conique ou cylindrique.

153. — Nous avons vu au n° 115 que lorsqu'on applique sur un plan une surface développable les longueurs et les angles des lignes tracées sur la surface restent inaltérés.

Voici une autre propriété du développement qui est souvent utile :

Les points d'inflexion de la transformée par développement d'une ligne tracée sur une surface développable correspondent aux points de cette ligne où le plan osculateur est normal à la surface.

Observons avant de démontrer ce théorème qu'un point
d'inflexion d'une courbe plane est un point où la courbe et sa
tangente.ont trois points communs confondus et par suite où
la tangente traverse la courbe. On peut dire encore, en assimi-
lant la courbe à un polygone infinitésimal, que c'est un point où
deux éléments consécutifs sont en ligne droite.

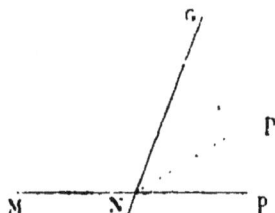

Fig. 73.

Cela posé soit (fig. 73) MN et NP deux éléments consécutifs
d'une ligne tracée sur une surface développable, G la génératrice qui passe par le sommet N, et NP₁ la position que prend
l'élément NP lorsqu'on amène la face GNP dans le plan de la face
précédente GNM par une rotation autour de la génératrice NG ;
MN et NP₁ seront deux éléments consécutifs de la transformée,
et NP₁ devra être le prolongement de MN si N est un point
d'inflexion de cette transformée. Or, dans la rotation infiniment
petite autour de NG, NP décrit un cône de révolution dont
NG est l'axe; le plan PNP₁ est donc, à la limite, un plan tangent
à ce cône suivant la génératrice NP₁ et par suite perpendiculaire
au plan méridien GNP₁; mais, ce même plan PNP₁ est aussi, à
la limite, le plan osculateur en N de la ligne MNP tracée sur la
surface. Donc, au point N le plan osculateur de la ligne MNP
est perpendiculaire au plan GNP, qui est le plan tangent à la
surface.

151. — Parmi les surfaces développables, les seules dont
on ait à effectuer le développement en stéréotomie sont les
cônes et les cylindres; aussi ne sera-t-il question ici que de
celles-là.

Considérons d'abord une surface cylindrique. Il s'agit d'ex-

pliquer comment on placera, dans le développement du cylindre
un point quelconque M, de la transformée C_1D_1 d'une ligne
quelconque CD tracée sur le cylindre et la tangente $M_1 \vartheta_1$ en ce
point (fig. 74).

On commence par se procurer (n° 146) une section droite AB
du cylindre. Le point M sera défini de position si l'on connaît:
1° l'arc AP de la section droite qui est compris entre un point
origine A choisi à volonté sur AB et le point où la génératrice
du point M rencontre AB; 2° la longueur et le sens de la portion PM de cette génératrice. La première de ces quantités, la
longueur de l'arc AP, se déduira du rabattement de la section
droite; quant à la seconde PM, elle sera donnée par la projection
auxiliaire sur un plan parallèle aux génératrices, projection
qu'on aura dû faire (n° 146) pour obtenir la section droite.

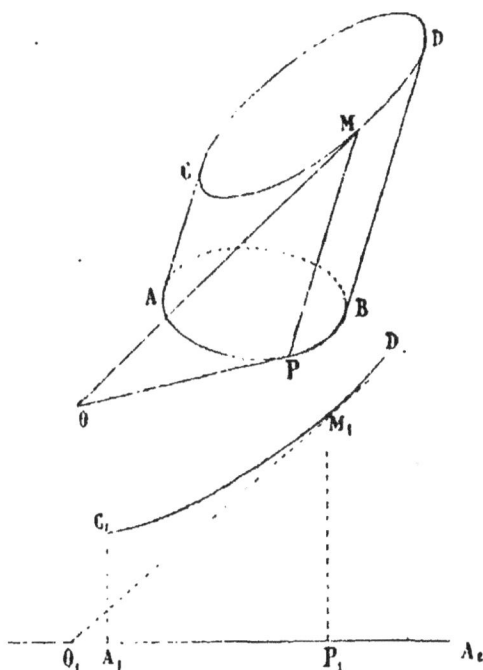

Fig. 74.

Les gé.. ratrices du cylindre restant parallèles sur le développement, la transformée de la section droite, qui doit les
couper à angle droit, sera une droite. On tracera donc sur la

8

feuille de dessin une droite A_1A_2 sur laquelle on prendra à volonté un point A_1 qui représentera l'origine A : puis on portera sur A_1A_2, à partir de A_1, une abcisse rectiligne A_1P_1 ayant la même grandeur et le même sens que l'abcisse curviligne AP ; enfin, on mènera au point P_1, perpendiculairement à A_1A_2, une ordonnée P_1M_1 ayant la même grandeur et le même sens que le segment PM. Le point M_1 sera le point de la transformée C_1D_1 de la courbe CD qui correspond au point M de cette courbe.

Puisque la transformation conserve les angles, pour avoir la tangente en M_1 à la courbe transformée, il suffira de mener par M_1 une droite $M_1\theta_1$ faisant avec P_1M_1 un angle $P_1M_1\theta_1$ ayant la même grandeur et le même sens que l'angle $PM\theta$ formée par la tangente $M\theta$ à la courbe CD et la génératrice PM. Cet angle se déduit d'ailleurs de l'épure par le procédé connu. Le plus souvent, pour utiliser les lignes déjà tracées, on fait intervenir la tangente $P\theta$ à la section droite au point P qui appartient à la génératrice du point M. La longueur $P\theta$ prend le nom de *sous-tangente* et il est aisé de la déduire l'épure. On connaît alors les deux cotés de l'angle droit du triangle $MP\theta$ qui est rectangle en P, et en construisant sur le développement un triangle égal $M_1P_1\theta_1$ on aura la tangente cherchée $M_1\theta_1$. On voit que tout se réduit à porter sur A_1A_2 à partir de P_1 et dans un sens convenable une longueur $P_1\theta_1$ égale à la sous-tangente $P\theta$, vu que le côté M_1P_1 et l'angle droit $M_1P_1\theta_1$ se trouvent déjà sur le développement.

Enfin si la courbe CD est plane, on mènera au cylindre (n° 142) des plans tangents perpendiculaires au plan de cette courbe et les génératrices de contact donneront (n° 153), par leurs rencontres avec CD, les points de cette courbe tels que la transformée éprouve une inflexion aux points correspondants.

Nous allons éclaircir ces généralités par deux exemples :

155. — La figure 76 est le développement du tronc de cylindre représenté par la fig. 75. Le cylindre est de révolution et à axe vertical ; il est limité inférieurement par le plan horizontal de projection et supérieurement par un plan de bout $a'b'$.

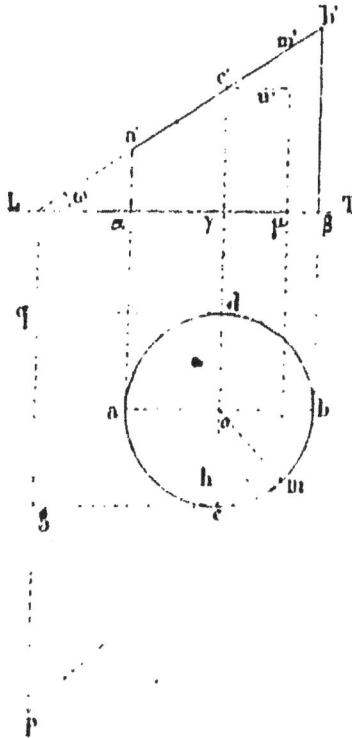

Fig. 75.

La section droite est ici la base *abcd* du cylindre. On a calculé sa longueur $2\pi oa$ et on la portée en $z_1 z_2$; l'origine z_1 représente le point a en sorte que dans le développement du cylindre supposé ouvert suivant la génératrice du point a, cette génératrice se dédouble et vient en $\alpha_1 A_1$ et $z_2 A_2$.

On a placé le point M_1 correspondant à (m, m') en prenant $z_1 y_1 =$ arc *am* et $y_1 M_1 = \rho m'$. La sous tangente est ici en vraie grandeur *mp* sur le plan horizontal; on l'a portée de p_1 en P_1; $P_1 M_1$ est la tangente en M_1. Les tangentes aux points (a, a'), (b, b') de la base supérieure du cylindre tronqué étant perpendiculaires aux génératrices, il en de même des tangentes à la courbe $A_1 B_1 A_2$ aux points A_1 et A_2 et au point B_1 qui sont les points culminants de cette ligne. Enfin, les plans tangents suivant les génératrices qui ont leurs pieds l'une en c, l'autre en d, étant des plans de front et par suite perpendiculaires au plan sécant la transfor mée $A_1B_1A_2$ offre une inflexion au point C_1 ainsi qu'au point D_1.

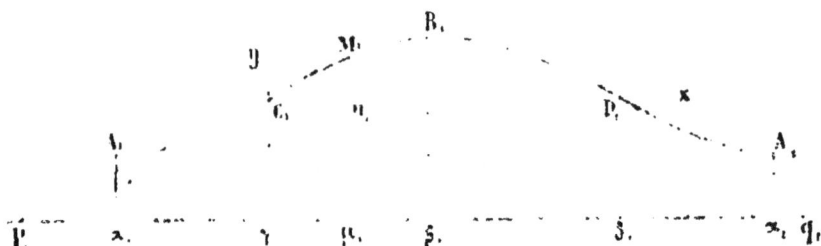

Fig. 76.

Ce développement est d'un emploi fréquent en stéréotomie. Il est utile d'avoir l'équation la transformée $A_1B_1A_2$. Soit R le rayon du cylindre et ω l'inclinaison du plan sécant sur le plan horizontal; en désignant par x et y les coordonnées du point M_1, par rapport aux axes rectangulaires C_1D_1x, y_1C_1y passant par le point d'inflexion C_1, on a (fig. 76 et 75) :

$$y = u_1M_1 = u'm' = c'n' \operatorname{tg} \omega = hm \operatorname{tg} \omega$$

$$= \mathrm{R} \sin com \operatorname{tg} \omega = \mathrm{R} \operatorname{tg} \omega \sin \left(\frac{arc\ cm}{\mathrm{R}} \right)$$

$$= \mathrm{R} \operatorname{tg} \omega \sin \frac{c u_1}{\mathrm{R}}$$

et enfin :

$$y = \mathrm{R} \operatorname{tg} \omega \sin \left(\frac{x}{\mathrm{R}} \right)$$

On donne d'après cela à cette courbe le nom de *sinusoïde*.

156. — Considérons en second lieu un cylindre oblique limité au plan horizontal de projection et à un plan parallèle (fig. 77 et 78).

On donne la trace horizontale ou base inférieure $abcd$ du cylindre, la hauteur H de ce corps, la direction Δ de la projection horizontale des génératrices et l'inclinaison ω de ces génératrices sur le plan horizontal.

Après avoir tracé sur la feuille de dessin la base *abcd*, on prend une ligne de terre LT parallèle à Δ, et dès lors la connaissance de l'angle ω et de la hauteur H permet de tracer sans difficulté la représentation du cylindre sur les deux plans de projection.

Pour faire le développement, il faut d'abord se procurer une section droite, c'est-à-dire couper le cylindre par un plan V*u*H perpendiculaire aux génératrices; la projection verticale de cette section est une ligne droite γ',m''b''a'' et il suffirait pour avoir sa projection horizontale de mener la ligne de rappel de

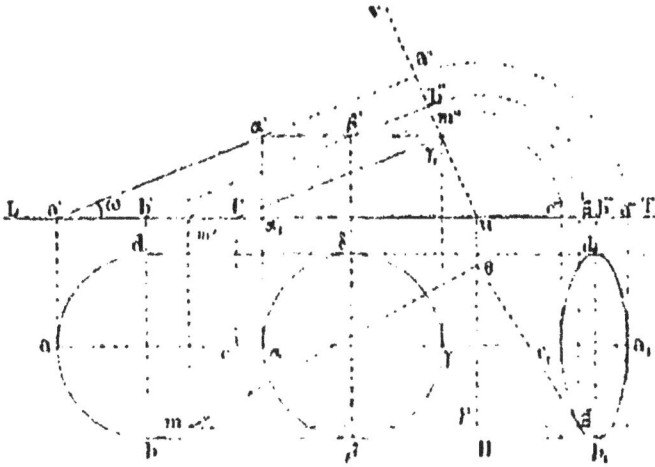

Fig. 77.

chaque point jusqu'à sa rencontre avec la projection horizontale de la génératrice correspondante. Mais la projection horizontale de la section droite est inutile et il importe seulement d'avoir sa vraie grandeur, c'est-à-dire la courbe $a_1b_1m_1c_1d_1$ que l'on obtient en rabattant le plan V*u*H autour de sa trace horizontale. Voici comment on obtient un point quelconque m_1 de cette courbe et la tangente $m_1\theta$ en ce point: on prend un point (m, m') sur la base inférieure du cylindre, on mène la génératrice (m*y*,m'm'') qui a son pied en ce point; cette génératrice rencontre le plan V*u*H en un point dont on a immédiatement la projection verticale m'' et dont la projection horizontale est inutile; dans la rotation autour de *u*H, le point m''

décrit un arc de cercle $m''m'''$ qui se peint en vraie grandeur
sur le plan vertical, et le rabattement cherché m_1 est l'intersection de $m\varrho$ et de la ligne de rappel de m'''. Le plan tangent suivant la génératrice considérée a pour trace la tangente
$m\varrho$ à la base au point m; l'intersection ϱ de cette trace et de
la trace αH du plan sécant appartient à la tangente demandée
qui est dès lors $m_1\varrho$ puisque dans le rabattement le point ϱ, qui
est sur la charnière, ne bouge pas.

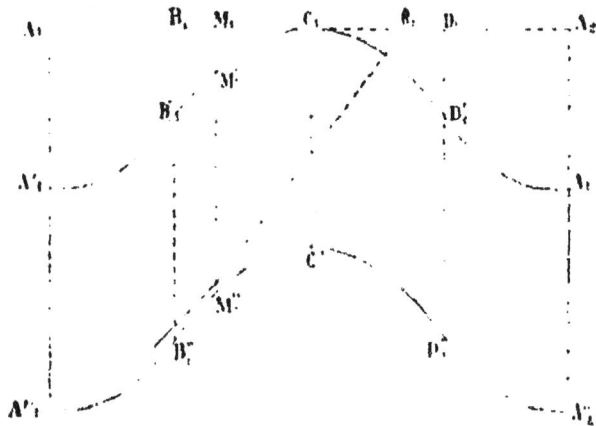

Fig. 78.

On rectifie la section droite rabattue $a_1b_1c_1d_1$ et on porte sa
longueur sur une droite A_1A_2; a_1 est pris pour origine, en sorte
que c'est la génératrice $(az, a'z')$ qui se dédouble dans le développement. Pour obtenir un point quelconque, de la transformée
de la base inférieure $abcd$, par exemple le point M''_1 de la
transformée qui correspont au point m, on porte sur A_1A_2, de
de A_1 en M_1, la longueur de l'arc $a_1b_1m_1$ et on élève sur A_1A_2,
au point M_1, une perpendiculaire $M_1M''_1$ que l'on prend égale à
$m'm'$, puisque les génératrices se projettent en vraie grandeur
sur le plan vertical. Enfin, en prenant $M_1\varrho$ égale à la sous
tangente $m_1\varrho$ et joignant ϱ_1 à M''_1, on a la tangente à la transformée au point M''_1.

Les tangentes en A''_1, C''_1, A''_1 ont perpendiculaires aux génératrices, et il y a inflexion en B''_1 et en D''_1, points qui ré-
pondent aux points b et d où le plan tangent au cylindre est

vertical, c'est-à-dire perpendiculaire au plan de la courbe *abcd*
dont on cherche la transformée.

La transformée de la base supérieure est une ligne $A'_1 C'_1 A'_2$
qui se déduit de la précédente $A''_1 C''_1 A''_2$ en diminuant toutes
les ordonnées de la quantité constante $A''_1 A'_1$ qui est égale
à la longueur commune des génératrices du cylindre.

157. — La marche à suivre pour faire le développement
d'un cône n'est que la généralisation de celle qu'on vient d'indiquer pour les cylindres. On fait encore intervenir une section droite, c'est-à-dire la section du cône par un sphère
ayant le sommet pour centre. Les sections droites ne sont
plus ici en général des courbes planes, et leurs transformées
ne sont plus des droites, mais des arcs de cercle ayant pour
centre commun le point de la feuille de dessin que l'on veut
faire correspondre, dans le développement, au sommet du cône.
Cette forme circulaire de la transformée d'une section droite
d'un cône tient à ce que la longueur des génératrices comprises
entre le sommet du cône et la section droite considérée sont
égales comme rayons d'une sphère, et que ces longueurs se con-
servent dans le développement.

La recherche d'une section droite d'un cône quelconque n'a
rien de difficile au fond, puisqu'il suffit de porter sur chaque
génératrice à partir du sommet une même longueur donnée,
ce qui se fait en amenant chaque génératrice à être de front
par une rotation autour de la verticale du sommet; mais
on n'obtient ainsi que la projection de la section droite,
tandis que ce qu'il importe d'avoir ce sont les vraies longueurs
de ses diverses parties. A cet effet, on développe le cylindre
qui projette la section droite sur le plan horizontal et l'on cherche la transformée de cette courbe. Il y a là, en somme, un
travail assez pénible et qui exige du soin et de la précision;
heureusement, dans la pratique, on ne développe guère que
des cônes de révolution, et dans ce cas, les sections droites
sont des cercles dont les plans sont perpendiculaires à l'axe,
ce qui simplifie singulièrement la tâche.

Quoiqu'il en soit, une fois qu'on a obtenu une section droite
AB du cône, voici comment on procède pour placer sur le dé-

veloppement un point quelconque M_1 de la transformée C_1D_1 d'une courbe CD située sur le cône et la tangente à cette transformée au point M_1.

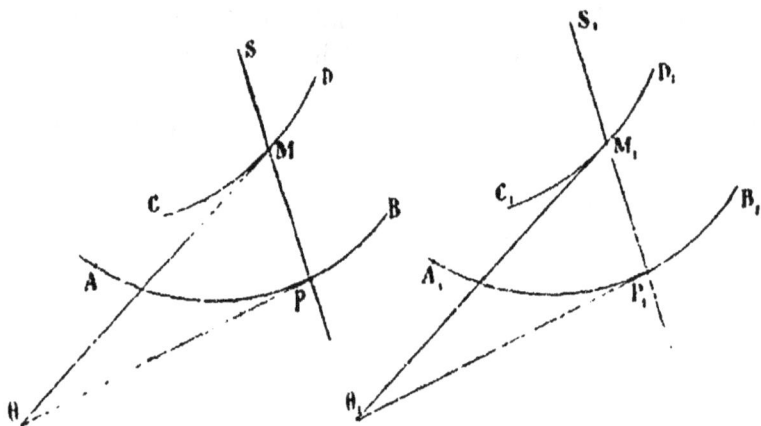

Fig. 79.

D'un point S_1, pris à volonté, comme centre, on décrit un cercle A_1B_1 ayant pour rayon le rayon de la sphère qui définit la section droite considérée AB, et on prend arbitrairement sur ce cercle le point A_1 que l'on veut considérer comme le correspondant d'un point A choisi à volonté pour origine des arcs comptés sur AB. Cela fait, soit P le point où la génératrice SM du cône rencontre la section droite AB; on prendra, sur l'arc de cercle, A_1P_1 égal à l'arc de courbe AP, on joindra le point P_1 au point S_1 et l'on portera sur S_1P_1 à partir du point P_1 et dans le sens convenable un segment P_1M_1 égal au segment PM. Le point M_1 sera le point qui dans le développement correspond au point M. Quand à la tangente $M_1\theta_1$, on l'obtiendra en construisant un angle $P_1M_1\theta_1$ égal à $PM\theta$, ce qui revient, d'après ce que nous avons déjà expliqué au n° 154 à porter sur la tangente en P_1 au cercle A_1B_1 une longueur $P_1\theta_1$ égale à la sous-tangente $P\theta$ que l'épure permettra d'avoir en vraie grandeur.

Enfin, si la courbe CD est plane, les points de cette courbe tels que sa transformée présentera une inflexion aux points correspondants, seront sur les points situés sur les génératrices du cône suivant lesquelles le plan tangent est perpendiculaire au plan de CD.

159. — Nous allons appliquer les principes précédents au cône droit à base circulaire (fig. 80).

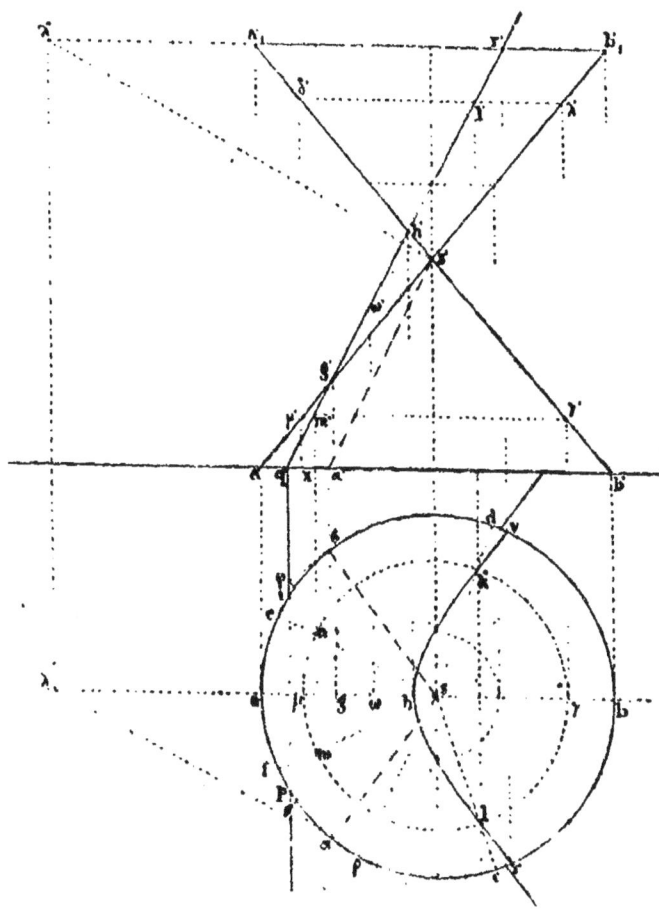

Fig. 80.

Soit *abcd* le cercle qui est la base du cône, c'est-à-dire sa trace sur le plan horizontal de projection, (*s*. *s'*) le sommet du cône, et *pq*, *qr'* les traces du plan sécant que nous supposons ici de bout. Le cône est limité supérieurement par un plan horizontal symétrique du plan horizontal de projection

par rapport au sommet (s, s'), en sorte que la section horizontale supérieure a pour projection horizontale la base inférieure
abcd.

La section est projetée verticalement sur la trace qr'. On
obtient ensuite la projection horizontale d'un point quelconque de la section en prenant le point où la ligne de rappel
issue de la projection verticale de ce point rencontre, soit la
génératrice rectiligne, soit la section horizontale circulaire,
qui passe par le point en question. C'est ce dernier procédé
qu'on a employé sur l'épure pour les points (m. m') et (n,m')
qui sont symétriques par rapport au plan de front passant par
l'axe du cône.

La trace horizontale α'z du plan s'z'α mené par le sommet
du cône parallèlement au plan sécant, rencontre la base en
deux points α, β ; il y a donc ici, deux génératrices (sα, s'z')
(sβ, s'z') parallèles au plan sécant et par suite des points à
l'infini dans deux directions différentes. Le plan tangent, suivant la génératrice (sα, s'z') a pour trace horizontale la tangente αθ à la base abcd au point α ; le point θ où cette droite
αθ rencontre la trace horizontale qp du plan sécant est la
trace horizontale de la tangente à la section au point qui est à
l'infini sur la génératrice (sα, s'z'), c'est-à-dire de l'asymptote
parallèle à cette génératrice ; cette asymptote aura donc pour
projection horizontale la parallèle θω à sα menée par le point θ.
— On trouverait de même l'asymptote ρω parallèle à la génératrice (sβ, s'z'). Vu la symétrie par rapport au plan de front ab,
les deux asymptotes doivent se croiser en un point ω de ab.

La courbe est une hyperbole, dont on a immédiatement les
sommets g et h à l'aide des lignes de rappel des points g', h'
où r'q rencontre les génératrices s'a', s'b' qui forment le contour apparent vertical. Comme vérification, le point ω, centre
de l'hyperbole, doit être le milieu de gh. On aurait donc pu,
dans le cas particulier qui nous occupe, avoir immédiatement
les asymptotes en menant par le milieu de gh des parallèles à
sα et à sβ.

Passons au développement (fig. 81). D'après ce qui a été
dit au n° 157, on décrira d'un point s', pris à volonté, comme
centre, avec un rayon égal à s'a', un cercle sur lequel on

prendra un arc $b''A''b'''$ ayant une longueur égale à la circonférence de base du cône, c'est-à-dire un arc dont le nombre n
de degrés soit donné par la formule

$$n = 360° \frac{sa}{s'a'};$$

le secteur $s''b''A''b'''$ représentera le développement de la nappe
inférieure du cône supposé ouvert suivant l'arête SB qui se
dédouble et vient, sur le développement, en $s''b''$ et $s''b'''$; la
nappe supérieure se développe, suivant un secteur qui est
égal au précédent et dont les rayons extrêmes $s''a''$ $s''a'''$ sont
les prolongements respectifs de $s''b''$ et de $s''b'''$. Pour rendre
la chose plus claire, on a figuré sur le développement un

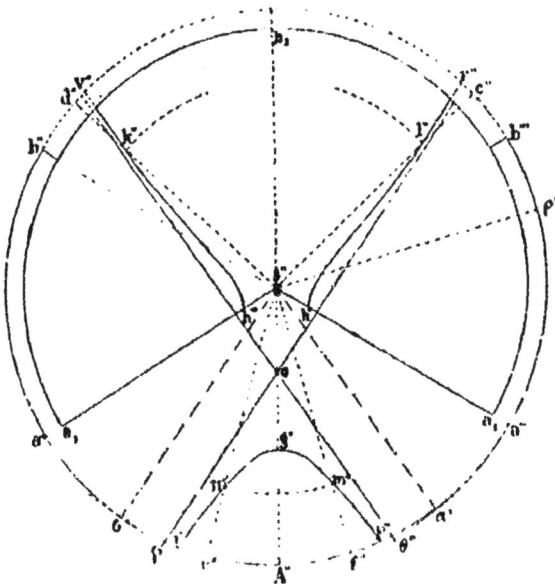

Fig. 81.

arc de cercle a_1 b_2 a_3 correspondant à une section horizontale située un peu au-dessous de la base supérieure, et on a
ponctué la figure comme si la nappe supérieure se terminait
à ce cercle.

Le rayon qui divise en deux partie égales le secteur $s''b''A''b'''$
représente la génératrice (sb, $s'b'$), et si l'on prend $s''g'' = s'g'$,

on aura le point g'' du développement qui représente le sommet (g, g') de l'hyperbole.

Pour trouver l'homologue m'' du point (m, m'), on prendra l'arc $A''f''$ égal à l'arc af et sur $s''f''$, qui est l'homologue de la génératrice $(sf, s'f')$, on portera $s''m''$ égal à $s'\mu'$. La courbe $p''m''g''n''i''$ est la transformée de la branche inférieure $pmgni$.

Le sommet (h, h') vient en h'' et en h'''. sur $s''a''$ et $s''a'''$, à une distance de s'' égale à $s'h'$. On trouvera d'ailleurs l'homologue d'un point quelconque de la branche supérieure par le même procédé que ci-dessus ; la transformée de cette branche se compose de deux arcs séparés $h''r''$ et $h'''r'''$.

Pour obtenir les asymptotes de la transformée, on procédera comme on l'a indiqué au n° précédent pour une tangente quelconque. On portera sur la tangente au cercle $b''A''b'''$, au point α'' homologue de α, une longueur $\alpha''\theta''$ égale à le *sous-asymptote* $\alpha\delta$, et par le point θ'' on mènera la parallèle $\sigma''o$ à $s''\alpha$. L'autre asymptote $\varphi''o$ s'obtiendra pareillement : elle croisera la première sur l'axe de symétrie $s''A''$.

Enfin, si l'on veut les points d'inflexion de la transformée, on mènera au cône un plan tangent perpendiculaire au plan sécant, c'est-à-dire passant par la perpendiculaire $(s\lambda, s'\lambda'')$ abaissée du sommet du cône sur ce plan ; en menant, par le point (λ, λ'') où cette perpendiculaire perce le plan de la base supérieure, une tangente $\lambda\varsigma$ à cette base, on a le pied ς de la génératrice $s\varsigma$ dont l'homologue $s''\varsigma''$ passe par un point d'inflexion. Observons que $s\varsigma$ appartenant à la nappe supérieure, il faudra, pour placer ς'', porter la longueur $a\varsigma$ en $a''\varsigma''$, à partir a'' et non pas de A''.

CHAPITRE X

LES SURFACES DE RÉVOLUTION

Notions préliminaires

159. — Dans les tracés relatifs aux surfaces de révolution nous nous bornerons au cas, seul pratique, où l'axe est parallèle ou perpendiculaire à l'un des plans de projection. Il existe alors un plan méridien parallèle au plan de projection ; on lui donne le nom *plan méridien principal* et on appele *méridienne principale* la section de la surface par ce plan ; c'est cette méridienne principale que nous prendrons pour directrice.

160. — Les plans tangents aux divers points de la méridienne principale étant (n° **127**) perpendiculaires au plan méridien principal, on voit, qu'en projection sur un plan parallèle à ce plan méridien, le contour apparent est la projection de la méridienne principale, laquelle se projette d'ailleurs en vraie grandeur.

Sur un plan quelconque perpendiculaire à l'axe, le contour apparent est formé par les projections des parallèles maxima ou minima Car, en tout point d'un tel parallèle, le plan tangent est parallèle à l'axe et par suite perpendiculaire au plan de projection.

Nous indiquerons plus tard comment on obtient le contour apparent sur un plan perpendiculaire au plan méridien principal mais oblique à l'axe.

Recherche d'un point de la surface et du plan tangent en ce point, quand l'axe est vertical.

161. — Soit $(o, o'z')$ l'axe vertical et $(ab, a'z'b's')$ la méridienne principale. On donne l'une des projections d'un point (m, m') de la surface et l'on demande de trouver l'autre projection de ce point M ainsi que le plan tangent en M (fig. 82).

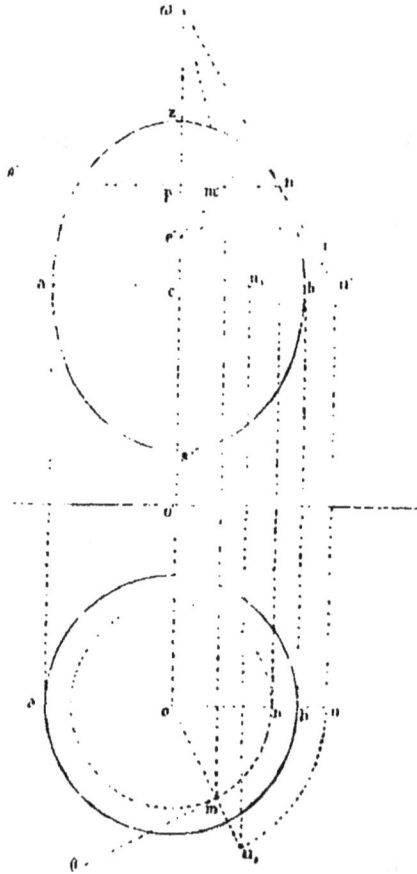

Fig. 82.

Si c'est la projection horizontale m qui est donnée, on tracera du point du point o comme centre avec om pour rayon un cercle qui sera la projection horizontale du parallèle passant par le point M, puisque ce parallèle, étant ici horizontal, se projette horizontalement en vraie grandeur. Le point *n* où le cercle *om* rencontre *ab* sera la projection horizontale du point par lequel le parallèle s'appuie sur la directrice ; la ligne de rappel du point *n* donnera, par sa rencontre avec *a'z'b's'* la projection verticale *n'* de ce point d'appui, et par suite, la projection verticale du parallèle sera la droite *n'p'* menée par *n'* parallèlement à LT. L'intersection de *n'p'* et de la ligne de rappel du point *m* sera la projection verticale demandée *m'*.

Si l'on donnait *m'*, on trouverait *m* en faisant les mêmes constructions, mais en ordre inverse. On mènerait *m'p'* parallèle à LT ; *n'* étant un point commun à *m'p'* et à *a'z'b's'*, la ligne de rappel de *m'* donnerait, par sa rencontre avec *ab*, un point *n*, et le point demandé *m* serait à la fois sur la ligne de rappel du point *m'* et sur le cercle décrit du point *o* comme centre avec *om* pour rayon.

Il est presque superflu d'observer qu'à la projection donnée *m* ou *m'* peuvent répondre plusieurs points de la surface, qui sont d'ailleurs tous fournis par le tracé ci-dessus.

162. — Cherchons maintenant le plan tangent au point (*m*, *m'*). Ce plan tangent est déterminé par les tangentes à la méridienne et au parallèle qui passent par ce point. On mènera donc la tangente (*mo*, *m'o'*) au parallèle du point (*m*, *m'*), puis la tangente (*nu*, *n'u'*) à la directrice au point (*n*, *n'*) par lequel le parallèle s'appuie sur cette directrice. On fera tourner ensuite cette dernière tangente autour de l'axe jusqu'à ce que le point (*n*, *n'*) vienne en (*m*, *m'*) ; cette opération n'exigera aucun tracé si le point *ω'* où *n'u'* va couper l'axe est accessible ; il suffira alors de joindre *ω'* à *m'* pour avoir la projection verticale de la tangente (*ωm*, *ω'm'*) après la rotation ; si le point *ω'* sort des limites de l'épure, on fera tourner un point (*u*, *u'*) pris à volonté sur (*nu*, *n'u'*) [1]. Quoiqu'il en soit, le plan tangent sera déterminé par les deux droites *m'ω'*, *m'ω'*), (*mo*, *m'ω'*.

―――――――

1. On a souvent, en Géométrie descriptive, à mener par un point donné *a* une droite qui aille passer par le point concours inaccessible de deux droites données D et Δ. Au lieu d'employer chaque fois un trait particulier tiré do

Même problème en supposant l'axe de front.

163. — Supposons maintenant que l'axe soit une droite de front quelconque $(oz, o'z')$ et soit $(ab, a'b')$ la méridienne principale (fig. 84), m' étant la projection verticale d'un point quelconque M de la surface, il s'agit de trouver la projection horizontale m' ainsi que le plan tangent au point (m, m').

Le parallèle qui passe par M est projeté verticalement sur la perpendiculaire mp' abaissée m' sur $o'z'$; son rabattement sur le plan du méridien principal, autour du diamètre de front $n'k'$, donne immédiatement la distance du point M à ce plan méridien : c'est la demi corde $m'm''$ perpendiculaire à $n'k'$. On portera donc sur la ligne de rappel $m'p_1y_1$, à partir du point y_1 et de part et d'autre de oz, des longueurs y_1m et y_1m_1 égales à

la nature même de la question, on peut recourir dans tous les cas au procédé suivant qui n'exige que l'emploi de la règle et de l'équerre :

On trace un triangle $ab\beta$ ayant un sommet au point a et les deux autres sommet b et β situés respectivement sur D et Δ ; on mène ensuite, entre D et Δ, une parallèle $b_1\beta_1$ à $b\beta$, puis une parallèle par b_1 à ba et une parallèle par β_2 à βa ; en joignant a au point de rencontre a_1 des deux dernières parallèles, on a la droite demandée (fig. 83).

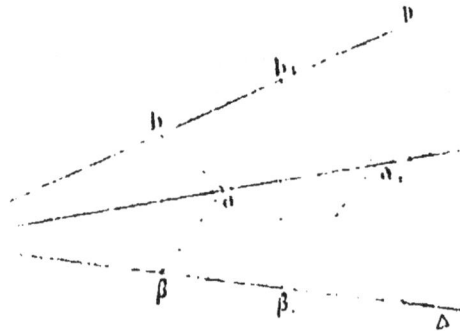

Fig. 83.

En effet, la droite bb_1 doit couper aa_1 en un point o tel que $\dfrac{oa}{oa_1}$ soit égal au rapport de similitude des deux triangles $ab\beta$, $a_1b_1\beta_1$; de même la droite $\beta\beta_1$ doit couper aa_1 en un point ω tel que $\dfrac{\omega a}{\omega a_1}$ soit égal au même rapport ; donc ω et o coïncident.

$m'm''$, et l'on aura ainsi les projections horizontales m et m_1 de deux points de la surface projetée verticalement en m_1.

On en obtiendrait d'autres si la droite $m'p'$ rencontrait $a'b'$ en plusieurs points.

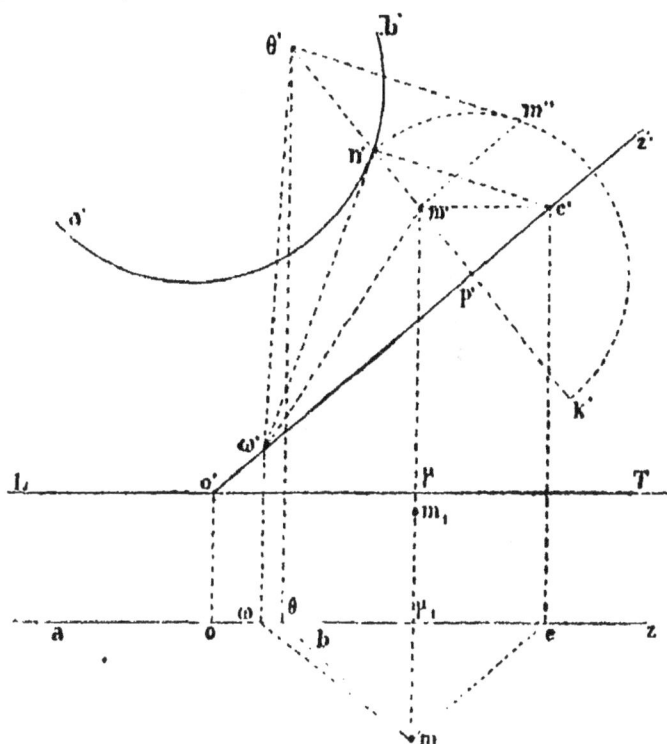

Fig. 84.

Le plan tangent en (m, m') est déterminé par la tangente au parallèle et par la tangente au méridien qui passent par ce point. On obtient aisément les traces de chacune de ces droites sur le plan méridien principal. Pour la tangente au parallèle, c'est le point ϑ' où la tangente $m''\vartheta'$ au parallèle rabattu rencontre le diamètre $n'k'$; pour la tangente au méridien, c'est le point ω' où la tangente en n' à la méridienne principale $a'b'$ rencontre l'axe $o'z'$. Ces deux points se projettent horizontale-ment l'un et l'autre sur az, et le plan tangent est le plan des deux droites ($m\vartheta$, $m'\vartheta'$) ($m\omega$, $m'\omega'$).

Il convient de remarquer que $\omega'\vartheta'$ est la trace du plan tan-gent sur le plan méridien principal.

9

Recherche de la normale

164. — La normale en un point d'une surface s'obtient en général en élevant en ce point, par la règle connue la perpendiculaire au plan tangent.

Pour les surfaces de révolution la recherche directe de la normale est plus avantageuse, à cause de la propriété du n° 129.

Ainsi dans la figure 82, la normale au point (m, m') a évidemment pour projection horizontale om, puisque cette normale rencontre l'axe vertical de la surface : d'ailleurs la normale en (m, m') rencontre l'axe au même point que la normale en (n, n') ; on mènera donc la normale $n'e'$ à la méridienne principale, ce qui donnera le point e', et la droite $e'm'$ sera la projection verticale de la normale à la surface au point $(m, m'.)$

Dans la figure 84 on mène encore la normale en n' à la méridienne principale $a'b'$, ce qui donne la projection verticale e', et par suite la projection horizontale e, du point où la normale à la surface au point (m, m') rencontre l'axe $(oz, o'z')$; cette normale est donc $(me, m'e')$.

165. — La normale étant obtenue directement, on peut en déduire le plan tangent en menant par le point considéré un plan perpendiculaire à la normale.

D'une manière générale pour les surfaces de révolution, dans les questions où l'on est maître de faire intervenir à son gré soit le plan tangent, soit la normale, il est préférable de faire usage de la normale.

Par exemple, veut-on trouver le point M où le plan tangent est parallèle à un plan donné P ? Il sera plus simple de chercher le point M où la normale est parallèle à une droite perpendiculaire à P. Le point inconnu M sera dans le plan méridien qui passe par une droite D menée par un point de l'axe perpendiculairement au plan P. On amènera ce méridien à être de front, c'est-à-dire à coïncider avec le méridien principal ; D_1 étant la nouvelle position de D après la rotation, on déterminera le point M_1 de la méridienne principale où la normale est parallèle à D_1 et il suffira de ramener le point M_1 sur le méridien primitif pour avoir le point demandé M.

Section plane d'une surface de révolution

168. — Pour obtenir l'intersection d'une surface de révolution et d'un plan on coupe la surface et le plan par des plans auxiliaires perpendiculaires à l'axe ou passant par l'axe. On obtient ainsi, dans la surface un parallèle ou une méridienne, et dans le plan une droite, dont on cherche les points de rencontre avec le parallèle ou la méridienne.

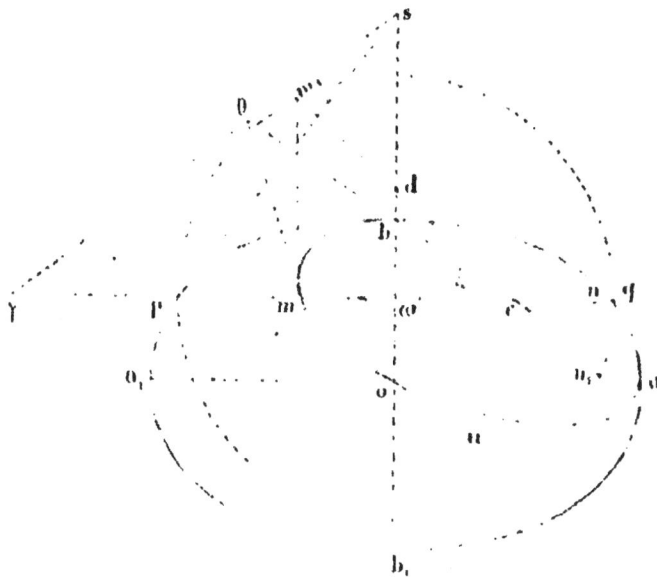

Fig. 85.

Les plans auxiliaires perpendiculaires à l'axe, donnant des cercles, sont d'un emploi en général plus commode que les plans auxiliaires passant par l'axe, et on n'emploie guère ces derniers que pour trouver certains points particuliers.

Quant à la tangente en un point M de la section, c'est la droite commune au plan sécant et au plan tangent au point M à la surface ; il suffit d'ailleurs de déterminer un point de cette droite autre que le point M.

La figure 85 représente la section d'un ellipsoïde de révolution par un plan (P).

L'ellipsoïde est engendrée par la rotation de l'ellipse $ab\,a_1b_1$ autour de son petit axe bb_1 que nous supposons situé dans le plan horizontal de projection. Le plan sécant (P) a pour trace horizontale la droite ab qui joint les sommets a et b de l'ellipse ; il passe, en outre, par le point le plus haut de l'ellipsoïde c'est-à-dire par le sommet qui, projeté horizontalement en o a une cote égale à oa. Il s'agit de trouver la projection horizontale de la section.

Cette ligne passe évidemment par les points a, b, o ; en a et en b elle touche l'ellipse de contour apparent aba_1b_1 ; quant à la tangente o u au point o, elle est parallèle à ab, car, le plan tangent au sommet o étant horizontal, cette tangente est une horizontale du plan sécant (P).

Pour obtenir un point quelconque m de la section, on a coupé par un plan auxiliaire perpendiculaire à l'axe, et l'on a rabattu ce plan vertical autour de sa trace horizontale pq. Le parallèle se rabat sur le cercle ayant pq pour diamètre. D'ailleurs le plan (P), en vertu de sa définition même, coupe le plan vertical aa_1, et par suite tout plan parallèle, suivant une droite inclinée à 45° sur le plan horizontal ; on aura donc le rabattement de la droite suivant laquelle le plan (P) coupe le plan auxiliaire pq en menant par le point c où ab rencontre pq une droite cd à 45° sur oc. Cette droite cd et le cercle décrit sur pq comme diamètre se coupent en m_1 et en n_1 ; m_1 et n_1 sont les rabattements des deux points de la section qui appartiennent au parallèle considéré ; leurs projections horizontales sont en m et n, sur pq.

Pour avoir la tangente au point m, on cherche, comme nous l'avons déjà expliqué au n° 163, les points r et s où la tangente au parallèle et la tangente au méridien, qui passent par M, rencontrent le plan méridien principal qui est ici le plan horizontal de projection ; la droite rs est donc la trace horizontale du plan tangent en M : elle coupe la trace horizontale ab du plan sécant (P) en un point o qui est la trace horizontale de la tangente au point M : mo est donc la tangente en m à la projection horizontale $ambno$ de la section.

167. — *L'intersection d'une droite et d'une surface de* *révolution* s'obtient en menant par la droite un plan auxiliaire et prenant les points communs à cette droite et à la section plane obtenue.

On choisit le plan auxiliaire de manière à diminuer le travail le plus possible ; généralement, il y a intérêt à choisir le plan qui projette la droite sur l'un des plans de projection.

Généralités sur l'intersection de deux surfaces.

168. — On obtient des points de l'intersection de deux surfaces S et S', en prenant les points communs aux lignes C et C' suivant lesquelles les deux surfaces sont coupées par une surface auxiliaire Σ choisie à volonté. L'habileté de l'opérateur consiste à prendre la surface auxiliaire telle que l'on puisse construire aisément les lignes C et C' ou plutôt déterminer facilement les points communs à ces lignes.

En appliquant la construction successivement à plusieurs surfaces auxiliaires Σ_1, Σ_2..., on aura autant de points qu'on voudra de l'intersection K des deux surfaces données S et S'.

La tangente Mφ en un point quelconque M de la ligne K appartient à la fois au plan tangent à la surface S et au plan tangent à la surface S' au point M. On l'obtiendra donc en construisant un point quelconque de l'intersection de ces plans tangents et joignant ce point au point M.

Un autre procédé consiste à remarquer que la tangente Mφ est perpendiculaire à la fois à la normale à la surface S et à la normale à la surface S' au point M. On l'obtiendra donc en menant par le point M la perpendiculaire au plan de ces deux normales. Cette méthode est surtout avantageuse quand la nature des surfaces S et S' permet de construire directement les normales, sans passer par les plans tangents.

Intersection de deux surfaces de révolution, dont les axes se rencontrent.

169. — Pour trouver l'intersection de deux surfaces de révolution dont les axes se rencontrent, on emploie pour surarcs auxiliaires des sphères ayant pour centre commun le point de rencontre des axes. Une telle sphère coupe chacune des deux surfaces de révolution suivant un cercle et le point de rencontre de ces deux cercles sont des points de l'intersection demandée.

Pour avoir la tangente en un point quelconque de l'intersection, on emploiera la méthode des normales qui offre ici le double avantage de fournir un tracé beaucoup plus simple que la méthode des plans tangents et de subsister pour les points communs aux deux méridiennes principales, points pour lesquels la méthode des plans tangents est en défaut.

La figure 86 représente la projection sur le plan des axes oz et $o\beta$ de deux surfaces de révolution dont les méridiennes principales sont aa_1 et bb_1. Soient p et q les point où ces méridiennes sont respectivement rencontrées par un cercle décrit, dans le plan de projection, du point o comme centre. La sphère auxiliaire dont ce cercle est la trace, coupe la première

Fig. 86.

surface suivant un parallèle dont la projection est la corde pp_1 menée par p perpendiculairement à oz; elle coupe la seconde surface suivant un parallèle dont la projection est la corde qq_1 menée par q perpendiculairement à $o\beta$. Ces deux parallèles se coupent en deux points, M et M, symétriques par rapport au plan de projection et projetés sur ce plan au point m où se croisent les deux cordes pp_1 et qq_1. Pour achever de déterminer les points M et M_1 ; il suffit d'avoir leur distance commune au plan des axes ; on obtient immédiatement cette distance en rabattant l'un des deux parallèles sur le plan des axes ; sur pp_1 comme diamètre, on décrit le demi-cercle $pm'p_1$ et l'ordonnée mm' perpendiculaire à pp_1 est l'éloignement demandé.

La normale en M à la première surface, rencontre l'axe ox au même point r que la normale au point p à la méridienne principale aa_1. De même, la normale en M à la seconde surface rencontre l'axe $o\beta$ au même point s que la normale au point q à la méridienne bb_1. Donc, rs est la trace, sur le plan de projection, du plan des deux normales, et par suite en abaissant du point m la perpendiculaire sur rs, on a la projection $m\theta$ de la perpendiculaire au plan des deux normales ; c'est la tangente en m à la projection de l'intersection des deux surfaces de révolution considérées.

Observons d'ailleurs que la tangente $M\theta$ de l'espace se trouve bien déterminée, puisque θ est dans le plan des axes et que M est connu par sa projection m et son éloignement mm'.

170. — Lorsque les deux surfaces de révolution ont leurs axes parallèles, les sphères sécantes auxiliaires deviennent des plans perpendiculaires à la direction commune des deux axes.

Intersection d'une surface de révolution et d'un cône ou d'un cylindre.

171. — Pour trouver l'intersection K d'une surface de révolution S et d'un cône quelconque S', on emploie des cônes auxiliaires ; on donne à ces cônes, pour sommet le sommet du cône S' et pour directrices les divers parallèles de la surface S. Un tel cône auxiliaires Σ coupe le cône donné S' suivant des génératrices, et les points, communs à ces génératrices et au parallèle de S qui est la directrice du cône Σ, appartiennent à la ligne cherchée K.

Le tracé est très facile dans le cas usuel où l'axe de la surface S est perpendiculaire à l'un des plans de projection, et où l'on donne la trace du cône S′ sur ce plan. La trace horizontale de l'un quelconque Σ des cônes auxiliaires est alors un cercle dont les intersections avec la base du cône S′ donnent immédiatement les pieds des génératrices communes au cône S′ et au cône Σ.

132. — Si la surface S′, au lieu d'être un cône, était un cylindre, on emploierait des cylindres auxiliaires, dont les génératrices seraient parallèles à celle du cylindre donné S′; les directrices de ces cylindres seraient encore les divers parallèles de la surface de révolution S.

Remarquons enfin que la méthode s'applique aussi aisément dans le cas où la seconde surface S′ restant un cône ou un cylindre, la première S, au lieu d'être une surface de révolution, est une surface que les plans parallèles à l'un des plans de projection coupent, suivant des droites ou des cercles.

CHAPITRE XI

LE PARABOLOIDE HYPERBOLIQUE

Définition et double mode génération rectiligne.

178. — Nous avons déjà défini au n° 126 le *paraboloïde hyperbolique* ; c'est la surface gauche engendrée par une droite assujetie à s'appuyer sur deux droites fixes et à rester parallèle à un plan fixe.

On suppose d'ailleurs que les deux directrices ne sont pas dans un même plan et que le plan directeur n'est parallèle à aucune d'elles, sans quoi la surface se réduirait au système de deux plans.

Tout plan parallèle aux deux directrices coupe le paraboloïde suivant une droite.

En effet, soient *xoy* le plan directeur, OZ et DH les deux directrices (fig. 87). D*h* étant la projection de DH, faite sur le plan directeur à l'aide de projetantes parallèles à *oz*, prenons pour *oy* la droite qui joint les traces des deux directrices O et D sur le plan directeur et pour *ox* la parallèle à D*h* menée par O.

Soient M un point quelconque du paraboloïde, et MHG la génératrice qui passe par ce point M et qu'on obtient en coupant les directrices par un plan mené par M parallèlement au plan directeur *xoy*.

Tirons les projetantes H*h*, et M*m* ; la droite *ohm* sera la projection de la génératrice. Menons *hl* et *m*P parallèles à O*y*. On aura :

$$\frac{m\text{P}}{o\text{P}} = \frac{hl}{ol}$$

d'où, en multipliant d'un côté par Mm et de l'autre par son égal Hh,

$$\frac{\text{M}m.m\text{P}}{o\text{P}} = \frac{\text{H}h.h l}{o l} = \left(\frac{\text{H}h}{\text{D}h}\right).\ \text{OD}.$$

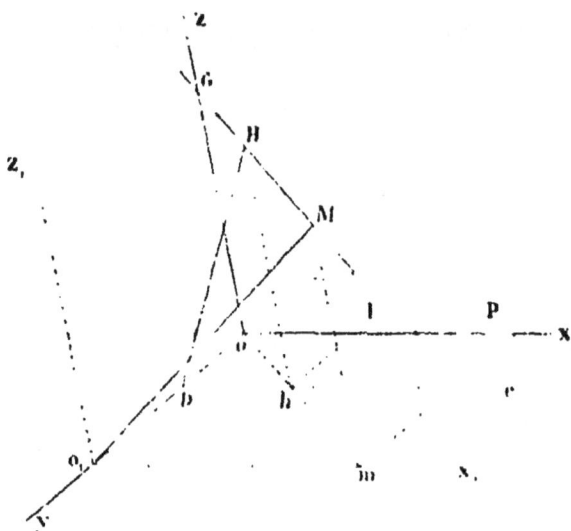

Fig. 87.

Or. OD est constant ; le rapport $\frac{\text{H}h}{\text{D}h}$ l'est aussi, puisque la directrice DH est fixe. Donc le second membre est constant, et en désignant sa valeur par C, on voit que les coordonnées Mm, mP, oP d'un point quelconque M du paraboloïde sont liées par la relation :

$$\frac{\text{M}m.m\text{P}}{o\text{P}} = \text{C} \qquad (1)$$

Pour que le point M reste dans un plan $z_1 o_1 x_1$ parallèle aux deux directrices, il faut et il suffit que mP reste constant. On aura donc pour tous les points de la section de la surface par le plan $z_1 o_1 x_1$.

$$\frac{\text{M}m}{o\text{P}} = \frac{\text{C}}{m\text{P}} = \text{const.}$$

ou
$$\frac{\text{M}m}{o_1 m} = \frac{\text{C}}{o o_1} = \text{const.} \qquad (2)$$

La section de la surface par le plan $z_1o_1r_1$ est donc une droite passant par O_1.

c. q. f. d.

174. — Ce théorème a des conséquences nombreuses et remarquables :

1° *Le paraboloïde admet un second système de génératrices rectilignes qui sont parallèles à un second plan fixe, et parmi lesquelles se trouvent les deux directrices primitives.* Ce nouveau plan fixe prend le nom de *second plan directeur.*

2° *Par tout point de la surface passe une génératrice de chaque système.* Le plan de ces deux génératrices est le plan tangent en M.

3° *Deux génératrices de systèmes différents, se rencontrent toujours.* Car, une génératrice quelconque du second système est le lieu des points où son plan projetant est rencontré par toutes les génératrices du premier système.

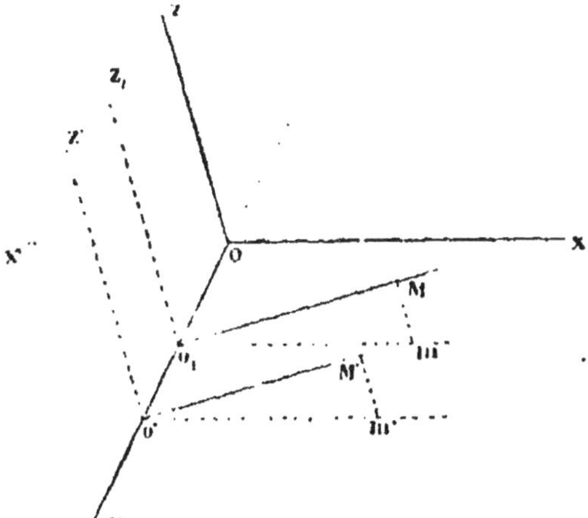

Fig. 88.

Puisque toute génératrice de l'un des systèmes rencontre toutes les génératrices de l'autre système, on voit que deux génératrices quelconque d'un système peuvent être prises pour directrices des génératrices de l'autre système, et qu'il y a une symétrie complète entre les propriétés des deux systèmes de génératrices.

4o *Deux génératrices d'un même système ne sont jamais dans un même plan*. Car, soient par exemple deux génératrices quelconques o_1M, o'M' du second système (fig. 88) ; comme elles sont déjà dans deux plans parallèles au plan zox, pour qu'elles fussent dans un même plan il faudrait qu'elles fussent parallèles entre elles ; les triangles Mo, m M'$o'm'$ seraient donc semblables et l'on aurait :

$$\frac{Mm}{o_1 m} = \frac{M'm'}{o'm'},$$

ou, à cause de (2)

$$\frac{C}{oo_1} = \frac{C}{oo'}$$

ce qui est absurde.

5° La relation (2) montre que, si le point o_1, situé d'abord en o, parcourt oy, la génératrice o_1M, d'abord placée sur oz tourne de oz vers ox ; le rapport $\frac{Mm}{o_1 m}$ diminuant sans cesse par suite de l'augmentation de oo_1 et s'annulant quand o_1 est à l'infini sur oy, l'angle M$o_1 m$ diminue et tend vers zéro. Si le point o_1 parcourait oy', la génératrice s'inclinerait au contraire de oz vers ox'. Ainsi quand le point o_1 parcourt la droite $y'oy$, de y' vers y, la génératrice o_1M qui d'abord est parallèle à oX se relève et tourne dans le sens de ox vers oz, et, après avoir décrit $180°$, se retrouve à la fin parallèle à ox. *Il y a donc dans le système considéré* et par suite *dans chacun des deux systèmes, une génératrice située à l'infini et parallèle à l'intersection* ox *des deux plans directeurs*. De plus, *une droite quelconque étant donnée, parallèle à l'un des plans directeurs, il y a une génératrice et une seule qui est parallèle à cette droite* ; d'où l'on conclut ce fait, très important pour les tracés, qu'en *projection orthogonale sur un plan quelconque perpendiculaire à l'un des plans di-directeurs P, les génératrices parallèles à l'autre plan directeur Q passent par un même point*; car, il y a une génératrice du système P qui est perpendiculaire au plan de projection, et comme elle se projette suivant un point unique ω et qu'elle rencontre toutes les génératrices du système Q, il faut que les projections de toutes ces génératrices passent par ce point ω.

6° La relation (1) montre que *la surface est du second degré*. Toutes ses sections planes sont donc des coniques. Cette conclusion semble contradictoire avec le théorème fondamental, en vertu duquel tout plan parallèle à l'un des plans directeurs P couperait la surface suivant une droite unique. Mais la contradiction n'est qu'apparente, car ce plan sécant contient, outre cette droite génératrice du système P, la génératrice du système Q qui est à l'infini puisque cette dernière génératrice est parallèle à *ox*. Cela posé, nous allons montrer que *tout plan non parallèle à l'intersection ox des plans directeurs P et Q coupe la surface suivant une hyperbole (ou une de ses variétés)*, et que *tout plan parallèle à ox coupe suivant une parabole (ou une de ses variétés)*. En effet,

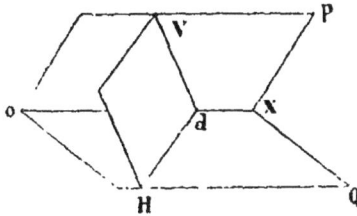

Fig. 89.

supposons d'abord que le plan sécant ne soit pas parallèle à *ox* (fig. 89) et soient *d*H et *d*V ses traces sur les plans directeurs Q et P. Toute génératrice du système P ne peut être parallèle

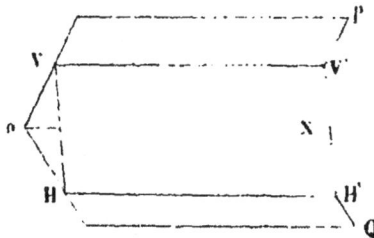

Fig. 90.

au plan sécant V*d*H que si elle est parallèle à *d*V ; or il y a une génératrice et une seule (5°) jouissant de cette propriété. De même il y a une génératrice et une seule du système Q qui est parallèle au plan sécant, c'est celle qui est parallèle à *d*H. Donc la section par V*d*II est une conique qui a deux directions de branche infinie ; elle est donc du genre hyperbole. Lorsque le plan sécant est, comme VV'II'II (fig. 90), parallèle à *ox*, les deux génératrices parallèles au plan sont l'une et l'autre parallèles à *ox*, il n'y a donc plus qu'une direction de branche infinie, et la section conique est du genre parabole. Remarquons d'ailleurs que lorsque le plan V*d*II se déplace parallèlement à lui-même, il en est de même de *d*V et de *d*II et par suite des asymptotes de la section qui sont parallèles à ces droites. Donc les sections, ayant leurs asymptotes parallèles, sont semblables. Comme toutes les paraboles sont semblables, on voit que la proposition subsiste dans tous les cas. Ainsi *les sections du paraboloïde par des plans quelconques parallèles entre eux sont des courbes semblables.*

Plans principaux. Axe. Sommet.

175. — D'après ce qui précède, il y a dans chaque système une génératrice perpendiculaire à l'intersection des deux plans directeurs. Prenons ces deux génératrices l'une pour axe des *z*, l'autre pour axe des *y* ; par leur point commun *o*, menons une droite parallèle à la fois aux deux plans directeurs et prenons cette droite pour axe des *x*. Les angles *xoz*, *xoy* seront droits, mais l'angle *zoy*, sera égal à l'angle *s* des deux plans directeurs (fig. 94).

Si M est un point quelconque de la surface, on aura alors (n° précédent) entre les coordonnées de ce point M la relation

(1) $$\frac{Mm.mA}{oA} = K, \quad K \text{ étant une constante}$$

Pour avoir la section par un plan *z*,A*y*, perpendiculaire à *ox*, il suffit de supposer, dans la relation (1), *oA* constant, et l'on voit, par l'équation

(2) $$Mm.mA = K.OA$$

dont le second membre est constant, que la section est une hyperbole dont les asymptotes sont A*z*, et A*y₁*. Si la section était faite de l'autre côté du point *o*, il faudrait considérer OA comme négatif ; on aurait encore une hyperbole, mais située dans l'autre angle des asymptotes.

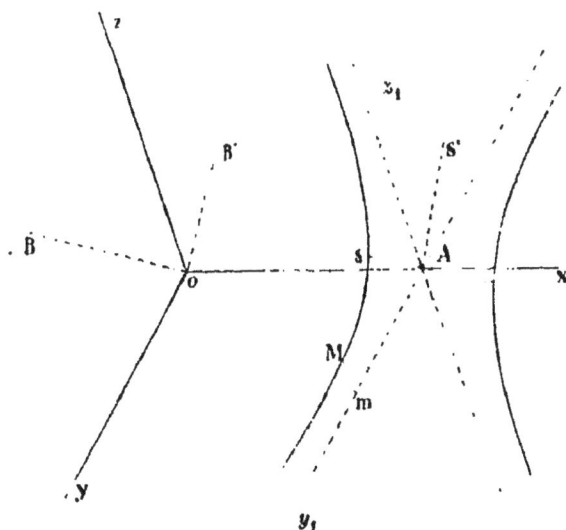

Fig. 91.

Ces hyperboles ont leurs axes AS, A'S' dans les plans bissecteurs B'o.r, B'o.r des dièdres formés par les plans directeurs zo.r, yo.r. Ces deux plans bissecteurs sont donc deux *plans de symétrie* de la surface, et leur intersection *ox* est un *axe de symétrie*. Le point *o* où l'axe coupe la surface est dit le *sommet*. En ce point l'hyperbole section par le plan *zoy* se réduit à ses asymptotes, c'est-à-dire aux deux génératrices *oz* et *oy*, et le plan *zoy* est tangent à la surface ; ainsi, au sommet, le plan tangent est perpendiculaire à l'axe.

Enfin les deux plans de symétrie Bo.r, B'o.r qu'on nomme *plans principaux* coupent (n°174) la surface chacun suivant une parabole ayant respectivement pour sommet et pour axe le sommet et l'axe de la surface.

Autres définitions du paraboloïde.

176.— Voici deux autres définitions du paraboloïde souvent utiles dans les applications :

1° Puisque trois directrices suffisent pour régler le mouvement d'une droite, on peut considérer tout paraboloïde comme engendré par une droite glissant sur trois quelconques des génératrices d'un même système. La réciproque est vraie: *la surface engendrée par une droite γ glissant sur trois droites G, G', G'' parallèles à un même plan P est un paraboloïde.* En effet, soit γ' une seconde position de la droite γ (fig. 93), et considérons le paraboloïde qui aurait γ et γ' pour directrices et P pour plan directeur ; G, G', G'' sont des génératrices de ce paraboloïde ; par suite toutes les droites telles que γ, γ₁,... qui rencontrent G, G', G'' sont des génératrices du second système de ce même paraboloïde.

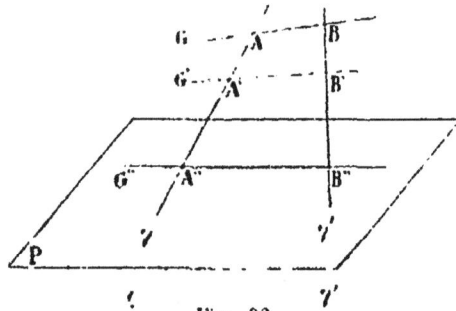

Fig. 92.

2° Soit un paraboloïde défini par deux directrices rectilignes γ et γ' et un plan directeur P ; G, G', G'' étant trois génératrices, concevons par chacune d'elles un plan parallèle à P ; comme trois plans parallèles interceptent sur deux droites fixes des segments proportionnels, on aura

$$\frac{A'A}{A'A''} = \frac{B'B}{B'B''} ;$$

donc, si l'on considère le quadrilatère gauche AB B''A'' formé par deux couples de génératrices G et G'', γ et γ', d'un paraboloïde, on voit que toute génératrice G' de l'un des systèmes divisera les côtés opposés AA'', BB'' de ce quadrilatère en parties proportionnelles. La réciproque est vraie : *La surface engendrée par une droite G' qui divise en parties proportionnelles deux côtés opposés AA'', BB'' d'un quadrilatère gauche AA'', BB'' est un paraboloïde.* En effet, concevons le paraboloïde qui aurait AA'' et BB'' pour directrices et un plan P parallèle à AB et A″B″ pour plan directeur. La génératrice de ce paraboloïde menée par A′ couperait (d'après le théorème direct) BB″ en deux parties respectivement proportionnelles à A′A et A′A″; elle passerait donc par B′ et coïnciderait avec G′. Donc la droite G′ engendre ce paraboloïde.

C'est d'après cette dernière définition que l'on construit les modèles en fil de paraboloïde. On fait un cadre en bois ayant la forme d'un quadrilatère gauche ; on divise deux côtés opposés en un même nombre de parties égales et l'on joint par des fils tendus les points de division correspondants ; ces fils représentent les génératrices rectilignes de l'un des systèmes. En opérant de même sur les deux autres côtés opposés du cadre, on obtient le second système de génératrices. Si le quadrilatère considéré était plan, les fils seraient tous situés dans le plan de ce quadrilatère ; mais qu'on déforme un peu ce quadrilatère de manière à le rendre gauche, et que les fils restent tendus (on y parvient à l'aide de petits poids attachés à leurs extrémités), ces fils cesseront d'être situés dans un même plan et dessineront le paraboloïde hyperbolique ; de là l'origine du nom de *plan gauche* qu'on donne parfois à cette surface.

Tracés relatifs au paraboloïde.

177. — Nous allons maintenant appliquer les propriétés du paraboloïde à la résolution des principaux problèmes qu'on peut se proposer sur cette surface.

Nous supposerons le paraboloïde donné par deux directrices rectilignes (*ab*, *a′b′*), (*cd*, *c′d′*) et un plan directeur qui sera le plan horizontal de projection ; c'est ainsi que la surface s'offre ordinairement dans les applications. Nous appelerons d'ailleurs *génératrices du premier système* celles qui sont parallèles au plan horizontal ; les autres, parmi lesquelles se trouvent les deux directrices données, seront dites *génératrices du second système* ; nous savons que leurs projections verticales doivent concourir en un même point (n° 174) puisque le plan vertical de projection est perpendiculaire au plan directeur de l'autre système ; le point de concours, que nous désignerons par ω′ et qui est à l'intersection de $a'\,b'$ de $c'\,d'$ est la projection verticale de la génératrice du premier système $(\omega', \omega, \omega)$ qui est perpendiculaire au plan vertical.

178. — *Plan tangent en un point donné sur la surface* (fig. 93).

Le point est donné par sa projection verticale m'. Les projections verticales des deux génératrices qui y passent s'obtiennent immédiatement ; l'une $e'f$ est parallèle à LT, l'autre $\omega'g'$ passe par ω'. La projection horizontale cf de la génératrice du premier système s'obtient en observant que cette génératrice s'appuyent sur les deux directrices données AB et CD, l'une en

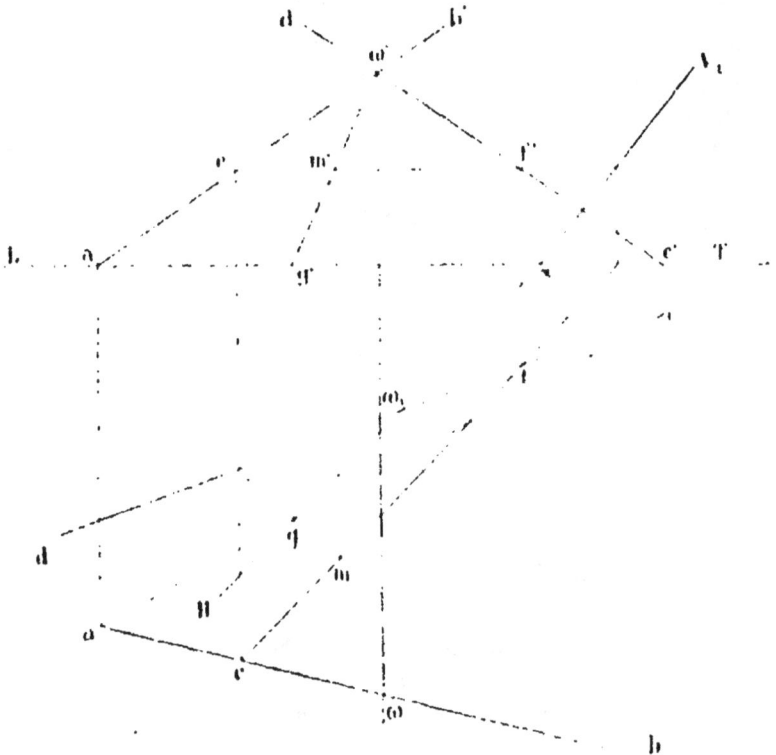

Fig. 93.

(c', c) l'autre en (f', f). Pour avoir la projection horizontale de la génératrice du second système, on remarque que cette trace horizontale (g', g) est sur la trace horizontale de la surface,

laquelle est la droite *ac* qui joint les pieds des deux directrices ; il suffit alors de joindre *g* à *m* pour avoir la projection
horizontale *gm* demandée. Cela étant, le plan tangent en M est
déterminé par les deux génératrices trouvées EF, MG. Si l'on
veut ses traces, on mènera par G la parallèle Hx à *ef* qui est une
horizontale du plan ; ce sera la trace horizontale, et en joignant α à la trace verticale de la génératrice EF on aura la
trace verticale αV du plan.

179. — *Un plan quelconque VαH étant donné passant par
une génératrice EF du premier système, trouver le point où ce
plan touche la surface.*

Ce problème inverse du précédent se résout en effectuant les
constructions précédentes en ordre inverse. On prendra l'intersection *g* de la trace horizontale du plan et de la trace horizontale de la surface ; *g'* sera un point de la projection verticale de la génératrice du second système contenue dans le
plan ; cette génératrice se projettera donc verticalement sur
sur *g'ω'* ; elle coupe la génératrice EF en un point projeté verticalement en *m'* et par suite horizontalement en *m* ; (*m, m'*) est
le point de contact cherché.

Ce tracé permet de déterminer par points la courbe de contact du cône ou du cylindre circonscrit au paraboloïde. Par
chaque génératrice du premier système on mène un plan passant par le sommet du cône (ou parallèle aux génératrices du
cylindre), et l'on cherche le point de contact de chacun de ces
plans ; on démontre que la courbe est une hyperbole ou une
parabole suivant que la surface circonscrite est un cône ou un
cylindre. En particulier, le contour apparent est donc une
parabole.

180. — *Trouver le plan asymptotique relatif à une génératrice donnée.*

On sait que, dans les surfaces à plan directeur, le plan
asymptotique est parallèle au plan directeur. Aussi, pour avoir
le plan asymptotique relatif à une génératrice du paraboloïde,
il suffit de mener par cette génératrice un plan parallèle au
plan directeur correspondant.

Il y a aucun tracé à effectuer si la génératrice est du premier système, son plan symptotique est le plan horizontal qui la contient. S'il s'agit d'une génératrice du second système, il faut commencer par déterminer le plan directeur correspondant ; il suffit de mener par un point de l'une des directrices AB ou CD une parallèle à l'autre.

181. — *Mener au paraboloïde un plan tangent parallèle à un plan donné* VzH.

On cherche d'abord la génératrice G₁ du premier système qui est parallèle au plan donné. Cette génératrice doit être parallèle à la trace horizontale zH de ce plan ; c'est donc l'intersection des plans menés parallèlement à zH par chacune des deux directrices AB et CD. Cette droite G₁ une fois obtenue, on mène par elle un plan V₁z₁H₁ parallèle à VzH ; V₁z₁H₁ est le plan demandé

Si on voulait avoir la *génératrice du second système qui est parallèle à un plan donné* VzH, on commencerait par faire les opérations indiquées dans l'alinéa qui précède c'est-à-dire par déterminer le plan V₁z₁H₁ : puis, on chercherait par le procédé du nᵒ 179 la génératrice G₂ du second système contenue dans ce plan. Le point commun à G₁ et à G₂ est le point de contact du plan V₁z₁H₁.

182. — *Trouver le sommet, l'axe et les plans principaux d'un paraboloïde.*

On déterminera d'abord l'intersection des deux plans directeurs ; ce sera la direction de l'axe. On cherchera ensuite (nᵒ 181) le point de contact d'un plan tangent parallèle à un plan perpendiculaire à cette direction ; ce point sera le sommet. L'axe sera alors connu, puisqu'on en aura un point et sa direction. Les plans principaux seront les plans menés par l'axe parallèlement aux plans bissecteurs des dièdres formés par les plans directeurs.

Paraboloïde isocèle.

183. — Quand le paraboloïde est isocèle, c'est-à-dire quand les plans directeurs sont rectangulaires, les tracés se simplifient par cette raison que, si l'on prend les deux plans directeurs pour plans de projection, sur chacun de ces plans les génératrice du système correspondant passent par un point fixe et celles de l'autre système sont parallèles. Les deux points fixes sont les projections du sommet de la surface, car le point fixe du plan vertical est la projection d'une génératrice perpendiculaire à ce plan ; le point fixe du plan horizontal est la projection d'une génératrice verticale ; ce sont donc les deux génératrices de la surface qui sont perpendiculaires à la ligne de terre c'est-à-dire à l'intersection des plans directeurs ; ces deux génératrices de systèmes différents déterminent le plan tangent à leur point commun, qui est le sommet puisque ce plan tangent est perpendiculaire à la direction de l'axe.

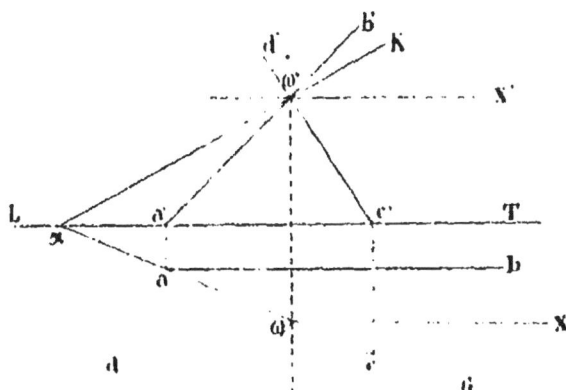

Fig. 94.

Soient (ab', ab') (cd', cd') les deux directrices données. Le point ω' où se coupent les projections verticales est la projection verticale du sommet ; et sa projection horizontale est en ω sur la trace horizontale ac de la surface. Par suite $(\omega X, \omega' X')$ est axe ; $\alpha\omega'$ est la trace verticale de la surface (fig. 94).

Quand on aura à traiter un problème sur le paraboloïde isocèle, on commencera par se procurer, comme nous venons de le faire, le sommet (ω, ω'), et les traces $\varkappa\omega G$, $\varkappa\omega'K$ de la surface sur les plans de projection. Avec ces données, on résoudra avec une extrême facilité les divers problèmes relatifs à cette surface. Cherchons par exemple le plan tangent en un point M donné par sa projection horizontale m (fig. 95). La génératrice

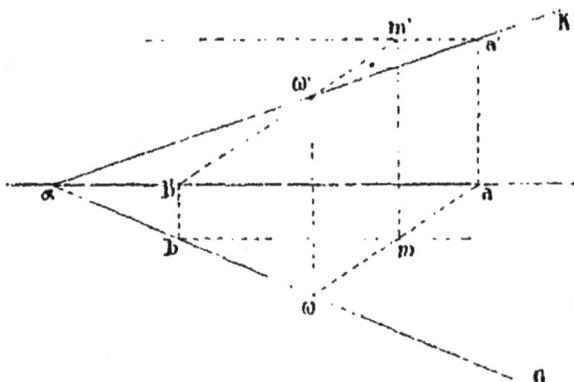

Fig. 95.

horizontale qui passe par ce point se projette sur ωm, sa trace verticale est en (a, a') sur la trace verticale de la surface, et sa projection verticale est parallèle à la ligne de terre. La génératrice de front qui passe par M se projette horizontalement sur la parallèle bm à LT, sa trace horizontale est (b, b') et il suffit de joindre b' et ω' pour avoir sa projection verticale ; les projections verticales des deux génératrices et la ligne de rappel de m sont trois droites qui passent par la projection verticale m' du point M ; le plan des deux génératrices est le plan tangent demandé.

Le problème inverse, la recherche de la section plane, la recherche des génératrices parallèles à un plan donné, s'effectuent très aisément. Les plans asymptotiques sont parallèles aux plans de projection, etc... Cette surface est presque aussi facile à traiter que *le plan*.

Paraboloïde donné par trois directrices parallèles à un même plan.

184. — Pour en finir avec le paraboloïde, nous devons dire un mot du cas, assez fréquent dans les applications, où la surface est donnée par trois directrices parallèles à un même plan qui est ordinairement le plan horizontal de projection.

On se procurera deux droites s'appuyant sur les trois droites données et l'on rentrera ainsi dans les données habituelles ; les deux droites obtenues seront les deux directrices et le plan horizontal le plan directeur.

Lorsque les trois directrices rectilignes ne sont pas parallèles à un même plan, la surface réglée qu'elles déterminent prend le nom de *hyperboloïde à une nappe* ; cette surface jouit de propriétés très intéressantes au point de vue théorique, mais on n'en a fait aucune application en stéréotomie.

CHAPITRE XII

LES HELICOIDES

De l'hélice

185. — Parmi les courbes situées sur la surface d'un cylindre droit à base quelconque, l'hélice est celle dont l'ordonnée $z = MP$ varie proportionnelement à l'abscisse curviligne

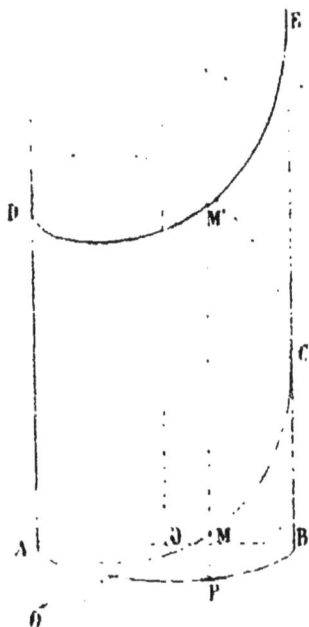

Fig. 96.

$s = $ arc AP ; en sorte que, si l'on prend l'origine A sur la courbe,
on a pour un point quelconque M de cette ligne (fig. 96).

$$z = hs \qquad (1)$$

Supposons que la base du cylindre soit une courbe fermée; l'accroissement de l'ordonnée, pour un accroissement de l'abscisse égal au périmètre p de la base, a pour expression kp: cet accroissement est donc indépendant de l'abscisse s du point considéré M; il en résulte que le segment compris entre deux rencontres successives M et M′ de l'hélice avec une même génératrice est constant; on lui donne le nom de *pas* et on le désigne habituellement par H; on a donc $kp = $ H, et par suite l'équation (1) de l'hélice devient:

$$z = \frac{H}{p} s \qquad (2)$$

L'arc d'hélice, compris entre deux intersections successives de la courbe et d'une même génératrice, prend le nom de *spire*.

186. — On démontre, en géométrie élémentaire, les propriétés suivantes:

1° *La sous-tangente* Pθ *est égale à l'abscisse curviligne c'est-à-dire à l'arc AP.*

2° *La tangente* Mθ *à l'hélice fait avec les génératrices du cylindre un angle constant* α *et donné par la formule:*

$$\lg \alpha = \frac{p}{H} \qquad (3)$$

3° *Dans le développement du cylindre, l'hélice a pour transformée une ligne droite.*

187. — L'hélice que l'on considère le plus souvent dans les applications est tracée sur un cylindre de révolution; on a alors $s = R\omega$ et $p = 2\pi R$, R désignant le rayon du cylindre et ω l'angle au centre AOP; par suite, les formules précédentes deviennent:

$$z = \frac{H}{2\pi} \omega \qquad (2')$$

$$\lg \alpha = \frac{2\pi R}{H} \qquad (3')$$

Voici comment on trace la projection d'une hélice à base circulaire sur un plan parallèle aux génératrices du cylindre (fig. 97).

Soient *abcd* le cercle qui est la section droite du cylindre et LT une droite tracée dans le plan de ce cercle, qui est le plan horizontal de projection, parallèlement au diamètre *ab* qui passe par l'origine *a* de l'hélice. Nous prenons LT pour ligne de terre.

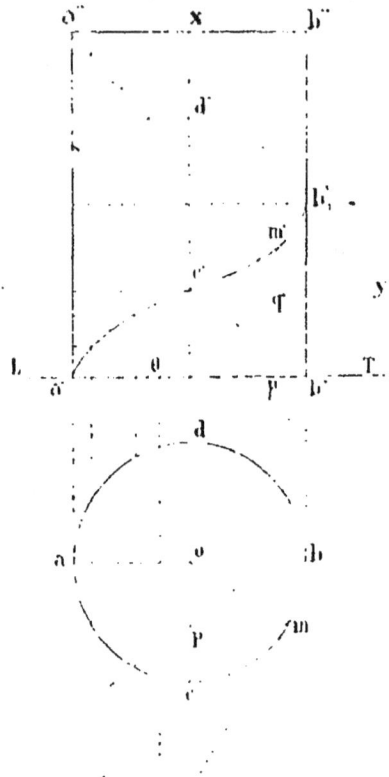

Fig. 97.

Donnons au cylindre une hauteur *a'a''* égale au pas H de l'hélice ; la projection verticale du cylindre sera le rectangle *a'b'b''a''*.

Divisons l'arête *a'a''* et la circonférence de base *abcd* en un même nombre *n* de parties égales ; *m* étant l'un des points de division de la base, le $k^{\text{ième}}$ par exemple, la verticale du point *m* rencontre l'hélice en un point dont la côte est $k\dfrac{H}{n}$ c'est-à-dire est égale à h divisions de la hauteur $a'a'' = $ H : on portera donc à partir du point μ, sur la ligne de rappel du point m, la longueur $\mu m'$ égale à h divisions du pas, et m' sera la projection verticale du point de l'hélice qui se projette horizontalement en m.

Pour avoir la tangente en m' à la projection verticale de l'hélice, on prendra sur la tangente en m au cercle de base, une longueur $m\vartheta$ égale à la sous-tangente, c'est-à-dire à l'arc acm qui équivaut à h divisions de la circonférence ; ϑ sera la trace horizontale de la tangente dont la projection verticale sera par suite $\vartheta'm'$.

Si l'on prend pour axes des ordonnées la parallèle $c'y'$ à la ligne de terre menée par le point c', et la verticale $c'x'$ pour axe des abscisses on aura :

$$x = m'q' = \frac{H}{2\pi R} \text{ arc } cm$$

et

$$y = c'q' = pm = om \sin pom = R \sin \frac{\text{arc } cm}{R}$$

et par suite :

$$y = R \sin\left(\frac{2\pi}{H} x\right)$$

La projection verticale de l'hélice est donc une sinussoïde.

Les points c' et d' sont des points d'inflexion ; en a', a'' et b'_1 les tangentes sont les génératrices de contour apparent du cylindre.

Hélicoïde de la vis à filet triangulaire : définition et propriétés fondamentales.

188. — L'hélicoïde de la vis à filet triangulaire est la surface engendrée par une droite mobile AB qui s'appuie sur une hélice OBD et rencontre sous un angle constant α l'axe az du cylindre de révolution sur lequel l'hélice est tracée (fig. 98).

---

1. Voir *Éléments de Géométrie*, par MM. E. Rouché et De Combrousse.

Cette surface est gauche, puisqu'elle a une directrice rectiligne ; elle a d'ailleurs un cône directeur de révolution, puisque toutes les génératrices transportées parallèlement à elles-
mêmes en un point quelconque de l'axe font un même angle
avec cet axe.

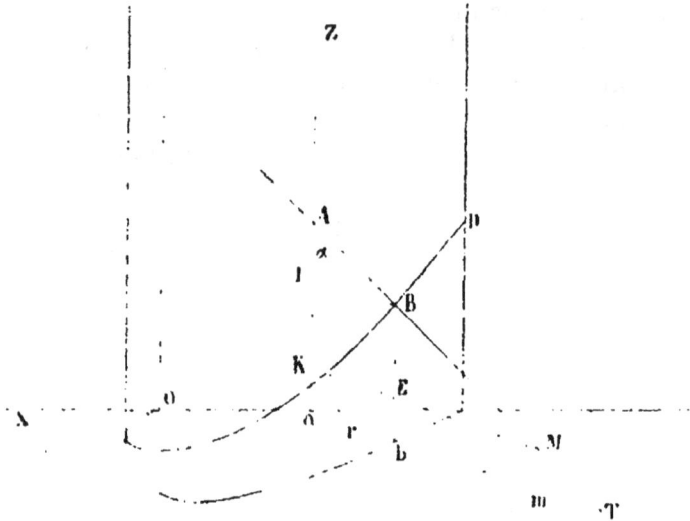

Fig. 98.

189. *Tout cylindre* (K_1) *concentrique au cylindre* (K) *qui
porte l'hélice directrice coupe l'hélicoïde, suivant une hélice
de même sens et de même pas que cette hélice directrice.*

En effet, soit M le point où le cylindre (K_1) rencontre une
génératrice AB de l'hélicoïde et soit E le point où la génératrice B*b* du cylindre (K) coupe la droite MK qui projette M
sur l'axe. Le triangle BEM conserve une grandeur invariable,
quand la génératrice AB se déplace, vu que les angles de ce
triangle rectangle ne varient pas aussi bien que le côté EM
qui est égal à la différence des rayons des deux cylindres. La
différence de niveau BE des points B et M reste donc constante, et par suite l'accroissement Δz de l'ordonnée $z =$ B*b* du
point B est égal à l'accroissement $\Delta z'$ de l'ordonnée $z'=$ M*m*
du point M. Mais, le point B décrivant l'hélice directrice,
on a

$$\Delta z = \frac{H}{2\pi} \Delta \cdot (Oab),$$

H étant le plan de cette hélice ; on a donc

$$\Delta z' = \frac{H}{2\pi} \Delta(Oab) = \frac{H}{2\pi} \Delta (Oam).$$

Donc le point M décrit une hélice dont le pas est égal à H.

190. *Tout plan Q perpendiculaire à l'axe coupe l'hélicoïde suivant une spirale d'Archimède.*

En effet, soit O le point où le plan Q rencontre l'hélice directrice ; prenons le rayon aOX pour axe polaire, et soient

$$\rho = aT, \quad \omega = XaT$$

les coordonnées polaires du point T où une génératrice quelconque AB de l'hélicoïde coupe le plan Q.

On a :

$$\rho = ab + bT = R + Bb \, \mathrm{tg}\alpha.$$

Mais

$$Bb = \frac{H}{2\pi}\omega$$

Donc

$$\rho = R + \frac{H \, \mathrm{tg}\,\alpha}{2\pi} \omega \qquad (4)$$

C'est l'équation d'une *spirale d'Archimède*. Nous l'écrirons

$$\rho = R + p\omega \qquad (4')$$

en posant

$$p = \frac{H \, \mathrm{tg}\,\alpha}{2\pi}$$

Cette quantité, qu'on nomme le *paramètre* de la spirale, intervient dans les divers tracés relatifs à l'hélicoïde ; aussi convient-il de la calculer exactement, puis de la traduire en longueur.

191. — La tangente ou plutôt la normale à la spirale d'Archimède s'obtient aisément.

Soit Ox un axe polaire, M un point quelconque d'une courbe plane ; Mθ la tangente et MN la normale en ce point (fig. 99). Le segment ON intercepté par l'angle OMN sur la perpendiculaire ON au rayon vecteur OM est ce qu'on appelle *la sous-normale en coordonnance polaires*, et l'on démontre en Analyse que cette sous-normale a pour expression

$$\frac{d\rho}{d\omega}$$

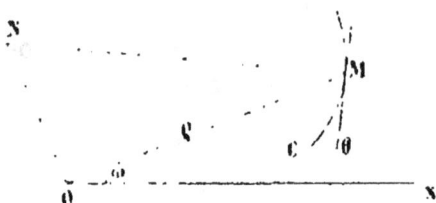

Fig. 98.

Or ici, on a, d'après (*l'*)

$$\frac{d\rho}{d\omega} = p.$$

Donc, *dans la spirale d'archimède la sous-normale est constante et égale au paramètre.*

Pour construire la tangente en un point quelconque M de la spirale, on portera sur la perpendiculaire à OM et dans le sens suivant lequel ω croit, une longueur ON égale à p ; NM sera la normale et sa perpendiculaire M*θ* sera la tangente.

Plan tangent à l'hélicoïde et problème inverse.

192. — Soit (*ab*, *a'b'a''*) l'hélice directrice, (*o*, *oz'*) l'axe du cylindre vertical, et α l'angle des génératrices de l'hélicoïde avec l'axe. La ligne de terre LT est parallèle au rayon *oa* du cercle de base qui aboutit à la trace horizontale de l'hélice (fig. 100).

La génératrice initiale s'obtient immédiatement puisqu'elle est de front; sa projection horizontale est *ao* et sa projection verticale est la droite *a'o'* menée par *a'* et faisant l'angle α avec *oz'*.

Pour avoir une génératrice quelconque, par exemple celle qui passe par le point (*q*, *q'*) de l'hélice, on joint d'abord le point o au point *q*, ce qui fournit évidemment la projection horizontale *oq* ; puis, on mène par *q'* la parallèle *q'i'* à LT jus-

qu'à sa rencontre i'' avec $o_1 z'$, et on porte sur $o_1 z'$, à partir de
i', un segment $i'o'_1$ égal à $o_1 o'$, c'est-à-dire à la différence de
niveau constante entre les points d'appui d'une génératrice
quelconque sur l'hélice et sur l'axe :

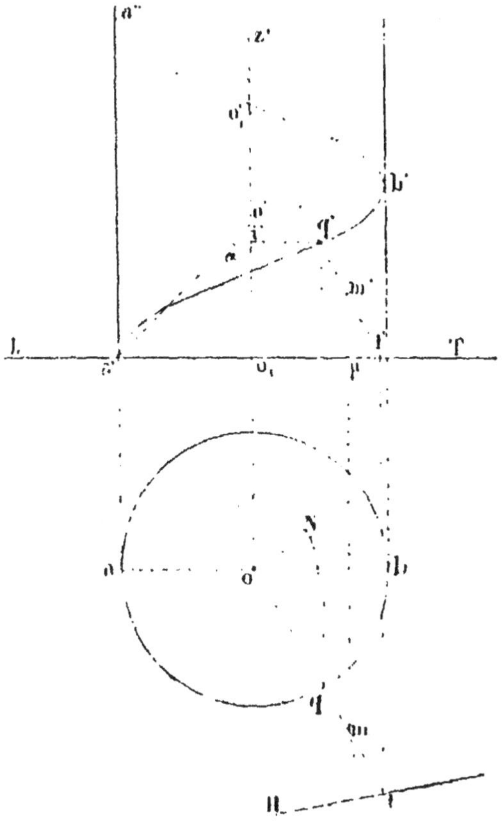

Fig. 100.

Le point o'_1 sera donc le point où la génératrice cherchée
rencontre l'axe et par suite $g'o'_1$ sera la projection verticale de
cette génératrice.

193. — Soit (m, m') un point quelconque de cette génératrice. Il s'agit de trouver le plan tangent à l'hélicoïde en ce
point. Ce plan contenant la génératrice, il suffira de trouver
la direction de ses horizontales. Or, si l'on imagine le plan
horizontal qui passe par le point (m, m'), ce plan horizontal

coupera la surface, suivant une spirale d'Archimède, et il suffira d'avoir la direction de la tangente ou, ce qui revient au même, de la normale à cette spirale au point *m*. Mais d'après le n° 191, on obtient cette normale en portant perpendiculairement à *om* une longueur *o*N égale au paramètre *p*, et joignant N*m*. Donc, les horizontales du plan tangent sont perpendiculaires à N*m*, et on aura la trace du plan tangent demandé en abaissant de la trace *t* de la génératrice la perpendiculaire *t*H sur N*m*.

Quel que soit le point (*m*, *m'*) de la surface auquel on veuille mener le plan tangent, il faudra toujours porter la même longueur *p* sur une droite issue du point *o*, mais dont la direction varie avec la génératrice qui porte le point considéré. Aussi y at-il avantage, quand on a divers plans tangents à mener, de décrire du point *o* comme centre avec *p* pour rayon un cercle qu'on nomme *cercle paramétrique*.

194. — Lorsque la génératrice (*oq*, *o'q'*) restant fixe, le point (*m*, *m'*) se déplace sur cette ligne, N reste fixe aussi bien que *t*; N*m* et *t*H varient en restant perpendiculaires l'une à l'autre. Si le point (*m*, *m'*) s'éloigne indéfiniment, N*m* devient parallèle à la génératrice *oqt* et la trace *t*H du plan tangent devient perpendiculaire à cette génératrice. Donc, le *plan asymptotique relatif à une génératrice de l'hélicoïde est le plan dont cette génératrice est une ligne de plus grande pente*. Cette propriété résulte d'ailleurs *à priori* de ce que le plan asymptotique est (n° 1) parallèle au plan tangent au cône directeur suivant la génératrice correspondante.

Le *plan central* d'une génératrice étant perpendiculaire au plan asymptotique est donc ici le plan qui projette la génératrice horizontalement, et comme ce plan vertical est tangent au point où la génératrice rencontre l'axe, on voit que l'axe est la *ligne de striction*.

195. — Le problème inverse du plan tangent se résout par les tracés du n° 193 effectués en ordre inverse.

Ainsi, soit *t*H la trace horizontale d'un plan passant par une génératrice (*oqt*, *o'q't'*). Pour avoir le point de contact de ce plan, on mènera à angle droit sur *oq* le rayon *o*N du cercle paramétrique. La perpendiculaire abaissée de N sur *t*H coupera *oq* au point de contact cherché *m*.

Ce tracé permet de déterminer par points la courbe de contact du cône ou du cylindre circonscrit ; on mène par chaque génératrice un plan passant par le sommet du cône ou parallèle aux génératrices du cylindre, et on cherche le point de contact de ce plan. Ces courbes sont fort intéressantes au point de vue des ombres ou de la théorie pure ; mais elles n'interviennent pas en stéréotomie.

Contour apparent de l'hélicoïde

196. — Il n'y a pas de contour apparent horizontal, puisque les projections horizontales de toutes les génératrices passent par le pied de l'axe. Pour avoir le point du contour apparent vertical qui appartient à une génératrice quelconque, il suffit d'appliquer le tracé du n° 195, c'est-à-dire de chercher le point de contact du plan qui projette cette génératrice verticalement (fig. 101.)

Soit (*acb*, *a'c'b'*) l'hélice directrice, (*o*, *zz'*) l'axe vertical, (*ao*, *a'o'*) la génératrice initiale, (*op*, *p'q'*) une génératrice quelconque ; *on* étant le rayon du cercle paramétrique perpendiculaire à *op*, il faut, pour avoir le point *m* de la génératrice *op* où le plan tangent est de bout, prendre l'intersection de *op* avec la perpendiculaire abaissée de *n* sur la trace horizontale de ce plan, c'est-à-dire avec la parallèle à la ligne de terre menée par *n*. La ligne de rappel du point *m* donnera par son intersection avec *p'q'* la projection verticale *m'* du point du contour apparent vertical ; la tangente en ce point est d'ailleurs *p'q'*.

Le point de la courbe situé sur la génératrice initiale est à l'infini ; cela résulterait de la construction précédente ; mais cela résulte aussi de ce que le plan debout passant par cette génératrice initiale est le plan asymptotique de cette génératrice ; la courbe de contour apparent a donc la génératrice *a'o'* pour asymptote.

Signalons encore le point où le contour apparent vertical touche la projection verticale $z\,z'$ de l'axe. On l'obtient en prenant $c'r'$ égal à zo'. En effet, le point (o, r') est celui par lequel la génératrice de profil $(co, c'r')$ s'appuie sur l'axe; c'est donc le point de contact du plan debout passant par cette génératrice.

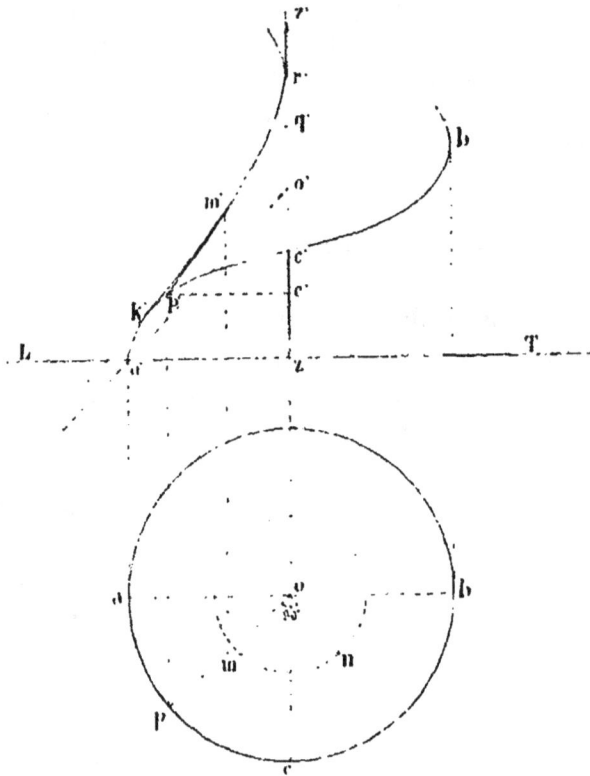

Fig. 101.

Hélicoïde de la vis à filet quarré

197. — La surface de la vis à filet quarré est un cas particulier de l'hélicoïde précédent; on a alors $\alpha = 90^\circ$. Elle est donc engendrée par une droite qui s'appuie sans cesse sur une hélice en rencontrant à angle droit l'axe du cylindre qui porte cette hélice Le cône directeur dégénère ici en un plan directeur qui est perpendiculaire à l'axe.

Il résulte immédiatement des définitions qui ont été données au (n° 7 1° que le point central de chaque génératrice est le point où cette droite rencontre l'axe, lequel est donc la ligne de striction ; 2° que le plan central est le plan de la génératrice et de l'axe et par suite que le plan asymptotique est perpendiculaire à l'axe ; 3° que l'indice d'une génératrice quelconque est égal à $\frac{H}{2\pi}$, puisque cette quantité est égale au rapport de la translation à la rotation de la génératrice lors de son passage d'une position à l'autre.

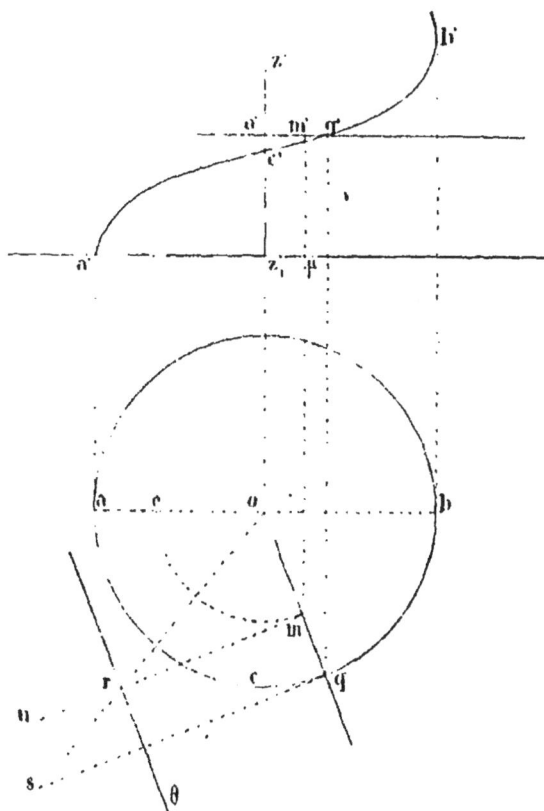

Fig. 102.

198. — Soit $(acb, \ a'c'b')$ l'hélice directrice et (o, z_1z') l'axe du cylindre que nous supposons vertical.

Pour avoir une génératrice quelconque, on prendra un point

(*q. q'*) sur l'hélice directrice ; la droite *oq* sera la projection
horizontale de la génératrice, tandis que la parallèle *o'q'* à la
ligne de terre sera la projection verticale (fig. 102).

Un point quelconque *m, m'* de cette génératrice appartiendra à la surface, et il s'agit de trouver le plan tangent en ce
point.

Ce plan tangent est déterminé par la génératrice (*omq,
o'm'q'*) qui est une de ses horizontales et par la tangente au
point (*m. m'*) à l'hélice suivant laquelle l'hélicoïde serait coupé
par le cylindre concentrique de rayon *om*. La trace horizontale *r* de cettetangente s'obtient en prenant la sous-tangente *mr*
égale à l'abcisse curviligne *em*. Il suffira, dès lors, de mener
par *r* la parallèle *r*⁹ à *oq* pour avoir la trace horizontale du
plan tangent demandé.

En opérant de la sorte, on aurait, lorsque le point *m* se déplace sur la génératrice *oq*, à rectifier des arcs appartenant à
divers cercles ; on préfère n'avoir affaire qu'à un même cercle, celui qui est la projection horizontale *acb* de l'hélice directrice. A cet effet, on remarque que si l'on prolonge *or* jusqu'à sa rencontre avec la tangente *qs* au cercle *acb*. on a :

$$\frac{qs}{mr} = \frac{oq}{om} = \frac{\text{arc } aq}{\text{arc } em}$$

et par suite *qs* = arc *aq*, puisque *mr* = arc *em* ; *qs* est dès lors la
sous-tangente au point (*q. q'*) de l'hélice directrice. La construction sera donc la suivante : menez au point *q* la sous tangente *qs* à l'hélice directrice, et, par le point *m*, la parallèle *mu*
à cette sous-tangente ; la parallèle *r*⁹ à la génératrice *oq*
menée par le point *r* de rencontre de *mu* et de *os* est la trace
horizontale du plan tangent.

199. — Le problème inverse du plan tangent exige les
mêmes tracés faits en ordre inverse.

Ainsi, soit ⁹ un point de la trace horizontale d'un plan passant par une génératrice (*oq, o'q'*) ; pour trouver le point de
contact de ce plan, on mènera au point *q* la sous-tangente
qs = arc *aq* à l'hélice directrice, et on prendra l'intersection *r*
de *os* avec la trace horizontale du plan tangent, c'est-à-dire

avec la parallèle à *oq* menée par le point *o*. La parallèle *ur* à *qs* coupera *oq* au point *m* qui est la projection horizontale du point de contact cherché. La projection verticale *m'* sera à la rencontre de la ligne *o'q'* et de la ligne de rappel *m̃μ*.

300. — Cette surface joue un rôle très important en stéréo-tomie, notamment dans la théorie des ponts biais. La recherche de la courbe de contact du cylindre circonscrit offre un intérêt particulier.

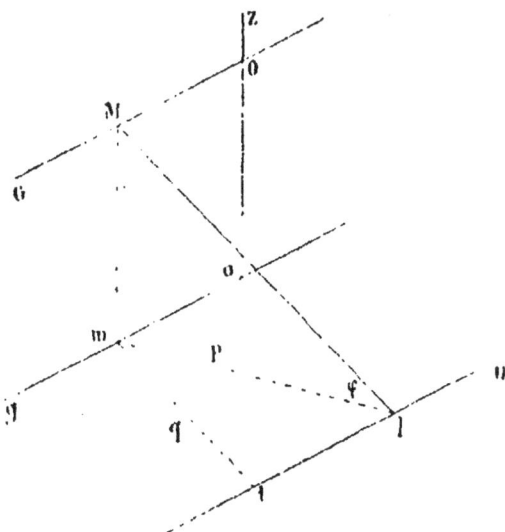

Fig. 103.

Soit (fig. 103) *oOZ* l'axe, OG une génératrice de l'hélicoide et *og* sa projection horizontale, M un point de cette généra-trice et *m* sa projection horizontale.

Si M*t* est la tangente à l'hélice décrite par le point M et *t* sa trace horizontale, la droite *tu* parallèle à *og* sera la trace hori-zontale du plan tangent en M à l'hélicoide ; dans le cas où M est un point de contact d'un cylindre circonscrit, le plan M*tu* doit contenir la parallèle M*l* menée par M aux génératrices de ce cylindre et la trace *l* de cette parallèle sera sur *tu*.

Soit *φ* l'inclinaison sur le plan horizontal des génératrices du cylindre circonscrit, *op* la perpendiculaire abaissée du pied *o* de l'axe sur *ml* et *q* le point où *op* rencontre *ml*.

La droite *opq* a une direction fixe, celle des perpendiculaires à la projection horizontale des génératrices du cylindre circonscrit.

Or, les triangles *omq*, *mtl* sont semblables comme ayant les
côtés perpendiculaires ; on a donc la proportion

$$\frac{oq}{om} = \frac{ml}{mt}$$

d'où

$$oq = \frac{om}{mt} ml = \frac{om}{mt} \text{M}m \cot g\varphi \ ;$$

mais d'autre part on a

$$\text{M}m = \frac{\text{H}}{2\pi.om} mt \ ;$$

donc

$$oq = \frac{\text{H} \cot g\ ?}{2\pi}$$

ce qui prouve que le point *q* est fixe et par suite la *courbe de
contact du cylindre circonscrit se projette horizontalement
suivant le cercle dont un diamètre est la droite oq* obtenue en
portant un segment égal à $\frac{\text{H} \cot g\ ?}{2\pi}$ sur la perpendiculaire abaissée du pied de l'axe sur la direction de la projection horizon-
tale des génératrices du cylindre circonscrit.

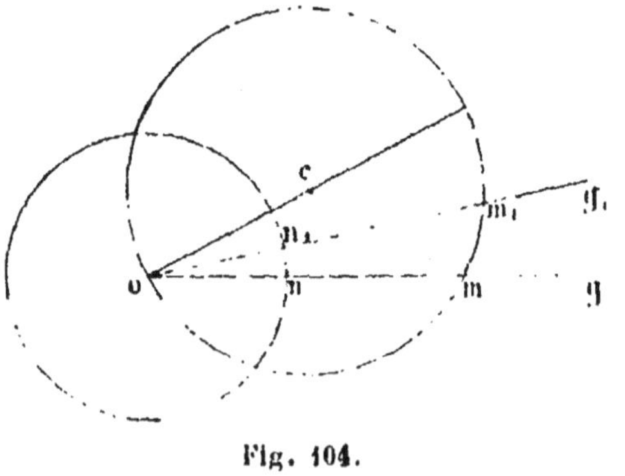

Fig. 104.

*Dans l'espace, la courbe de contact est une hélice dont le
pas est égal à la moitié du pas H de l'hélice directrice.*

En effet, soit (o) (fig. 104) le cercle sur lequel se projette horizontalement l'hélice directrice et m et m_1 deux points quelconques du cercle (c) qui est la projection horizontale de la courbe de contact. Les côtes z et z_1 de ces deux points sont les mêmes que celles des points n et n_1 puisque les génératrices omg, om_1g_1, de l'hélicoïde sont horizontales; or on a

$$\frac{H}{2\pi} = \frac{z_1 - z}{non_1} = \frac{z_1 - z}{\frac{1}{2}(mcm)_1}$$

par suite

$$z_1 - z = \frac{\frac{1}{2}H}{2\pi} \cdot mcm_1,$$

ce qui démontre la proposition énoncée.

CHAPITRE XII

LES SURFACES GAUCHES EN GÉNÉRAL

Paraboloïde des normales.

201. — Le théorème de l'obliquité (n° 120) donne la loi de variation du plan tangent aux divers points d'une même génératrice d'une surface gauche. Voici une seconde forme de la loi qui est souvent utile :

Le lieu des normales à une surface gauche aux divers points d'une même génératrice est un paraboloïde hyperbolique isocèle.

Pour démontrer cette importante proposition, reportons-nous à la figure 62 :

G est une génératrice quelconque d'une surface gauche S, G' une génératrice voisine, H' leur perpendiculaire commune et FG₁ la parallèle à G menée par le point F.

M étant un point quelconque de la génératrice G, soit MC la section faite dans la surface S par le plan mené par M perpendiculairement à G, et soit M₁ et M les points où ce plan coupe G₁ et G'.

Si l'on opère de la sorte pour chaque point de la génératrice G, on obtient une suite de droites telles que MM₁ qui, s'appuyant sur G et G' et restant parallèles à un plan Q perpendiculaire à G, forment un paraboloïde hyperbolique.

Les plans directeurs de ce paraboloïde sont évidemment parallèles aux plans MM₁M' et G₁FG' ; son axe est donc parallèle à M₁M' et par suite son sommet est le point I, puisque les deux génératrices IG et H' qui passent par ce point sont l'une et l'autre perpendiculaires à la direction M₁M' de l'axe.

Il suit de là, en faisant tendre la génératrice G′ vers la génératrice G et passant à la limite, que le lieu des tangentes MT menées aux divers points M d'une génératrice G d'une surface gauche perpendiculairement à cette génératrice forment un paraboloïde. Ce paraboloïde P, a pour plans directeurs un plan Q perpendiculaire à G et le plan asympotique relatif à cette génératrice, et pour sommet le point central O.

Désignons par P ce que devient le paraboloïde P, lorsqu'on le fait tourner tout d'une pièce et d'un angle droit autour de G ; soit MN la position que prend ainsi une génératrice quelconque MT du paraboloïde P₁. La droite MN étant à angle droit sur G et sur MT sera précisément la normale à la surface gauche S au point M. Donc le lieu des normales MN est un paraboloïde. Il résulte d'ailleurs du raisonnement ci-dessus que *le paraboloïde P a pour plan directeur un plan perpendiculaire à la génératrice G et le plan central de cette génératrice, il est donc isoscèle et son sommet est le point central.*

Conséquences relatives au raccordement des surfaces gauches.

202. — On a parfois, en stéréotomie, l'occasion de substituer à une surface gauche une autre surface gauche se raccordant avec la première suivant une génératrice commune, c'est-à-dire touchant la première en tout point de cette génératrice. De là, la nécessité d'étudier les conditions de raccordement de deux surfaces réglées ; ces conditions sont les suivantes :

1° *Pour que deux surfaces gauches S et S′ se raccordent suivant une génératrice commune G, il suffit qu'elles se touchent en trois points A, B, C de cette droite.*

En effet, les deux surfaces S et S′ ont la même normale en A, la même normale en B, la même normale en C ; donc les paraboloïdes des normales des deux surfaces relativement à la génératrice commune G coïncident, et par suite en tout point M de G la normale est la même pour S et pour S′.

2° *Si les deux surfaces gauches S et S′ ont le même cône*

directeur (ou le même plan directeur), il suffit, pour qu'elles se raccordent suivant une génératrice commune G, qu'elles se touchent en deux points A et B de cette droite.

En effet, elles se touchent alors non seulement en A et B, mais encore au point situé à l'infini sur la génératrice G, vu que le plan asymptotique relatif à G, devant être parallèle au plan tangent au cône directeur (ou au plan directeur), est le même pour les deux surfaces.

203. — Les deux propositions qui précèdent donnent le moyen de trouver une infinité de *paraboloïdes qui se raccordent avec une surface gauche S suivant une génératrice G de cette surface.*

On peut procéder de deux manières :

1° Après avoir pris trois points à volonté A, B, C sur la génératrice G, on coupera les plans tangents à la surface S en A, B, C par des plans menés par ces points et parallèles à un même plan P arbitrairement choisi. Le paraboloïde qui aura pour directrices les droites Az, Bβ, Cγ ainsi obtenues sera de raccordement avec la surface S suivant la génératrice G (n° 202. 1°).

2° Par des points A et B pris à volonté sur la génératrice G on mènera deux droites Az, Bβ dirigées comme on voudra l'une dans le plan tangent en A, l'autre dans le plan tangent en B. Le paraboloïde qui aura pour directrices ces deux droites Az, Bβ, et pour plan directeur le plan tangent au cône directeur suivant la génératrice de ce cône qui est parallèle à G (ou le plan directeur) sera de raccordement avec la surface S suivant la génératrice G (n° 203. 2°).

On opère d'une manière ou de l'autre suivant les données dont on dispose.

Il importe d'observer que *tous les paraboloïdes de raccordement suivant une même génératrice G d'une surface gauche S ont un plan directeur commun ; c'est le plan asymptotique de la surface S relativement à la génératrice G.*

Digression sur quelques propriétés projectives des figures.

204. — On nomme *ponctuelle* la figure formée par quatre points A, B, C, D situés d'une manière quelconque sur une ligne droite, et l'on appelle *rapport composé* de cette figure l'expression

$$\frac{CA}{CB} : \frac{DA}{DB}.$$

Deux ponctuelles (ABCD), (A′B′C′D′) dont les points se correspondent deux à deux sont dites *conformes* lorsque leurs rapports composés

$$(1) \qquad \frac{CA}{CB} : \frac{DA}{DB}, \qquad \frac{C′A′}{C′B′} : \frac{D′A′}{D′B′} \qquad (2)$$

sont égaux, quelles que soient d'ailleurs les positions relatives des deux droites sur lesquelles ces ponctuelles sont situées.

Deux ponctuelles conformes à une troisième sont évidemment conformes entre elles.

On nomme *faisceau de rayons* le système de quatre droites situées dans un même plan et issues d'un même point, qu'on appelle *centre* ou *sommet* du faisceau. Ce centre peut d'ailleurs être à l'infini : dans ce cas, les rayons du faisceau sont parallèles.

On nomme *faisceau de plans* le système de quatre plans passant par une même droite qu'on appelle *axe* du faisceau ; cet axe peut d'ailleurs être à l'infini : dans ce cas les quatre plans dont l'ensemble constitue le faisceau sont parallèles.

205. — Ces définitions étant établies, voici une proposition fondamentale :

Deux sections rectilignes d'un même faisceau, sont deux ponctuelles conformes ; en d'autres termes, si (ABCD) et (A′B′C′D′) sont les ponctuelles obtenues en coupant un même faisceau par deux droites quelconques, les rapports (1) et (2) sont égaux.

En effet, supposons d'abord qu'il s'agisse d'un faisceau de rayons (fig. 105) et soient h et h' les distances du sommet aux deux sécantes AD, A'D'. Les triangles CSA, C'SA', ayant un

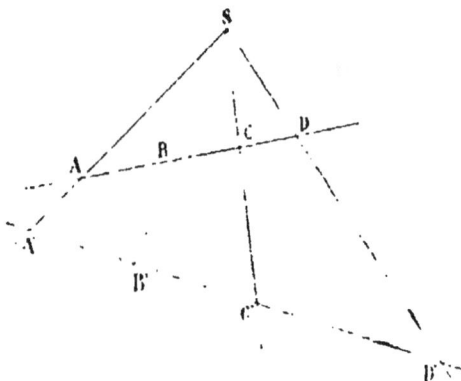

Fig. 105.

angle égal, sont entre eux comme les produits des côtés qui comprennent cet angle ; on a donc la relation

$$\frac{h.CA}{h'.C'A'} = \frac{SC.SA}{SC'.SA'}$$

d'où

$$CA = \frac{h'}{h}\frac{SC.SA}{SC'.SA'} \cdot C'A' \qquad (3)$$

Or, si l'on remplace dans le rapport composé (1) le segment CA par la valeur (3) et les segments CB, DA, DB par les valeurs analogues, on constate immédiatement que, suppression faite des facteurs communs, il reste simplement le rapport composé (1), ce qui démontre la proposition énoncée.

Supposons en second lieu qu'il s'agisse d'un faisceau de quatre plans, et soient O et O' deux points pris à volonté sur l'axe. (Le lecteur est prié de faire la figure).

Désignons respectivement par A_1, B_1, C_1, D_1 les points d'intersection de OA et de O'A', de OB et de O'B', de OC et de O'C', de OD et de O'D'. Les points A_1, B_1, C_1, D_1 appartenant à la fois au plan OAD et au plan O'A'D' seront en ligne droite ; ils formeront donc une ponctuelle et, en vertu de l'alinéa précédent, les ponctuelles (ABCD, $A_1B_1C_1D_1$) seront

conformes comme sections rectilignes d'un même faisceau de
rayons (OA, OB, OC, OD). On voit de même que les ponctuelles (A'B'C'D') (A₁B₁C₁D₁) sont conformes. Donc, il en est
de même des ponctuelles (ABCD), (A'B'C'D').

206. — Il résulte de ce théorème qu'une *ponctuelle quelconque et sa projection sont conformes*, et par suite, que, *si deux
ponctuelles sont conformes, il en est de même de leurs projections*.

207. — Nous terminerons cette rapide excursion dans le
domaine de la géométrie projective en résolvant le problème
suivant :
*Étant donné sept points de deux ponctuelles conformes, trou-
ver graphiquement le huitième point.*

En d'autres termes, étant données une ponctuelle (A₁B₁C₁D₁)
et les trois points A, B, C, d'une seconde ponctuelle qui correspondent respectivement à A₁, B₁, C₁, trouver graphiquement l'homologue D du point D₁ de telle sorte que les ponctuelles (A₁B₁C₁D₁) (ABCD) soient conformes (fig. 106).

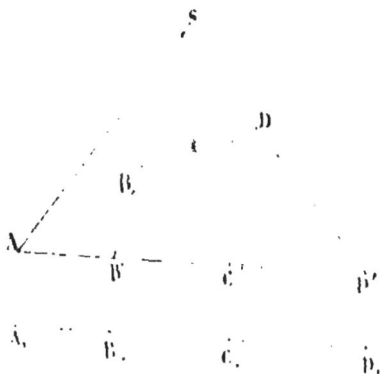

Fig. 106.

1° Observons d'abord qu'on peut toujours supposer les deux
ponctuelles situées dans le plan de la feuille de dessin, sans quoi
on opérerait sur leurs projections (n° 206).

2° On peut toujours ramener la question au *cas où les deux
ponctuelles ont un point homologue commun*, c'est-à-dire au

cas où le point A_1 par exemple, coïncide avec son homologue A. En effet, il suffit de mener par le point A une droite quelconque, située comme les ponctuelles considérées, dans le plan de la feuille de dessin et à porter successivement sur cette droite des segments AB', B'C', C'D' respectivement égaux à A_1B_1, B_1C_1, C_1D_1. Les ponctuelles (AB'C'D') $(A_1B_1C_1D_1)$ étant identiques et par conséquent conformes, les ponctuelles (AB'C'D') et (ABCD) seront conformes et auront un point homologue commun A.

Dès lors, *on mènera BB', CC' qui se couperont en un certain point S, et la droite SD' rencontrera la droite ABC au point D que l'on cherche.* En effet, désignons pour un moment par δ le point où SD' rencontre la droite ABC. La ponctuelle (AB'C'D') étant conforme à (ABCD) d'après l'alinéa précédent et à (ABCδ) en vertu du n° 205, (ABCD) et (ABCδ) seront conformes entre elles. On aura donc

$$\frac{CA}{CB} : \frac{DA}{DB} = \frac{CA}{CB} : \frac{\delta A}{\delta B}$$

ou

$$\frac{DA}{DB} = \frac{\delta A}{\delta B}$$

ce qui prouve que les points δ et D coïncident, puisqu'ils divisent dans le même rapport le segment AB.

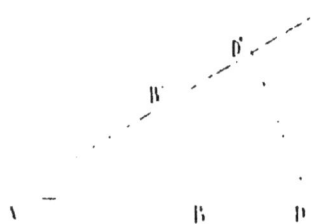

Fig. 107.

3° La construction précédente, déjà si aisée, se simplifie encore *lorsque les deux ponctuelles considérées ont un point homologue commun et que de plus les points à l'infini sont homologues* (fig. 107).

Alors, en effet, si l'on désigne ces points à l'infini par C et C', on voit que la droite CC' étant à l'infini, le point S où elle coupe BB' est à l'infini dans la direction BB'; donc, *pour avoir le point D, il suffit de mener par D' la parallèle DD' à BB'.*

Solution générale du problème du plan tangent aux surfaces gauches.

208. — D'après la manière dont les surfaces gauches sont ordinairement définies (n°⁸ 116, 124, 125, 126), on connaît, pour chaque génératrice, les plans tangents en trois points, dont l'un peut être à l'infini.

S'agit-il par exemple d'une surface gauche S définie par trois lignes directrices $a\alpha$, $b\beta$, $c\gamma$, on connaît le plan tangent en a puisqu'il est déterminé par la génératrice G et par la tangente en a à la ligne $a\alpha$; on connaît de même les plans tangents en b et c.

Si la surface S est définie par deux directrices $a\alpha$, $b\beta$ et par un plan ou un cône directeur, on connaît, comme nous venons de le voir, les plans tangents en a et b : de plus on connaît ici le plan tangent au point à l'infini sur la génératrice G ; c'est le plan mené par G parallèlement au plan directeur ou au plan tangent au cône directeur suivant la génératrice de ce cône qui est parallèle à G.

On voit par là que le problème de la recherche du plan tangent en un point M d'une surface gauche S se pose ainsi :

Trouver le plan tangent en point M, connaissant les plans tangents en trois points de la génératrice qui passe par le point M.

209. — La solution de cette question résulte du théorème suivant qui est une troisième forme de la loi de variation du plan tangent aux divers points d'une même génératrice d'une surface gauche.

Si l'on coupe par une droite quelconque L quatre plans passant par une même génératrice G d'une surface gauche S, les quatre points a_1, b_1, c_1, d_1 ainsi obtenus et les quatre points de

*contact a,b,c,d de ces plans forment deux ponctuelles con-
formes.*

En effet soit G' une génératrice voisine de G (fig. 108), et
aa'α, bb'β, cc'γ, dd'δ quatre lignes fixes tracées à volonté par
les points *a,b,c,d.* sur la surface S. Enfin soit *a"b"c"d"* les points

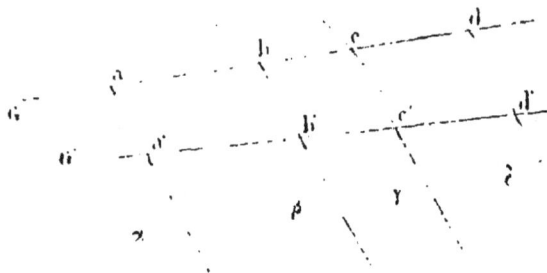

Fig. 108.

où la droite L (qui n'est pas tracée sur la figure) rencontre respectivement les plans *Gaa', Gbb', Gcc', Gdd'.* Les ponctuelles
(*a'b'c'd'*) (*a"b"c"d"*) sont conformes comme sections rectilignes
d'un même faisceau de plans. Donc à la limite, quand G' tend
vers G. les ponctuelles *(abcd.*, (*a₁b₁c₁d₁*) sont conformes.

210. — Cela posé. soit à trouver le plan tangent en un point
quelconque M d'une surface gauche S, connaissant (n° 208) les
plans tangents en trois points A.B.C de cette génératrice.

Il suffit évidemment de trouver le point M₁ où le plan tangent
en M rencontre une droite donnée L, puisque ce plan tangent
contient déjà la génératrice G. Or si l'on détermine les points
A₁B₁C₁ où la droite L rencontre les plans tangents en A,B,C, on
aura deux ponctuelles conformes (ABCM. (A₁B₁C₁M₁) dont tous
les points seront connus sauf M₁,et tout réduira à trouver le huitième point M₁ par le procédé indiqué au n° 207.

On opèrera d'ailleurs en projection, soit horizontale, soit verticale. ce qui est permis comme nous l'avons vu (n° 207, 1°).

Le *problème inverse* c'est-à-dire la recherche du point de
contact M d'un plan donné passant par la génératrice, se résout
absolument de la même manière. C'est alors le point M des

deux ponctuelles conformes (ABCM)(A,B,C,M,) qu'il faut construire, les sept autres étant connus.

Ce problème inverse donne le moyen de trouver la courbe
de contact de la surface gauche S et d'un cône circonscrit du sommet donné (ou d'un cylindre circonscrit dont la direction des
génératrices est connue). En considérant le plan mené par une
génératrice G de la surface S et par le sommet du cône (ou parallèlement aux génératrices du cylindre) et cherchant le point
de contact de ce plan comme il vient d'être dit dans l'alinéa
précédent, on obtiendra le point de la courbe de contact qui est
sur la génératrice G, et il suffira de faire varier la position de
cette génératrice G pour avoir autant de points qu'on voudra de
la courbe cherchée.

Exemples de détermination de plans tangents.

211. — Considérons, comme premier exemple, une *surface
gauche définie par trois directrices* dont la première (*ua, u'a'*)
est une courbe quelconque, la seconde une courbe (LT, *v'b'*)
située dans le plan vertical de projection, et la troisième une
droite de bout (*o,o₂,o'*) (fig. 109).

Cette surface renferme comme cas particuliers le *biais passé*
et l'*arrière-voussure de Marseille* que l'on rencontre en stéréotomie.

Toutes les génératrices passant, en projection verticale, par
le point o', on mènera par ce point une droite quelconque o'a'b'.
La génératrice projetée verticalement sur cette droite rencontre
la première directrice en un point (a, a') et la seconde en un
point (b,b'), et il suffit de tirer *ab* pour avoir la projection horizontale de la génératrice considérée. L'intersection o de *ab* et
de o₁o₂ est la projection horizontale du point où cette génératrice rencontre la directrice de bout.

Un point quelconque (m, m') de cette génératrice appartient
à la surface, et il s'agit de construire le plan tangent en ce
point.

Or on connaît les plans tangents aux points (o,o'), (a,a') (b,b');
ces plans passent par la génératrice AB, et le premier contient

12

la droite de bout $(o, o_2, o'$. la seconde renferme la tangente $(a\alpha, a'\alpha')$, le troisième la tangente $(b\beta, b'\beta')$. Coupons ces plans et le plan tangent inconnu par la droite $(\alpha\beta, \alpha'\beta')$ qui joint les traces des tangentes $(a\alpha, a'\alpha'), (b\beta, b'\beta')$ sur le plan horizontal pas-

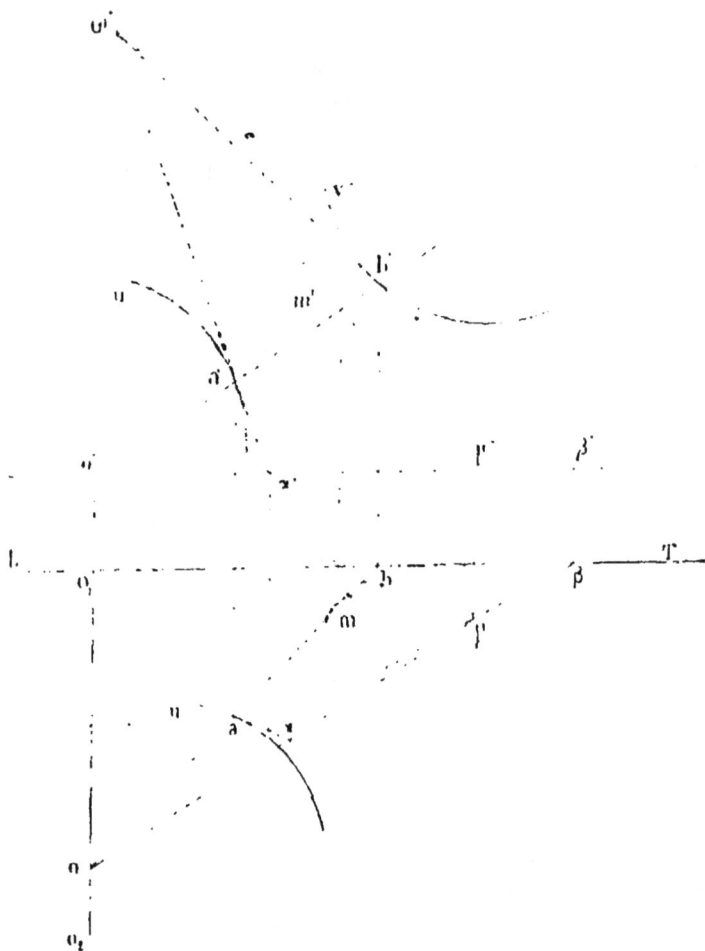

Fig. 109.

sant par la directrice de bout (o, o_2, o'). Les plans tangents aux points projetés verticalement en

$$o'. a'. m'. b' \qquad (1)$$

sont coupés par cette droite aux points qui ont respectivement pour projections verticales

$$o', \alpha', \mu', \beta' \qquad (2)$$

et qui sont tous connus sauf μ'. Or la détermination de ce huitième point μ' des deux ponctuelles conformes (1) et (2) s'effectue simplement (n° 207) puisque le point o' est un point homologue commun. On prolonge $\alpha'a'$, $\beta'b'$ jusqu'à leur rencontre ω' ; puis, on mène $\omega'm'$ jusqu'à sa rencontre μ' avec $\alpha'\beta'$. Ce point μ' est la projection verticale du point où la droite considérée $(\alpha\beta, \alpha'\beta')$ rencontre le plan tangent cherché ; une ligne de rappel donne la projection horizontale μ, et le plan tangent en question est déterminé par la génératrice $(ab, a'_1b'_1)$ et par le point (μ, μ').

Remarquons d'ailleurs que $(o\mu, o'\mu')$ est une horizontale de ce plan.

S'il s'agissait du problème inverse c'est-à-dire si l'on demandait le point de contact (m, m') d'un plan mené par la génératrice $(ab, a'b')$ et par le point (μ, μ') où il coupe la droite $(\alpha\beta, \alpha\beta'')$, on connaîtrait tous les points des deux ponctuelles conformes (1) et (2), sauf le point m', et pour avoir ce point, il suffirait de prendre l'intersection de $\omega'\mu'$ et de $a'b'$.

212. — Comme second exemple, considérons le *conoïde droit circonscrit à une sphère.*

C'est la surface engendrée par une droite astreinte à toucher une sphère donnée et à rencontrer sous un angle droit une droite fixe ; elle admet donc pour plan directeur un plan perpendiculaire à cet axe fixe.

Dans la figure 110, nous avons pris pour plan horizontal de projection un plan parallèle au plan directeur et pour plan vertical de projection un plan parallèle à celui qui contient le centre (c, c') de la sphère et l'axe fixe $(o, o'o'_2)$ qui est ici vertical ; la ligne de terre LT est donc parallèle à oc.

Toutes les génératrices ont leur projection verticale parallèle à LT et leur projection horizontale passant par o.

Menons donc une parallèle $o'a'$ à la ligne de terre : le plan horizontal $o'a'$ coupera la sphère suivant un cercle, et il suffira de mener par o une tangente oa à la projection horizontale de ce cercle pour avoir la projection horizontale de l'une des deux génératrices qui ont $o'a'$ pour projection verticale.

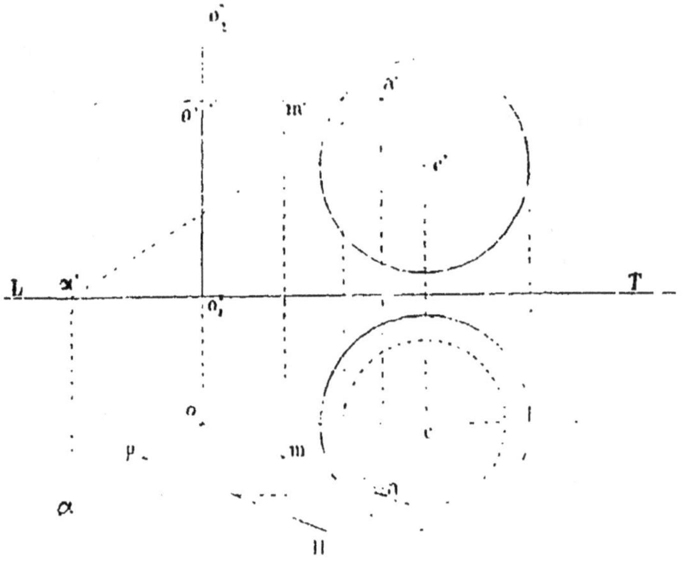

Fig. 110.

Un point quelconque (m, m') de la génératrice $(oa.\ o'a')$ appartiendra à la surface, et il s'agit de trouver le plan tangent en ce point.

Or, on connaît les plans tangents aux points (o, o') et (a, a') ainsi qu'au point à l'infini sur la génératrice. Ces plans passent par $(oa, o'a')$: le premier contient l'axe $(o, o'o'_2)$; le second renferme la tangente de front à la sphère au point (a, a'), tangente $(az, a'z')$ dont la projection verticale est à angle droit sur $c'a'$; le troisième enfin est horizontal. Coupons ces plans et le plan tangent inconnu par la droite ox qui joint le pied de l'axe à la trace horizontale x de la tangente de front. Les plans tangents aux points projetés horizontalement en

$$o,\ a,\ m,\ x \qquad\qquad (1)$$

sont coupés par cette droite aux points qui ont respectivement
pour projections horizontales

$$o, \; \alpha, \; \mu, \; \infty \qquad\qquad (2)$$

et qui sont tous connus sauf μ. Or, ici les ponctuelles conformes (1) et (2) nonseulement ont un point homologue commun o,
mais encore les points à l'infini se correspondent. On aura
donc le huitième point μ en menant (n° 207) la parallèle $m\mu$
à $a\alpha$ jusqu'à sa rencontre avec $o\alpha$. Le point μ sera un point de
la trace horizontale du plan tangent demandé, et cette trace
elle-même sera la droite μH menée par μ parallèlement à $o a$.

213. — Nous avons déjà donné (n° 208) la construction du
plan tangent en un point de la *surface de vis à filet quarré*.

Il n'est pas sans intérêt de montrer comment la méthode générale conduit directement à ce tracé, que nous avons alors obtenu par des considérations spéciales.

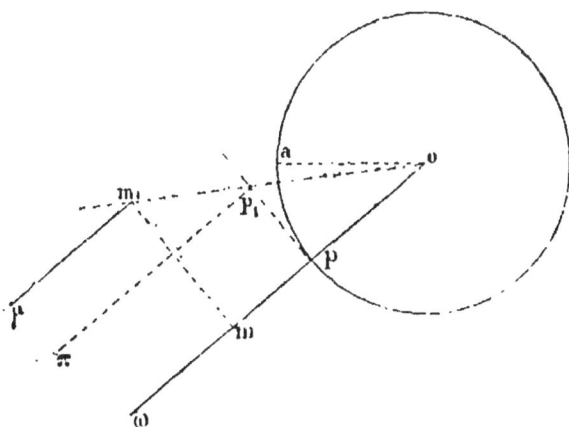

Fig. 111.

La (fig. 111) est une projection horizontale ; o est le pied de
l'axe, le cercle ap est la projection de l'hélice directrice qui
part du point a. Soit op la projection horizontale d'une génératrice quelconque et m celle d'un point de cette génératrice.
Il s'agit de trouver la trace horizontale du plan tangent en M.

On connaît les plans tangents aux points de la génératrice qui sont projetés en o, p, ∞ ; ces plans passent tous par la génératrice : le premier contient l'axe, le second renferme la tangente pp_1 à l'hélice directrice, le dernier c'est-à-dire le plan asymptotique est horizontal. Coupons ces trois plans tangents aussi bien que le plan tangent en m, par la droite op_1 qui joint le pied de l'axe à la trace horizontale p_1 de la tangente à l'hélice, trace que l'on obtient d'ailleurs en prenant $pp_1 = $ arc ap. Les plans tangents aux points projetés en

$$o, \; p, \; m, \; \infty \qquad\qquad (1)$$

sont coupés par la droite op_1, aux points

$$o, \; p_1, \; m_1, \; \infty \qquad\qquad (2)$$

qui sont tous connus sauf m_1. Or, ici les ponctuelles conformes (1) et (2) non seulement ont un point homologue commun, mais de plus les points à l'infini se correspondent. On aura donc le point m_1 (n° 207) en menant mm' parallèle à p_1 jusqu'à sa rencontre avec op_1. Le point m_1 est un point de la trace horizontale du point tangent en m, et cette trace elle-même est la parallèle m_1y menée par m_1 à op.

C'est la construction déjà trouvée au n°.

211. — Comme dernier exemple, nous prendrons le *conoïde de la voûte d'arêtes en tour ronde*.

Imaginons un cylindre droit à base circulaire aca, et une demi-ellipse ABA' dont le petit axe CB est vertical et dont le plan est parallèle au plan tangent au cylindre au point c.

Déplaçons le plan de l'ellipse parallèlement à lui-même jusqu'à ce que le demi-axe CB coïncide avec la verticale du point c, puis, enroulons ce plan sur le cylindre ; on aura les points a et a'' sur lesquels viennent se placer A et A_1 en prenant les arcs ca et ca_1 égaux au demi grand axe de l'ellipse.

L'ellipse se transformera de la sorte en une courbe gauche projetée horizontalement sur aca_1 et à laquelle nous donnerons le nom d'*ellipse enroulée*.

Cela posé, le conoïde de la voûte d'arêtes en tour ronde est

la surface engendrée par une droite qui reste horizontale et
rencontre l'axe *o* du cylindre et l'ellipse enroulée.

Toutes les génératrices passant en projection horizontale par
le point *o*, menons une droite *on* par ce point ; la génératrice
dont *on* est la projection horizontale est pleinement définie, car
elle a pour cote l'ordonnée PN de la demi-ellipse A₁BA qui répond à une abscisse CP égale à l'arc *cn*.

Il s'agit de trouver le plan tangent en un point quelconque de cette génératrice, point dont nous désignerons la projection horizontale par *m*.

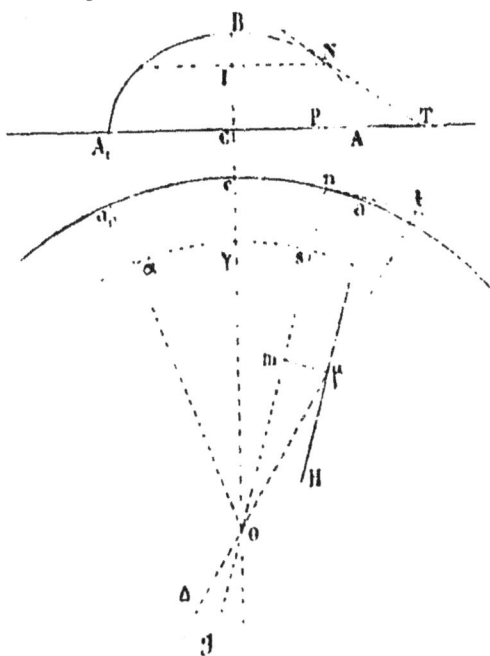

Fig. 112.

On connaît les plans tangents aux points de la génératrice
projetés en *n*, *o* et ∞ ; ces plans passent tous par la génératrice : ils contiennent, le premier la tangente *nt* à l'ellipse enroulée, le second l'axe du cylindre ; le dernier enfin est horizontal. Coupons ces trois plans ainsi que le plan tangent cherché, par la droite *to* qui joint la trace horizontale *o* de l'axe à la
trace horizontale de la tangente *nt* à l'ellipse enroulée ; on ob-

tient d'ailleurs cette trace t, en portant sur la tangente en n à la trace du cylindre une longueur égale à la sous-tangente PT de l'ellipse ABA$_1$.

Les plans tangents aux points projetés en

$$o,\ m,\ n,\ \infty \qquad\qquad (1)$$

sont coupées par la droite ot aux points

$$o,\ v,\ t,\ \infty \qquad\qquad (2)$$

qui sont tous connus sauf v. Or, ici les ponctuelles ont un point homologue commun o et de plus les points à l'infini se correspondent ; donc (n° 207) on obtiendra le point μ en menant par m la parallèle à nt jusqu'à sa rencontre avec ol. Le point v est un point de la trace horizontale du plan tangent cherché, et cette trace elle-même est la parallèle vH à on.

Le plan asymptotique de la génératrice on étant horizontal, le plan central est vertical ; c'est le plan de la génératrice et de l'axe, du cylindre et le point de contact de ce plan est le point où la génératrice rencontre cet axe, qui est donc la ligne de striction de la surface, ce qui résulte d'ailleurs de la définition de la ligne de striction.

Notions sur les normalies

215. — Nous devons, pour terminer, parler d'un genre de surfaces réglées qui interviennent fréquemment en stéréotomie et auxquelles on donne le nom de *normalies*.

On appelle *normalie relative à une ligne L* tracée sur une surface quelconque Σ, la surface réglée S lieu des normales à la surface Σ aux divers points de la ligne L qui reçoit le nom *de directrice de la normalie*.

Cette surface réglée S peut être gauche ou développable. Voici des exemples.

La normalie relative à une génératrice rectiligne quelconque d'une surface développable est un plan ; c'est le plan qu'on obtient en faisant tourner de 90° autour de la génératrice le plan tangent à la développable suivant cette génératrice.

La normalie relative à une génératrice rectiligne quelconque d'une surface gauche est un paraboloïde hypertolique (n° 204).

La normalie relative à une méridienne d'une surface de révolution est le plan de cette méridienne, tandis que la normalie relative à un parallèle est un cône (n° 129).

La normalie relative à une hélice tracée sur un cylindre de révolution est une surface de vis à filet quarré (n° 197).

216. — Quand la normalie S relative à une ligne L tracée sur une surface Σ est développable, on dit que la ligne L est une *ligne de courbure* de la surface.

Monge a fait voir qu'en tout point (non singulier) d'une surface passent deux lignes de courbure, mais seulement deux, et que ces deux lignes se coupent à angle droit. D'où il suit, que les lignes de courbure d'une surface forment un double réseau découpant la surface en quadrilatères curvilignes dont tous les angles sont droits.

Dans les surfaces de révolution les lignes de courbure sont les méridiennes et les parallèles.

Dans les surfaces développables, les génératrices rectilignes formei. : premier système de lignes de courbure, et le second système est formé par les trajectoires orthogonales de ces génératrices. Par exemple, dans le cylindre ou dans le cône, le second système des lignes de courbure est formé par les sections droites, c'est-à-dire (n° 157) par les lignes obtenues en coupant le cylindre par des plans perpendiculaires aux génératrices rectilignes et en coupant le cône par des sphères ayant le sommet du cône pour centre.

217. — *On nomme cercle osculateur en un point d'une courbe plane* la limite du cercle qui passe par ce point et par deux autres points qui, en restant sur la courbe, tendent vers le premier.

Le centre de ce cercle est situé sur la normale à la courbe au point considéré, et l'Analyse apprend à déterminer le centre et le rayon qui, pour des raisons que nous n'avons pas à développer ici, reçoivent aussi le nom de *centre de courbure* et de *rayon de courbure* de la courbe au point en question. Par exemple, on démontre aisémrnt que le rayon de courbure en un point d'une ellipse est égal au carré du demi-diamètre parallèle à la tangente en ce point divisé par la distance du centre à cette tangente ; ce théorème souvent utile donne en particulier $\frac{b^2}{a}$ et $\frac{a^2}{b}$ pour les valeurs des rayons de courbure à l'extrémité du grand axe ou du petit axe d'une ellipse dont les demi-axes sont a et b.

Cela posé, soit M un point d'une surface quelconque Σ, MX

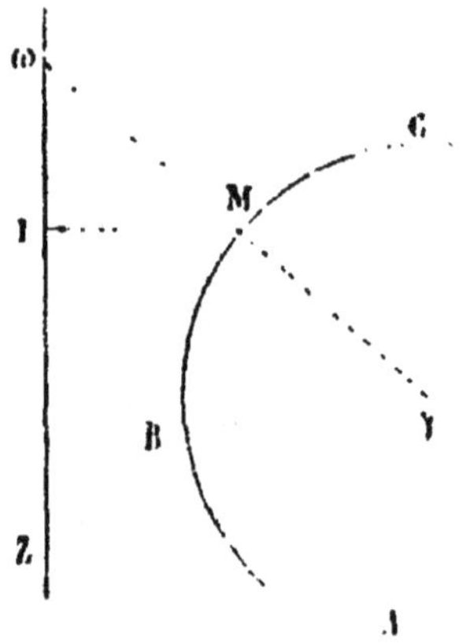

Fig. 113.

et MY les tangentes aux deux lignes de courbure qui passent par ce point et MZ la normale à la surface Σ. Les plans ZMX, ZMY reçoivent le nom de *plans principaux* du point M et les lignes MC et MC' suivant lesquelles ces plans coupent la surface sont dites *sections principales* ; les centres de courbure A et A' des sections principales sont situés sur MZ.

Par exemple, dans une surface de révolution (fig. 113), les sections principales en un point M sont la méridienne MC qui contient ce point et la section faite par le plan de la normale Mω et de la tangente en M au parallèle sur lequel ce point est situé. Les centres de courbure de ces sections sont le centre de courbure γ de la méridienne et le point ω où la normale à la surface rencontre l'axe ; ce dernier fait résulte d'un théorème dû à Meusnier.

Mais revenons à la surface quelconque Σ et, en conservant toutes les notations de l'alinéa antéprécédent, considérons une ligne quelconque ML tracée par le point M sur la surface.

Sturm a montré que le plan de chacune des sections principales touche la normalie dont ML est la directrice au centre de courbure de l'autre section principale. Ainsi le plan ZOX touche la normalie en A' et le plan ZOY touche la normalie en A '.

218. — La proposition précédente permet de construire le plan tangent en un point quelconque d'une normalie.

En effet, soit ML la directrice, MZ la génératrice sur laquelle est situé le point donné P, MX et MY les tangentes aux lignes de courbure qui passent en M, A A et A' les centres de courbure des sections faites respectivement par les plans principaux ZMX, ZMY.

Tout revient (n° 210) à montrer que lon connaît les plans tangents à la normalie en trois points de la génératrice MZ. Or, le plan tangent en M à cette normalie est le plan déterminé par MZ et par la tangente en M à la directrice ML ; en outre, d'après la proposition de Sturm, le plan tangent au point A est le plan ZMY et le plan tangent au point A' est le plan ZMX. On possède donc toutes les données nécessaires pour appliquer la méthode générale que nous avons exposée au n° 218 et dont nous avons donné des exemples assez nombreux pour qu'il n'y ait pas lieu d'insister davantage sur ce sujet.

1. Pour la démonstration des théorèmes de Monge, de Meunier et de Sturm, que nous nous sommes bornés à énoncer, nous renverrons le lecteur aux *Traités d'Analyse* ou au savant Cours de Géométrie cinématique de M. Mannheim.

TABLE DES MATIÈRES DE L'INTRODUCTION

CHAPITRE I.

Représentation du point.

CHAPITRE II.

Représentation de la ligne droite.

CHAPITRE III.

Représentation du plan.

CHAPITRE IV.

Intersections des droites et des plans.

CHAPITRE V.

Rotations et rabattements.

CHAPITRE VI.

Angles et distances.

CHAPITRE VII.

Les polyèdres.

CHAPITRE VIII.

Généralités sur les courbes et les surfaces.

CHAPITRE IX.

Cônes et cylindres.

COUPE DES PIERRES

CHAPITRE PREMIER

PRÉLIMINAIRES

Notions historiques.

1. — « Le nom de *coupe des pierres* », dit Frezier dans son remarquable *Traité de stéréotomie*, « ne signifie pas « précisément l'ouvrage de l'artisan qui taille la pierre, « mais la science qui guide le mathématicien dans le « dessein qu'il a de former une voûte par l'assemblage « de plusieurs petites parties. Il faut plus d'industrie « qu'on ne pense pour que ces parties soient faites de « façon que, quoique de grandeur et de figure différentes, « elles concourent chacune en particulier à former exac- « tement une surface régulière ou régulièrement irré- « gulière, et qu'elles soient disposées de manière qu'elles « se soutiennent en l'air, en s'appuyant les unes sur les « autres, sans autre liaison que celle de leur propre pe- « santeur. »

2. — Pendant longtemps l'*art du trait* n'a été qu'un re- cueil de recettes que les gens du métier se transmettaient les uns aux autres. On chercherait en vain des raisonne- ments dans les premiers livres écrits sur ce sujet ; l'ab- sence de toute explication théorique est un caractère com- mun aux traités de Philibert de Lorme (1576), de Mathu- rin Jousse (1642), du père Derand (1643). De la Rue lui-même, en 1728, ne donne aucune *preuve* dans le texte qui accompagne son magnifique recueil d'épures, bien que, déjà depuis un demi-siècle, l'illustre Desargues et le père Dechalles eussent rattaché plusieurs procédés spéciaux à des principes communs. C'est à Frezier qu'était réservé l'honneur de faire de la stéréotomie un véritable corps de doctrine scientifique ; dans l'excellent ouvrage qu'il publia en 1737, et qui doit être considéré comme le code raisonné de l'ancien trait, le savant directeur des fortifications de Bretagne résout d'une manière abstraite les questions relatives à la représentation des lignes à double courbure, au développement des surfaces coniques et cylindriques, aux sections planes et aux intersections mutuelles des cônes, des cylindres et des sphéroïdes. Mais tous ces problèmes abstraits, dont chacun résumait un grand nombre de questions pratiques, n'étaient euxmêmes que des problèmes complexes dont la solution devait résulter de la combinaison de quelques règles simples, à peu près comme les quatre règles de l'arithmétique sont les outils communs à toutes les opérations de calcul. Ce sont ces règles élémentaires que Monge a su démêler dans les opérations de la stéréotomie et dont la coordination lui a permis de créer la *géométrie descriptive*, doctrine, comme l'a si bien dit Chasles dans l'*Aperçu historique*, « dont la généralité, la lucidité et la facilité montrent l'homme de génie dans l'habile continuateur. A « l'aide de ces principes simples et invariables, Monge a « pu rectifier plusieurs pratiques incertaines et inexactes « de la *coupe des pierres*, et a appris à y résoudre des « questions qui avaient semblé jusque-là passer les « bornes de la science des stéréotomistes. »

Nous n'avons pas à retracer le développement considérable qu'a pris la géométrie descriptive depuis Monge, grâce à l'enseignement de l'Ecole polytechnique et aux travaux des anciens élèves de cette école. Qu'il nous suffise, puisqu'il s'agit ici uniquement de stéréotomie, de constater le rôle si prépondérant des savants français dans la création de cette belle théorie des arches biaises, qui constitue de nos jours la partie la plus intéressante de l'art que nous nous proposons d'exposer.

Objet de la coupe des pierres.

3. — On appelle *pierre de taille* toute pierre qui, quelles que soient ses dimensions, est taillée d'après une épure ; les autres pierres prennent le nom de *moëllons*.

Dans les constructions, les pierres sont rangées en zones séparées par des surfaces qui sont, autant que possible, perpendiculaires aux pressions qu'elles supportent ou qu'elles transmettent, afin d'éviter la tendance au glissement latéral. Ces zones s'appellent *assises* ; les surfaces qui séparent les assises prennent le nom de *coupes, lits* ou *joints de lit*, et les surfaces qui séparent deux pierres d'une même assise celui de *joints d'assise, joints montants* ou *joints*. C'est par les lits que la pression se transmet d'une assise à une autre ; suivant les joints, la pression à transmettre est nulle ou presque nulle. Les lits doivent donc être très exactement taillés ; cette condition est bien moins importante pour les joints.

On appelle *mur* une superposition verticale de pierres, et *voûte* une superposition non verticale de pierres qui se maintiennent par arc-boutement mutuel.

4. — Avant d'élever une construction, par exemple un mur ou une voûte, il faut commencer par chercher la forme et les dimensions les plus avantageuses, eu égard à la destination du mur ou de la voûte, à son emplacement, aux conditions d'économie et de stabilité, à la résistance des matériaux dont on dispose, aux convenances de toute espèce. Cette première étude est étrangère à la stéréotomie. Dans la coupe des pierres, on suppose données la forme générale et les dimensions de la voûte, et le problème à résoudre consiste dans les trois opérations suivantes :

1° Diviser la voûte en parties susceptibles d'être taillées dans une seule pierre, et ayant des formes telles qu'elles se soutiennent, comme un seul corps, par le seul effet de leur juxtaposition dans l'ordre indiqué. Ces parties sont appelées *claveaux* ou *voussoirs*, et cette première opération est le *tracé de l'appareil*.

2° Déduire graphiquement, des projections de l'appareil, les vraies grandeurs des éléments (faces ou angles), nécessaires pour opérer la taille de chaque voussoir.

3° Indiquer la marche à suivre pour effectuer cette taille, c'est-à-dire la manière de se servir successivement des éléments qu'on vient de déterminer pour extraire du bloc de pierre venant de la carrière le voussoir avec la forme qui résulte du tracé de l'appareil.

En général, dans les traités de stéréotomie, on suit pour l'explication de chaque appareil l'ordre même que nous venons d'indiquer. Cet ordre présente, au point de vue logique, un grave inconvénient : lorsqu'après avoir tracé l'appareil, on procède à la recherche des vraies grandeurs des éléments des voussoirs, on ignore quels seront ceux de ces éléments qui seront nécessaires pour la taille ; on fait donc des rabattements, des rotations, etc., sans apercevoir encore leur utilité ; tandis que, si l'on plaçait la troisième partie avant la seconde, chacune des opérations de cette seconde partie serait parfaitement motivée ; au lieu d'opérer en aveugle, on n'effectuerait que des tracés dont la nécessité serait prévue. Nous romprons donc avec l'usage établi et, dans l'exposition de chaque appareil, nous adopterons l'ordre suivant :

1° Tracé de l'appareil ; représentation d'un voussoir courant, d'abord en projection, puis en perspective cavalière.

2° Marche à suivre pour effectuer la taille.

3° Retour à l'épure et détermination graphique des vraies grandeurs des éléments *qu'on aura reconnus* nécessaires pour la taille.

De cette façon, l'exposition deviendra à la fois plus claire et plus courte.

Prescriptions générales relatives au tracé de l'appareil.

5. — Dans le tracé d'un appareil quelconque, il importe:

1° *D'éviter les angles aigus.* Si un voussoir présentait un angle aigu trop prononcé, cet angle offrirait une résistance beaucoup plus faible que l'angle obtus du voussoir adjacent, et les réactions mutuelles des deux voussoirs feraient éclater l'angle aigu.

2° *D'éviter les joints brisés.* Si un joint est brisé, des deux voussoirs contigus l'un présente un angle saillant, l'autre un angle rentrant, et comme il est difficile de tailler ces deux angles avec une exactitude telle qu'ils s'appliquent mathématiquement l'un sur l'autre, on voit que la pierre supérieure ne posera pas également dans toute l'étendue du joint sur la pierre inférieure ; de là résulte une répartition irrégulière des pressions qui provoque presque toujours une rupture au droit de l'arète du dièdre.

3° *D'éviter de poser les pierres en délit.* Voici ce qu'on entend par là : les pierres se forment dans les carrières par couches planes à peu près parallèles ; on les en extrait sous forme de prismes droits ayant pour bases des plans dirigés suivant les couches et qu'on nomme *lits de carrière*. Or l'expérience a démontré que la pierre résiste le mieux lorsque les forces qui s'exercent sur elle sont perpendiculaires au lit de carrière ; on le comprend d'ailleurs aisément en se figurant la pierre comme un livre, qui,

posé à plat supporterait de grands fardeaux, tandis que,
posé obliquement ou sur la tranche, il cèderait au moindre poids qui en écarterait les feuilles. Il faut donc, dans
la construction de tout édifice, placer la pierre de telle
sorte que le lit de carrière soit à peu près normal aux
forces qui doivent s'exercer sur cette pierre, c'est-à-
dire soit à peu près parallèle aux coupes ; voilà pourquoi les coupes ont pris le nom de joints de lit. Poser la
pierre en délit, c'est transgresser cette condition ;
cette faute a été commise plus d'une fois ; les colonnes
de la façade du château de Versailles, du côté des jardins,
présentent cette anomalie, qui n'est pas grave, il est
vrai, car ces colonnes sont une simple décoration et n'ont
rien à porter [1].

4° *De lier l'appareil le plus possible.* Ainsi, les joints d'une
assise ne doivent pas correspondre à ceux de l'assise supérieure ou inférieure, ni à ceux du cours de voussoirs anté-
rieur ou postérieur ; on exprime cette règle en disant que
les joints doivent être placés en *découpe* ; si l'on ne plaçait
pas *joint sur plein* et *plein sur joint*, le mur ou la voûte
s'ouvriraient et ne tiendraient pas. De même, il ne faut pas
placer de joint à la rencontre de deux faces de l'édifice ;
ainsi une pierre A, formant l'angle de deux murs, doit
faire partie des deux murs (fig. 1, pl. I) ; et encore, si le
mur présente une retraite *bcd* (fig. 2, pl. I) à partir d'une
certaine hauteur, il faut éviter de placer un joint hori-

---

(1) L'expérience avait démontré aux constructeurs gothiques des premiers
temps que certaines pierres dures, fines de grain, comme le cliquart et le petit
banc dur de Tonnerre, par exemple, se composent de lames calcaires très minces, superposées et réunies par une pâte solide ; que ces pierres, par leur con-
texture même, ont, posées debout, absolument *en délit*, à contre fil, pour ainsi
dire, une force extraordinaire ; qu'elles résistent à des pressions énormes, et
que, fortement serrées sous une charge puissante, elles se délitent moins
facilement que si elles étaient posées sur leur lit. Car ce qui fait déliter ces
pierres, c'est l'humidité qu'elles renferment entre leurs couches minces et qui
gonfle leurs lamelles marneuses ; or, placées à plat, elles sont plus aptes à
conserver cette humidité que posées de champ.

zontal au point *c*, car les eaux pluviales pourraient, par ce joint, s'introduire dans l'édifice et par leur séjour compromettre sa solidité.

Tracé de l'épure.

6. — L'épure se fait en vraie grandeur sur un mur ou sur une aire horizontale que l'on couvre d'une couche de plâtre bien dressée à la règle. C'est ainsi qu'on opère à Paris où le plâtre est de bonne qualité et à bon marché. Mais si le plâtre est cher, on trace l'épure sur un parquet composé de minces planches de chêne reliées et dressées avec soin ; on évite le sapin dont les fibres se déchirent trop facilement.

On se sert de la règle pour tracer les droites assez courtes, et l'on emploie le cordeau pour les droites plus longues. Pour les cercles, on se sert du compas ordinaire ou du compas à verge ; on les trace même par points, lorsque leur rayon dépasse 5 mètres. Voici l'un des procédés suivis par les appareilleurs : A, B, C (fig. 3, pl. I) étant les trois points donnés par lesquels il s'agit de faire passer un cercle, on tire les droites AB et CB sur lesquelles on prend deux longueurs égales AD et CE. Au point D, et perpendiculairement à AB, on porte au-dessus et au-dessous des longueurs égales Dd, de, ef,..., Da, ab, bc,... ; en E, et perpendiculairement à BC, on porte au-dessus et au-dessous ces mêmes longueurs Ea', $a'b'$, $b'c'$,..., Ed', $d'e'$, $e'f$,.... Dès lors, l'intersection M de deux droites homologues, telles que Ad et Cd', est un point du cercle cherché. En effet, les triangles ABF, CMF sont équiangles, puisque les angles BAF, MCF sont égaux ; donc l'angle AMC est égal à l'angle ABC. Mais il est plus simple d'employer la lame de M. H. Résal : Si une lame élastique est encastrée par ses extrémités dans deux pièces mobiles à volonté autour de deux axes fixes parallèles, il est facile

de voir qu'en faisant tourner en sens inverse ces encastrements d'un même angle, le profil de la lame affecte
la forme d'un arc de cercle ; car, en raison de la symétrie,
les encastrements ne donnent lieu qu'à des couples égaux
et de sens contraires. La figure 4, pl. I, représente l'instrument. Chacun des encastrements de la lame est formé
d'une traverse horizontale CC' pouvant tourner autour
d'un axe vertical U ; au-dessous de cette traverse, vers
ses extrémités et à égale distance de l'axe U, se trouvent
deux roulettes identiques dont les axes sont verticaux.
On engage la lame entre les quatre roulettes, après avoir
réglé la position relative des encastrements comme nous
l'indiquerons plus loin. Les axes U sont maintenus dans
une pièce horizontale AA, au-dessous de laquelle se trouvent les encastrements, et qui repose sur trois pieds.
Aux extrémités supérieures de ces axes sont adaptées
deux roues dentées identiques B,B, engrenant avec une
vis sans fin VV dont l'axe passe entre les deux roues et au
moyen de laquelle on fait fléchir la lame. Les guides de
la vis sans fin sont maintenus sur le support AA par des
vis de pression qui permettent de la désembrayer lorsque
l'on veut régler la position des encastrements avant la
mise en place de la lame ; il suffit, à cet effet, de faire
en sorte que les quatre galets soient tangents à une règle
disposée en conséquence ; on engrène ensuite la vis sans
fin, puis on serre les vis de pression.

   Les lignes de construction se font à la craie, à la san-
guine, au fusain ou à la pierre noire, et les lignes qui doivent rester et servir pour la taille, à la pointe d'acier ou traceret. L'épure terminée, en balaie le parquet ; les lignes
passées au traceret subsistent seules, et on les conserve
jusqu'à l'achèvement de la construction. Pour passer à
une nouvelle épure, on rabote légèrement le parquet, ou,
si l'on a opéré sur un mur ou sur une aire horizontale,
on recouvre l'un ou l'autre d'une nouvelle couche de plâtre.

Préparation du trait.

7. — L'épure terminée, on procède à la construction des *panneaux*, c'est-à-dire des contours des faces, formés avec des règles minces assemblées à mi-bois et retenues par des pointes ; c'est l'ouvrage du menuisier. L'*appareilleur*, c'est-à-dire le chef-ouvrier chargé de l'épure, a représenté les lits et les joints par des traits aussi fins que possible ; mais il a prévenu le menuisier de l'épaisseur qu'on voulait donner au mortier interposé et qui n'est jamais inférieure à 3 ou 4 millimètres. Le menuisier ménage cette épaisseur. Les panneaux étant cloués sur l'épure, l'appareilleur les vérifie et examine surtout si on a laissé les vides nécessaires. Pour cela, il se sert d'une tige cylindrique qui a l'épaisseur voulue, et qui doit pouvoir glisser sans jeu entre les panneaux. On marque les panneaux et on les enlève pour les porter au chantier, souvent éloigné de la salle d'épures. On met, en général, une couche de peinture à l'huile sur la partie du panneau qui correspond au *parement*, c'est-à-dire à la face de la pierre qui reste vue dans l'édifice, pour que l'ouvrier le soigne d'une manière particulière. Quand une construction dure longtemps, il importe de faire rentrer de temps à autre les panneaux à la salle d'épures, pour les vérifier de nouveau.

Outre les panneaux, on construit encore des *contre-panneaux*, surtout dans le cas où la pierre est décorée de moulures. Ces contre-panneaux sont des planchettes en bois ou en métal, généralement en zinc, qui s'appliquent perpendiculairement à la pierre et portent en creux l'empreinte des saillies qu'on doit laisser subsister sur cette pierre. On appelle *cerce* le contre-panneau d'une courbe. On nomme *biveau* l'ensemble de deux règles formant un

angle déterminé ; il sert à passer d'un plan à un autre.
Le biveau est dit *biveau-cerce* si l'une de ses branches est
courbe ; il sert à passer.d'un plan à une surface courbe
ou inversement. L'*équerre* est un biveau dont les branches sont rectangulaires. La *fausse-équerre* se compose
d'une branche de biveau assemblée à enfourchement
entre deux règles qui forment une seconde branche ; elle
sert à transporter un angle d'une pierre sur une autre. On
nomme *jauge* une règle entaillée exactement à la mesure
que l'ouvrier doit donner à une longueur. On l'emploie
au lieu d'indiquer à l'ouvrier la dimension en mètres et
fractions de mètre, afin d'éviter les erreurs souvent nota-
bles qui résulteraient des différences qui existent entre
les divers mètres.

Pour soulager sa mémoire et éviter des courses inutiles,
l'appareilleur ne se contente pas de faire l'épure en grand
de l'ouvrage à exécuter, il en fait une seconde toute semblable, en petit, sur une feuille de papier, qu'il a toujours sur lui, et sur laquelle il cote toutes les mesures
nécessaires au tracé des pierres, prises sur l'épure en
grand. Cette épure en petit, qu'on appelle *calepin*, doit contenir l'indication de tous les panneaux, biveaux et cerces
nécessaires, levés sur l'épure en grand. Enfin, l'appareilleur
prend, sur cette dernière épure, les plus grandes dimensions de chaque pierre, d'après lesquelles il fait sa com-
mande à la carrière, ou débite, sur le chantier, les blocs
qu'il a à sa disposition, en cherchant tous les moyens
possibles d'éviter le déchet. Toutes ces précautions prises,
il commence à faire tailler les pierres. A mesure qu'une
pierre est taillée, il l'indique sur son calepin au moyen
des lettres de l'alphabet ou d'autres marques, et il trace la
même marque sur la pierre même pour la reconnaître
parmi les autres.

Taille de la pierre.

11. — La taille se fait *en chantier* ou *sur le tas*.

On nomme tailles sur le tas celles qui sont faites sur place, lorsque les pierres sont posées ; elles comprennent les diverses opérations du *ravalement*, qui consiste à recouper l'excédant d'épaisseur laissé sur les parements pour parer aux divers accidents de la pose, à dresser les faces des murs, voûtes, etc., et à tailler les moulures dans les premiers épannelages.

Les méthodes suivies pour faire la taille en chantier dépendent essentiellement de la nature de l'édifice ; cependant elles peuvent être ramenées en principe à deux modes généraux qu'on nomme *taille par équarrissement* ou *par dérobement* et *taille directe* ou *par biveaux*.

Dans la première, on prend un parallélépipède rectangle capable de la pierre, et on opère par troncatures en retranchant successivement les portions de pierre qui doivent disparaître, comme si on dépouillait la pierre qui doit rester de la robe dont elle est enveloppée. Dans la taille directe, on prend le bloc de pierre tel qu'il sort de la carrière et on y taille une des faces de la pierre à établir ; puis de cette face on passe à une face voisine au moyen de biveaux et de panneaux. Les panneaux nécessaires sont différents selon la méthode que l'on emploie.

La méthode par équarrissement est très exacte et ne présente pas plus de travail que l'autre, quand la pierre est déjà grossièrement équarrie, et qu'il y a peu de chose à faire pour l'équarrir *parfaitement* ; à Paris, toutes les pierres arrivent presque équarries, parce qu'on évite ainsi le transport d'un poids considérable. Elle emploie beaucoup moins de panneaux, et il y a moins à craindre que les tailleurs de pierre ne prennent quelquefois certains panneaux pour d'autres, ou ne les placent en fausse position. Mais elle consomme beaucoup de pierre en pure perte, comme le fait voir la figure 5, pl. I, et elle exige que l'on taille inutilement non seulement les faces d'un parallélépipède qu'il faut recouper, mais souvent des secondes faces qui ne sont utiles finalement que pour trouver les troisièmes qui doivent seules subsister.

Il arrive parfois qu'on exploite une carrière uniquement pour un ouvrage. Alors l'équarrissement augmente énormément le travail, on peut même dire qu'il le double, et il faut recourir à la taille directe.

Dans cette taille, on commence par dresser une face même du voussoir, en général un lit : on en marque le contour à l'aide du panneau ; puis, de cette face on passe aux autres à l'aide de biveaux, en substituant préalablement aux faces courbes ou *douelles*, si c'est possible, des faces planes passant par leurs bords et qu'on appelle les *douelles plates* correspondantes. Dans ce cas, il est nécessaire de juger à vue d'œil si un bloc pourra contenir tel ou tel voussoir ; grâce à l'habitude, l'appareilleur ne s'y trompe pas. La taille est peut-être un peu moins rigoureuse ; mais, avec des soins, on arrive à d'excellents résultats.

Nous n'adopterons dans cet ouvrage aucune de ces méthodes d'une manière exclusive, nous ferons usage de l'une ou de l'autre suivant les occurrences ; et, lorsque chacune d'elles conviendra, nous en donnerons l'application au trait, pour mettre le lecteur en état de choisir.

Nous allons expliquer actuellement la manière dont on taille une première face plane, c'est ce qu'on appelle *dégauchir un parement*.

L'ouvrier commence par *mettre la pierre en chantier*, c'est-à-dire par l'incliner de telle sorte que la face à tailler A (fig. 6, pl. I) fasse avec le sol un angle de 70° environ ; et afin que la pierre conserve cette position, il la

cale à l'aide de fragments de pierre qu'il trouve épars
dans le chantier. Cela fait, l'ouvrier trace sur une face latérale B une ligne *mn* qui indique ce qu'il faut enlever sur
la face à tailler A pour ôter tout le *bousin*, c'est-à-dire la
partie tendre qui la recouvre ; il fait alors, avec le ciseau
(fig. 7, pl. I), sur la tête duquel il frappe avec une *masse*
(fig. 8, pl. I), une *ciselure mpqn* de la largeur du ciseau,
le long du côté de la face A qui correspond au trait *mn*.
Puis, après avoir posé une règle R de champ sur cette
ciselure, il pose sur la face opposée à B une seconde règle
R' qu'il *dégauchit*, c'est-à-dire qu'il amène en bornoyant
dans une position telle que le plan passant par son œil
et par l'arête supérieure $x'y'$ de la règle R' contienne l'a-
rête inférieure xy de la règle R ; il trace alors une ligne
rs le long de $x'y'$, et fait le long de ce trait *rs* une seconde ciselure. Puis il trace sur la face C et sur son opposée
deux traits *qr* et *ps* passant par les extrémités des deux
ciselures, et il exécute le long de ces traits deux nouvelles ciselures semblables aux premières. La face A
étant ainsi encadrée de ciselures, l'ouvrier au moyen du
têtu (fig. 9, pl. I), quand il y a beaucoup d'*abatage*, ou
seulement de la pioche (fig. 10, pl. I), fait sauter toutes
les parties de pierre qui dépassent le plan des ciselures ;
toutefois avec ces instruments il ne fait que dégrossir,
puis il achève au moyen du *rustique* ou *marteau bretté*,
qui s'appelle aussi *laye* (fig. 11, pl. I), et de la *ripe* (fig.
12, pl. I), dont il emploie d'abord le côté denté, puis le
côté uni. A la place de la ripe, on fait aussi de nos jours
usage du *chemin de fer* ; c'est un rabot en bois dont la
face de dessous reçoit dans des rainures, ou traits de
scie, des lames de fer dentelées.

Nous venons d'indiquer les principaux instruments
du tailleur de pierre ; il faut cependant signaler encore
la *boucharde* (fig. 13, pl. I), espèce de marteau à tête carrée et hérissée sur toute sa surface de pointes en forme

de diamant ; on l'emploie souvent après la pioche et avant le marteau bretté. Pour certaines pierres qui doivent entrer dans des ouvrages hydrauliques, on se contente, après avoir tracé les quatre ciselures, de dresser le parement en frappant avec une boucharde fine. Le parement dit *rustiqué à la boucharde fine* (à 400 dents par exemple) se fait très souvent aussi sur les pierres dures, pour assises de soubassement ou chaînes d'angle.

Toutes les faces d'une pierre de taille doivent être rigoureusement dressées ; mais le degré de fini ne doit pas être aussi complet pour les parements que pour les lits et les joints. Pour les parements, quelques précautions que l'on prenne pour les tracer, les tailler et les mettre en place, il y a toujours assez d'imperfection pour qu'il soit indispensable de les ravaler, quand on veut soigner l'ouvrage ; on se contente donc de les ébaucher avec soin à un centimètre environ de la surface définitive si la pierre est tendre, et à moins de un centimètre si la pierre est dure. Il ne faut jamais unir ces parements à la ripe, car non seulement cette main-d'œuvre est perdue lors du ravalement, mais encore l'action de l'air et de la pluie forme sur ces surfaces une croûte qu'on ne peut enlever qu'avec peine, et qui occasionne assez souvent des petits arrachements qui dégradent l'ouvrage ; c'est ce qui n'a pas lieu quand on laisse la marque des coups de marteau. Cet excédant de pierre laissé sur les parements pourrait induire en erreur soit l'appareilleur, soit le tailleur de pierre, soit le *poseur* ; on évite toute méprise en ayant égard à cet excédant dans le tracé de l'épure, et en traçant la pierre d'après l'épure, comme si l'ouvrage devait rester en cet état. Pour les lits et les joints, il faut que la taille soit un peu grossière, afin que le mortier adhère mieux. Il y a d'ailleurs lieu de distinguer entre le *lit de pose* et le *lit de dessus*. Le premier doit être taillé bien plus exactement que le second. En effet, quand on pose la pierre sur la couche de mortier étendue sur l'assise qui précède, on peut combler les creux ou *flaches* qui restent dans la pierre inférieure avec des éclats de pierre dure que l'on enfonce dans le mortier ; mais on ne peut opérer de même pour le lit de pose de la pierre supérieure.

Pour guider le poseur, l'appareilleur marque par un signe particulier le lit de dessus, le lit de pose et le parement de chaque pierre (fig. 14, pl. I).

Pose de la pierre.

•. — La pierre à poser étant approchée à pied d'œuvre, on la présente à la place qu'elle doit occuper, en la posant sur des cales en bois, et quelquefois en plomb, qu'on nomme *éclisses* et qui ont une épaisseur égale à celle que l'on veut donner au joint de mortier. Ces cales se placent aux angles de la pierre et à 3 ou 4 centimètres des arêtes, pour éviter les écornures. Quand le poseur s'est assuré de cette manière que la pierre a bien toutes les dimensions voulues, il la soulève à la *louve*, ou lui fait faire *quartier* sur le côté ; puis il nettoie et arrose l'assise inférieure et la pierre qu'il pose ; il étend sur toute la surface que doit couvrir la pierre une couche de mortier fin, d'une épaisseur un peu plus grande que celle des cales ; il met la pierre en place, et il la bat avec un pilon ou un maillet en bois jusqu'à ce que le mortier *souffle* de toutes parts, et que la pierre repose sur les cales. Il convient ensuite d'enlever celles-ci, quand la pierre occupe sa position définitive ; car le mortier diminuant de volume par la dessiccation, la pierre finirait par ne plus porter que sur les cales, et alors la concentration des pressions aux angles pourrait la faire rompre.

Il arrive souvent que l'on pose les pierres de chaînes d'angles, de tablettes de couronnement, etc., en étendant la couche de mortier fin sans mettre de cales, et en réglant son épaisseur avec la *truelle*. Pour opérer ainsi, il faut que le mortier soit assez ferme, sans quoi le poids de la pierre le ferait couler, et l'on obtiendrait des joints d'une épaisseur inégale et trop faible, ce qui nuirait beaucoup à la solidité de la construction.

Dans tous les cas, avant de poser la pierre, il faut s'assurer avec soin que le mortier ne contient pas de gravier excédant l'épaisseur que doit avoir le lit ; ce qui obligerait, pour le retirer, à soulever la pierre déjà mise en place, et à recommencer l'opération.

Une fois la pierre bien en place sur un bon lit de mortier, il ne reste plus qu'à remplir les joints montants, ce qui se fait ordinairement à l'aide de la *fiche* à dents en fer (fig. 15, pl. I). On fiche aussi le joint de lit avec la fiche à dents, en entourant le joint d'une cordelette, pour empêcher le mortier de refluer à l'extérieur ; c'est même la méthode le plus employée.

A Paris, et dans presque toutes les localités où l'emploi du plâtre est commun, on fait généralement usage d'un autre moyen pour poser les pierres, et principalement les pierres tendres. Ce moyen consiste à poser encore les pierres sur cales, comme il a été dit ci-dessus, et à les *couler* ensuite, c'est-à-dire à remplir le lit et les joints avec du plâtre gâché très clair ou *coulis*. Pour faire ce remplissage, on ferme tout le contour des lits et des joints avec du plâtre ou du mortier d'une consistance suffisante, en laissant libre, à la partie supérieure des joints, une petite étendue sur laquelle on fait un godet dans lequel on verse le coulis ; on a soin de remuer constamment celui-ci en le versant, pour qu'il reste bien homogène et que l'eau ne s'introduise pas seule dans les joints. Lorsque les pierres sont posées sur plâtre, la prompte solidification de cette matière oblige d'avoir recours à ce moyen, surtout pour les pierres tendres ; on n'aurait pas le temps, avant la prise, de placer convenablement la pierre sur un lit de plâtre d'abord étendu.

Lorsque la pose de la pierre se fait dans l'eau, on ne peut plus faire usage du mortier, qui serait délayé et lavé; on se contente de poser les pierres sur des cales en plomb, qui ne pourrissent pas comme les cales en bois. Un mortier à prise rapide et énergique, comme celui de ciment romain par exemple, peut cependant être employé pour poser la pierre sous l'eau.

Quand toutes les pierres d'une assise sont posées, il arrive presque toujours que quelques-unes sont plus élevées que les autres; il est alors nécessaire de dresser le lit supérieur en enlevant toutes les saillies, avant de poser les pierres de l'assise qui doit la couvrir, c'est ce qu'on appelle *araser le tas*.

Enfin, quand l'ensemble de l'ouvrage est terminé, on procède au *ravalement*, au *ragréement* et au *rejointoiement* des surfaces apparentes. Nous avons déjà défini la première opération ; la seconde a pour but de faire disparaître les *balèvres*, c'est-à-dire l'excédant d'une pierre sur une autre près d'un joint ; et la troisième consiste à remplir parfaitement de mortier ou de plâtre les bords des lits et des joints.

CHAPITRE II

DES MURS

---

10. — Les murs ont trois fonctions : ils sont destinés à *porter*, à *clore* ou à *séparer*.

Dans un mur en pierres de taille, on distingue trois sortes de pierres ; 1º des *parpaings* : ce sont des pierres qui par leur *largeur* font toute l'épaisseur du mur et qui offrent par suite deux parements dans le sens de leur longueur ; telles sont les pierres A du mur (fig. 16, pl. I) et toutes les pierres du mur (fig. 17, pl. I) ; 2º des *boutisses* : ce sont des pierres telles que C (fig. 16, pl. I), qui par leur *longueur* font l'épaisseur du mur ; leurs deux parements prennent le nom de têtes ; 3º des *carreaux* : ce sont des pierres telles que B (fig. 16, pl. I), qui ne font par leur largeur qu'une partie de l'épaisseur du mur, et par suite qui n'ont qu'un seul parement dans le sens de leur longueur ; 4º des *lancis* : ce sont des espèces de boutisses, qui ne font par leur longueur qu'une partie de l'épaisseur du mur, et par suite n'ont qu'un seul parement dans le sens de leur largeur ; 5º des *libages* : ce sont des pierres de remplissage, sans parement, placées dans le massif du mur.

Un mur est dit : *droit*, lorsqu'il est compris entre deux plans verticaux parallèles ; *biais*, si les traces de ces deux plans sur le sol sont convergentes ; *en talus*, lorsque ces plans, ou seulement l'un d'eux, ne sont pas verticaux. On appelle proprement *talus* la tangente trigonométrique de l'angle que le plan considéré fait avec la verticale ; on exprime ce talus par une fraction de la forme $\frac{1}{m}$; ainsi, dire que le talus est $\frac{1}{m}$, c'est dire (fig. 18, pl. II) que le rapport $\frac{AB}{BO} = \frac{1}{m}$, c'est-à-dire que le reculement AB est la m^{me} partie de la hauteur correspondante OB. Un talus de quelques centimètres de base seulement par mètre de hauteur prend le nom de *fruit* ; un talus considérable, de un de base sur un de hauteur, par exemple, prend le nom de *glacis*.

Murs plans droits.

11. — Les figures 16 et 17, pl. I, offrent deux spécimens de murs plans droits. Les assises sont horizontales ; la hauteur de chacune d'elles est constante ; elle est la même d'une assise à l'autre ; quelquefois cependant on fait deux sortes d'assises ayant chacune sa hauteur distincte, et alors on alterne les assises de l'une et de l'autre espèce. Enfin, on observe la loi de la découpe, c'est-à-dire de la discontinuité des joints ; la distance de deux joints consécutifs doit être au moins de 16 centimètres, sinon de 20. Il est à peine nécessaire d'ajouter que les lits de carrière sont horizontaux.

Le mur (fig. 17, pl. I) est exclusivement composé de parpaings, et chaque joint tombe juste au milieu de la pierre située au-dessous ; cet appareil, dit à *joints alternatifs*, est en quelque sorte le type du mur parfait ; les Grecs l'appelaient ἰσόδομον, et l'ont employé avec beaucoup de succès dans un grand nombre de leurs plus beaux édifices, notamment au Parthénon, au temple d'Erechtée, au temple de la Victoire Aptère.

Le mur (fig. 16, pl. I) contient à la fois des parpaings,

des boutisses et des carreaux ; il est, au point de vue de l'art, d'un effet moins majestueux que le précédent, mais il nécessite beaucoup moins de dépense.

Quelquefois on n'emploie que des parpaings et des boutisses, savoir une assise de parpaings, une de boutisses, une de parpaings et ainsi de suite; c'est ainsi, par exemple, que les Grecs ont construit les murs de la terrasse qui porte le temple de la Victoire Aptère.

Murs en talus.

19. — Les figures 19, 20 et 21, pl. II, sont relatives à un *mur en talus*. La figure 19 est une projection sur un plan perpendiculaire à l'intersection des deux faces $a'b'$ et $c'd'$, dont la première est droite et la seconde inclinée. Si le talus est très faible, on peut sans inconvénient faire les assises complètement horizontales ; mais, si le talus est un peu considérable, cette disposition doit être rejetée à cause des angles aigus qu'elle entraîne du côté incliné. Alors on *conçoit* un plan $\gamma'\varphi'$ parallèle à $c'd'$ et distant de celui-ci de 5 à 6 centimètres ; on appareille horizontalement jusqu'à ce plan ; puis, à partir de là, on dirige les coupes, comme $k'm'$, perpendiculairement au talus. La figure 20 est la projection horizontale et la figure 21 la perspective cavalière du voussoir $g'h'k'd'e'f$ inférieur du côté du talus. Pour éviter l'angle aigu que la face du talus ferait avec le sol, on a augmenté un peu la largeur de la pierre à l'endroit où elle pénètre dans le sol. On pourrait aussi, avec plus d'économie, mais un peu moins de solidité, couper la pierre verticalement en d.

18. *Taille.* — Pour exécuter cette pierre, on dresse d'abord, parallèlement au lit de carrière, le lit de pose GFF_1G_1 (fig. 21, pl. II) sur lequel on trace un rectangle

égal au rectangle $gg_if_if_i$ (fig. 20, pl. II) ; on taille à l'aide
de l'équerre les deux faces GHMF, G,H,M,F, perpendiculaires au lit de pose ; on applique sur chacune de ces
faces le panneau $g'h'k'm'd'e'f$ (fig. 19, pl. II), de manière
que $g'f$ coïncide avec GF et avec G_iF_i, et l'on en trace
le contour ; enfin on abat toutes les parties de la pierre
qui empêchent la règle de s'appuyer sur les côtés correspondants des contours tracés. La taille des autres pierres
du mur ne présente pas plus de dificulté. Le joint
brisé suivant KK,, qu'on ne peut éviter si l'on veut éviter
l'angle aigu suivant MM,, doit être très bien exécuté,
d'après la remarque faite page 5.

Mur biais.

14. — Les figures 22, 23 et 24, pl. II, se rapportent
à un *mur biais* dont les faces $(ab, b'\beta')$ et $(cd, c'\gamma\delta'd')$
sont verticales. On l'appareille par assises horizontales
dans toute leur étendue. Mais les joints verticaux sont
dirigés comme af, be, perpendiculairement à la face ab,
jusqu'à un certain plan $(ef, e'\epsilon'\gamma f')$ parallèle à la face cd ;
après quoi, ils se retournent comme fd et ec perpendiculairement à cd. La figure 23 représente la projection horizontale de la pierre inférieure, et la figure 24 en est
la perspective cavalière.

15. *Taille*. — Pour exécuter cette pierre, on dresse d'a-
bord le lit de pose ABECDF (fig. 24, pl. II) sur le lit de
carrière, on applique le panneau *abecdf* (fig. 23, pl. II), on
en trace le contour; on taille à l'aide de l'équerre la face
ABB,A, perpendiculaire au lit de pose, sur laquelle on
trace le rectangle AA,BB, ; on taille à l'aide de l'équerre
la face A,B,E,C,D,F, perpendiculaire à la précédente, on y
applique suivant A,B, le panneau *abecdf* et l'on en trace le

contour ; enfin on abat toutes les parties de la pierre qui
empêchent la règle de s'appuyer sur les côtés correspondants des contours tracés sur le lit de pose et le lit de
dessus.

Mur biais en talus.

16. — Les figures 25, 26 et 27, pl. II, se rapportent
à un *mur biais en talus* ; c'est une combinaison des deux
murs précédents. La face verticale est (*ab*, *a'b'α'β'*) et la
projection verticale de la face en talus est *c'd'*. La figure
26 représente la projection horizontale de la pierre inférieure, et la figure 27 en est la perspective cavalière.

17. *Taille*. — On taille d'abord la pierre comme s'il
s'agissait d'un mur biais sans talus et sans joint brisé
(fig. 24, pl. II), mais à l'exception de la face verticale qui
remplace momentanément le talus. On applique suivant
EE_1 et FF_1 sur les faces verticales GEE_1 et HFF_1 (fig. 27,
pl. II) le panneau $e'e'_1d'_1d'd'g'_1g'$ (fig. 25, pl. II) et l'on en
trace le contour ; on taille, à l'aide de la règle qu'on appuie sur les côtés correspondants des contours tracés, les
faces GG_1H_1H, DD_1K_1K, LD_1K_1M et l'on termine par la face
horizontale $A_1B_1E_1LMF_1$ dont tout le contour a été tracé
sur les faces verticales de la pierre.

Mur de rampe.

18. — Les figures 28 et 29, pl. II, se rapportent à un
mur rampant ou *mur de rampe* qui ne diffère d'un mur
en talus que par une plus grande inclinaison. On taille
la pierre comme au n° 12 (fig. 21, pl. II).

Pan coupé.

18. — Quand deux murs se rencontrent sous un angle assez aigu pour former un *coin* ou une *encoignure*, on coupe cet angle par un troisième mur dit *en pan coupé*.

Les figures 30 et 31, pl. III, se rapportent à deux murs en talus. Les talus sont différents et celui du pan coupé est intermédiaire entre eux. Les points de rencontre des lignes d'assise situées à la même cote sur les parements des trois murs fournissent des points des arêtes d'encoignure. Les coupes dirigées perpendiculairement aux talus sont limitées aux lits de pose d'une même assise situés à la même cote. Leurs traces sur ces lits de pose et leurs traces sur les parements des murs font connaître deux points de leur droite d'intersection. Nous n'avons représenté sur la figure 30 que la projection horizontale de la pierre supérieure d'encoignure. La figure 31 en est la perspective cavalière.

19. *Taille.* -- Pour exécuter cette pierre, on dresse d'abord, parallèlement au lit de carrière, le lit de pose sur lequel on applique le panneau *mpqnefgh*, on en trace le contour; on taille à l'aide de l'équerre la plus grande des deux faces perpendiculaires au lit de pose, sur laquelle on applique le panneau *a'a',h',h'm'*; on taille à l'aide de l'équerre la face supérieure perpendiculaire à la précédente, on y applique suivant A₁H₁ le panneau *a₁b₁c₁d₁efgh* et l'on en trace le contour. On abat toutes les parties de la pierre qui empêchent la règle de s'appuyer sur les côtés correspondants des contours H₁G₁F₁E₁D₁, HGFEN tracés sur le lit de pose et sur le lit de dessus. On a deux droites AA₁, A₁B₁ de la face ABB₁A₁, qui d'ailleurs est d'équerre sur le joint montant AA₁H₁H ; on peut donc tailler cette face qu'il est aisé de limiter, puisqu'on connaît la lon-

gueur *ab* de l'arête AB. On taille de même la face CDD₁C₁
après avoir appliqué sur le second joint montant le panneau *e'n'd'd'₁e'₁*. On taille alors le pan coupé dont on a trois
droites BB₁, B₁C₁, C₁C. Enfin on taille les coupes AMPB,
BPQC, CQND dont on a deux droites AB et MP, BC et PQ,
CD et QN, et qui sont d'ailleurs d'équerre sur les talus.

L'encoignure d'un angle rentrant se fait de la même
manière, mais il est bon d'appliquer de temps en temps
sur les faces ABB₁A₁, CDD₁C₁ les panneaux de ces faces pour
ne pas dépasser les arêtes BB₁, CC₁, ce qui entamerait le
pan coupé. Ce pan coupé lui-même se taille à l'aide d'un
biveau levé sur l'épure en *b'b"₁g"*, car on ne peut plus
faire glisser une règle sur les arêtes BB₁, B₁C₁, C₁C, puisque les angles BB₁, CC₁ sont rentrants. On peut d'ailleurs,
que l'angle soit saillant ou rentrant, s'aider d'un biveau
pour tailler chacune des faces en talus.

La taille des autres pierres présente moins de difficulté ; car, dans les assises inférieures, l'encoignure n'est
pas formée d'une seule pierre, de sorte qu'il n'y a plus
que deux parements au lieu de trois.

Murs cylindriques droits.

20. — Les murs cylindriques droits sont ceux dont
les parements sont des cylindres à génératrices verticales. On les emploie pour raccorder deux murs droits et
éviter l'angle formé par leur rencontre (fig. 32, pl. III),
ou pour construire une tour ronde (fig. 33, pl. III).

Si le parement intérieur doit être partout équidistant
du parement extérieur, les directrices des deux cylindres
sont des courbes parallèles, et les joints montants verticaux sont des plans verticaux dirigés suivant les normales communes à ces courbes. Si les deux parements
ne sont pas partout équidistants, on peut faire un joint

montant brisé, formé de deux plans verticaux *ab, bc* (fig. 34, pl. III), respectivement normaux aux deux parements, ou d'un seul plan *pq* normal à une courbe intermédiaire entre les sections droites des deux cylindres. Le joint montant brisé n'a pas d'inconvénient s'il n'établit qu'un simple contact, mais il vaut mieux l'éviter si le mur doit résister à des poussées, et le remplacer par un cylindre vertical dirigé suivant une courbe *ac* normale aux bases des deux parements (fig. 34, pl. III).

21. *Taille.* -- La taille s'exécute de la manière suivante: On dresse le lit de pose ABCD (fig. 35, pl. IV) sur le lit de carrière, on y applique le panneau de section droite, on taille à l'équerre l'un des joints montants CD, C_1D_1 perpendiculaire au lit de pose, on y applique le panneau de joint, ou, si CD est courbe, le panneau de développement, et, par l'arête supérieure C_1D_1, on taille à l'équerre le lit de dessus; on y applique le panneau de section droite, et on abat la pierre qui empêche la règle de s'appliquer sur les droites AB, A_1B_1 et sur les points correspondants marqués sur les deux courbes.

Murs cylindriques obliques et murs coniques.

22. — Les murs cylindriques obliques et les murs coniques servent à raccorder deux murs en talus et à éviter l'angle formé par leur rencontre (fig. 36 et 37, pl. III), ou à construire une tour ronde en talus.

On prend pour directrice une courbe tangente aux traces horizontales *az, az,* des faces des deux murs en talus, généralement un arc de cercle, et pour génératrices des parallèles à l'intersection *ab* des deux murs ou des droites concourantes en un point *s* de cette intersection. Les lignes d'assise sont des courbes identiques à la trace horizontale du cylindre, ou semblables à la trace horizontale du cône. Les joints montants devant être verticaux et normaux au parement cylindrique ou conique sont des cylindres verticaux[1] ayant pour sections droites des courbes qui coupent à angle droit toutes les projections horizontales des sections horizontales du cylindre ou du cône qui forme le parement, c'est-à-dire des trajectoires orthogonales de ces projections. Généralement, on substitue à ces joints montants un plan vertical *def* normal à la section horizontale moyenne de l'assise, et si ce plan, prolongé jusqu'au parement γγ₁, le rencontre sous un angle trop aigu, on le remplace par un joint brisé ou par un joint cylindrique *abc* (fig. 34, pl. III). Si l'on veut éviter les angles aigus sous lesquels les lits horizontaux d'assise rencontrent le parement extérieur, on fait des coupes à l'aide de normales au cylindre ou au cône du parement le long des lignes d'assise. Cette surface de normales, étant gauche, sauf le cas où le parement est de révolution, ne se raccorde pas avec les coupes perpendiculaires aux plans des talus, mais elle a avec elles une génératrice commune et même plan tangent au point de cette génératrice situé sur le parement extérieur; la longueur de cette génératrice étant très faible, le non-raccordement ne présente aucun inconvénient. Il est d'ailleurs très rare que le talus soit assez considérable pour qu'on soit forcé d'avoir recours à ces coupes.

22. *Taille.* — S'il n'y a pas de coupes, la taille s'exécute comme celle de la pierre représentée sur la figure 31, pl. III. On dresse d'abord le lit de pose sur le lit de carrière, on y applique le panneau; on taille à l'aide de l'équerre un joint montant, on y applique le panneau plan, ou le panneau de développement si ce joint est cylindrique;

---

[1] DOULIOT se trompe en affirmant, dans son *Traité de coupe des pierres*, que ces surfaces sont gauches.

on taille à l'équerre la face supérieure, on y applique le le panneau ; enfin, on abat la pierre qui empêche la règle de s'appliquer sur les points, *correspondant* à une même génératrice, des contours tracés sur le lit de pose et sur le lit de dessus, points qu'on a relevés sur l'épure.

S'il y a des coupes, on taille d'abord la pierre comme s'il n'y en avait pas, mais en prenant pour hauteur la distance du lit de pose au plan parallèle mené par l'arête saillante de la coupe supérieure. On détermine sur l'épure la trace de la coupe inférieure sur le plan du lit de pose et sur les joints montants ; on les reporte sur la pierre. Sur chaque génératrice du parement extérieur, on porte, à partir du lit de pose, une longueur égale à celle qui est comprise entre ce lit de pose et la ligne d'assise qui termine la coupe, ce qui permet de tracer cette ligne d'assise sur la pierre ; on marque les points correspondant aux extrémités d'une même normale sur cette ligne et sur la trace de la coupe, et on abat la pierre qui empêche la règle de passer par ces points correspondants. Pour la coupe supérieure, à l'aide des panneaux des joints montants, on marque sur ces joints la trace du lit de dessus ; on taille le plan de ce lit avec précaution, en y appliquant de temps en temps le panneau levé sur l'épure, afin de ne pas dépasser la trace de la coupe supérieure. On fait alors sauter la pierre entre les points correspondants de cette trace et de la ligne d'assise supérieure.

Pour obtenir le panneau du joint montant *fed* (fig. 36 et 37, pl. III), il suffit d'élever à cette droite en chacun de ses points une perpendiculaire égale à la cote de ce point. Cette cote est la même que celle du cercle horizontal qui passe par ce point, cercle dont on a la cote sur la section droite de l'un ou de l'autre mur. Dans le cas actuel, la courbe d'intersection avec le cylindre est un arc d'ellipse. Si *fed* était courbe, on procèderait de même, mais en rectifiant d'abord *fed*, et on aurait le panneau de développement.

Pour obtenir la trace horizontale d'une coupe le long d'une ligne d'assise, on cherche, en chacun des points *f* de cette ligne la trace horizontale d'une normale au parement extérieur. On prend, à cet effet, pour ligne de terre auxiliaire *xy* (fig. 38, pl. IV), la projection horizontale de la génératrice du parement qui passe par *f*. Soit *g* le point où *xy* coupe la ligne d'assise voisine dont la cote est connue, on en déduit la projection verticale *f'g'* de cette génératrice. La normale en (*f*,*f'*) au parement a pour projection verticale la perpendiculaire *f'n'* à *fg'* et pour projection horizontale la normale *fn* à la ligne d'assise. En coupant *f'n'* par un plan horizontal *h'* situé à une distance de *xy* égale à la profondeur de la coupe, on obtient le point *n'* qui se projette en un point *n* de la trace cherchée [1]. La trace de la coupe sur un joint montant s'obtiendrait en prenant la rencontre de *fn* avec la trace horizontale de ce joint, puisqu'on connaît la projection verticale *f'n'*.

24. — Sur la figure 36, pl. III, l'arrondissement cylindrique est saillant ; sur la figure 37, il est rentrant.

La figure 39, pl. IV, donne le plan d'un arrondissement cylindrique, où les talus sont égaux. L'angle est saillant, si *a* et *b* sont plus élevés que *c* et *d* ; il est rentrant, dans le cas contraire.

La figure 40, pl. IV, donne le plan d'un arrondissement conique, où les talus sont égaux. Si le sommet *s* est plus élevé que *ab*, l'encoignure est saillante et arrondie à la base : dans le cas contraire, elle est rentrante et arrondie au sommet.

---

(1) Douliot, dans son *Traité de coupe des pierres,* donne un tracé de cette courbe qui n'est même pas approximatif.

La figure 41, pl. IV, donne aussi le plan d'un arrondissement conique, où les talus sont égaux. Mais, si le sommet s est plus élevé que *ab*, l'encoignure est rentrante et arrondie à la base; dans le cas contraire, elle est saillante et arrondie au sommet.

La figure 42, pl. IV, donne le plan d'un arrondissement conique où les talus sont inégaux. Si le sommet s est plus élevé que *ab*, l'encoignure est rentrante et arrondie à la base ; dans le cas contraire, elle est saillante et arrondie au sommet.

La figure 43, pl. IV, donne le plan d'un arrondissement conique, saillant ou rentrant suivant la position du point s, l'arrondissement ayant lieu aussi bien en haut qu'en bas.

La figure 44, pl. IV, reproduit la précédente, l'un des murs n'ayant pas de talus.

A l'inspection de ces figures, il semble que, lorsque les talus sont inégaux, il soit préférable de faire un arrondissement conique plutôt qu'un arrondissement cylindrique, la difformité y étant moins sensible à la vue.

Dans les figures précédentes, on a supposé qu'on voulait arrondir entièrement l'angle des deux murs; mais il est des circonstances où l'on ne veut arrondir qu'une partie de l'encoignure, pour diminuer la faiblesse d'un angle trop aigu. La figure 45, pl. VI, donne le plan d'un arrondissement de ce genre où les lignes d'assise du mur conique coupent à angle droit celles du mur plan, et qui réussit fort bien en exécution.

Murs gauches.

25. — Dans les raccordements qui précèdent, le cône a son sommet à distance finie ou infinie sur l'intersection des deux parements. Si donc les traces horizontales de ces parements sont parallèles ou confondues,

la solution ne s'applique plus. On les relie alors l'un à
l'autre par une surface gauche engendrée par une horizontale qui s'appuie sur les lignes de plus grande pente
(ab, $a'b'$), (a_1b_1, $a'_1b'_1$), qui limitent ces parements (fig. 46
et 47, pl. V). Les lignes d'assise sont les positions de ces
droites qui correspondent aux lignes d'assise de même
hauteur des deux murs. Les joints montants devant être
verticaux et normaux au parement gauche sont des cylindres verticaux [1] ayant pour sections droites des courbes
qui coupent à angle droit toutes les projections horizontales des génératrices du parement, c'est-à-dire des trajectoires orthogonales de ces projections. Le parement
étant un paraboloïde dont un des plans directeurs est perpendiculaire aux horizontales des deux murs, les génératrices horizontales de ce paraboloïde rencontrent une génératrice verticale du second système, et se projettent
horizontalement suivant des droites concourantes. Les
joints montants sont donc des cylindres de révolution
autour de la verticale qui passe par ce point de concours
ω. Généralement, on substitue à ces cylindres un plan
vertical def normal à la section horizontale moyenne de
l'assise, et si ce plan, prolongé jusqu'au parement ce, le
rencontre sous un angle trop aigu, on le remplace par un
joint brisé ou par un joint cylindrique abc (fig. 34, pl. III).
Si l'on veut éviter les angles aigus sous lesquels les lits
horizontaux d'assise rencontrent le parement extérieur,
on fait des coupes à l'aide de normales au parement le
long de la ligne d'assise. Cette surface des normales est,
comme on sait, un second paraboloïde, qui ne se raccorde
pas avec les coupes perpendiculaires aux plans des talus;
la longueur de l'arc d'intersection étant très faible, le non-
raccordement ne présente aucun inconvénient. Il est d'ail-

(1) Douliot se trompe en affirmant, dans son *Traité de coupe des pierres*,
que ces surfaces sont gauches.

leurs très rare que le talus soit assez considérable pour
qu'on soit forcé d'avoir recours à ces coupes.

26. *Taille.* — S'il n'y a pas de coupes, la taille s'exécute comme celle de la pierre représentée sur la figure 31,
pl. III. On dresse d'abord le lit de pose sur le lit de carrière, on y applique le panneau ; on taille à l'aide de
l'équerre un joint montant, on y applique le panneau, ou
le panneau de développement si ce joint est cylindrique ;
on taille de la même manière le second joint montant et
on y applique le panneau ; puis on taille le parement intérieur. On dresse alors le parement gauche en abattant
la pierre de manière qu'une règle passe par les points,
relevés sur l'épure et correspondant à une même génératrice, des traces des deux joints montants sur le parement gauche. On termine par le lit de dessus.

S'il y a des coupes, on taille d'abord la pierre comme
s'il n'y en avait pas, mais en prenant pour hauteur la
distance du lit de pose au plan parallèle mené par l'arrête saillante de la coupe supérieure. On détermine sur
l'épure la trace de la coupe inférieure sur le plan du lit
de pose et sur les joints montants ; on les reporte sur la
pierre. On trace sur la pierre la ligne d'assise ; on marque
les points correspondant aux extrémités d'une même normale sur cette ligne et sur la trace de la coupe, et on
abat la pierre qui empêche la règle de passer par ces points
correspondants. Pour la coupe supérieure, à l'aide des
panneaux des joints montants, on marque sur ces joints
la trace du lit de dessus ; on taille le plan de ce lit avec
précaution, en y appliquant de temps en temps le panneau levé sur l'épure pour ne pas dépasser la trace de la
coupe supérieure. On fait alors sauter la pierre entre les
points correspondants de cette trace et de la ligne d'assise supérieure.

Pour les pierres d'encoignure, on procède **de même**,

en ayant soin de tailler d'abord la face plane du parement, pour y tracer la directrice rectiligne de la surface gauche.

Pour obtenir le panneau du joint montant *fed* (fig. 46 et 47, pl. V), il suffit d'élever à cette droite en chacun de ses points une perpendiculaire égale à la cote de ce point. Cette cote est la même que celle de l'horizontale qui passe par ce point, horizontale dont on a la cote sur la section droite de l'un ou de l'autre mur. Si *fed* était courbe, on procéderait de même, mais en rectifiant d'abord *fed*, et on aurait le panneau de développement.

Pour obtenir la trace horizontale d'une coupe le long d'une ligne d'assise, on cherche, en chacun des points *f* de cette ligne la trace horizontale d'une normale au parement extérieur. On prend, à cet effet, pour ligne de terre auxiliaire *xy* (fig. 48, pl. V) la projection horizontale de la génératrice du second système du parement qui passe par *f*, *xy* est parallèle à *ab*. Soit *g* le point où *xy* coupe la ligne d'assise voisine dont la cote est connue, on en déduit la projection verticale *f'g'* de cette génératrice. La normale en (*f*, *f'*) au parement a pour projection verticale la perpendiculaire *f'n'* à *f'g'* et pour projection horizontale la normale *fn* à la ligne d'assise. En coupant *f'n'* par un plan horizontal *h'* situé à une distance de *xy* égale à la profondeur de la coupe, on obtient le point *n'* qui se projette en un point *n* de la trace cherchée. Cette trace est d'ailleurs une hyperbole ayant pour asymptotes *fω* (fig. 46 et 47, pl. V) et la perpendiculaire en ω à cette droite ; car les deux génératrices du paraboloïde des normales parallèles au plan horizontal sont la ligne d'assise *fω* et la perpendiculaire au point ω de cette ligne d'assise au plan vertical *fω*, et les plans tangents aux points à l'infini sur ces lignes sont tous deux verticaux.

De la pose des murs.

27. *Murs droits.* — On commence par consolider le terrain des fondations (voir DENFER, *Maçonnerie*, t. 1, p. 113), sur lequel on pose une couche de béton d'une largeur supérieure d'au moins 0ᵐ10 à l'épaisseur du mur pour former empattement sur chacune de ses faces, couche que l'on arase à 0ᵐ20 au moins en contrebas du niveau du sol. Si l'on a plusieurs murs à faire et que ces murs se rencontrent d'une manière quelconque, on les monte simultanément pour rendre les tassements uniformes. On marque donc sur la couche de béton les traces horizontales des faces des murs pour diriger la pose des assises qui s'élèvent au-dessus du sol. Pour poser convenablement ces assises, on pose d'abord les pierres des encoignures, en dirigeant les parements de ces pierres suivant les traces horizontales des murs pour la première assise, en les raccordant avec les parements des assises déjà posées pour les suivantes, et en mettant toujours le lit de dessus bien de niveau. Enfin, on asseoit solidement ces pierres sur un bain de mortier, dont l'épaisseur varie avec la nature de la construction, en les battant avec la demoiselle. Les pierres d'encoignure posées, on tend fortement de l'une à l'autre une ficelle, appelée *ligne* ou *cordeau* qui sert de guide au poseur pour aligner les parements des pierres intermédiaires.

Comme les parements des pierres d'encoignure pourraient ne pas coïncider exactement avec les faces des murs, au lieu de se servir de ces parements pour tendre le cordeau, on pose une forte règle à chaque extrémité des murs de telle sorte que le côté dressé de la règle se trouve, non pas dans le plan de la face du mur auquel correspond cette règle, mais dans un plan parallèle à celui-là et mené à une distance telle que, entre la règle et

la face du mur il y ait un peu plus que l'épaisseur du
cordeau, pour que ce dernier ne touche pas le mur et ne
soit pas gêné dans sa direction. On doit fixer ces règles
assez solidement pour qu'elles puissent résister à une
assez forte tension du cordeau. Si la longueur des murs
permet de se servir d'une règle au lieu d'un cordeau, on
fait alors toucher au mur les règles directrices sur lesquelles glisse la règle génératrice qui remplace le cordeau.
Si les murs ont une longueur considérable, on peut encore
se servir d'une règle au lieu d'un cordeau, en plaçant
une ou plusieurs règles directrices intermédiaires. C'est
ce qu'il est indispensable de faire pour les murs en talus
et les murs gauches, car un cordeau un peu long s'inflé-
chit toujours sous l'action de son poids.

88. *Murs en talus.* — La pose des murs en talus ne
diffère de celle des murs droits que par la manière de
placer les règles directrices qui doivent coïncider avec les
lignes de plus grande pente des murs en talus. On prend
d'ailleurs les mêmes précautions que dans les murs droits
en posant les pierres, en arasant les lits de dessus de
chaque assise, et en ayant soin, dans le cas où les lits sont
à facettes vers la face en talus, de niveler l'arête supérieure de cette facette et de bien dresser son plan.

89. *Murs cylindriques droits.* — On marque les traces
horizontales des faces de ces murs sur la couche de béton
bien arasée qui termine les fondations, puis on prend à
volonté sur chacune de ces courbes des points, qui sont
les pieds des règles directrices lesquelles doivent coïncider
avec les génératrices des faces du mur issues de ces points,
et l'on taille sur les courbes de base des cerces assez longues pour aller d'une directrice à l'autre et terminées en
biseau pour la pureté du profil. Entre deux règles directrices, la même cerce sert pour toutes les assises du mur.

Pour éviter de faire glisser la cerce dans le sens de sa longueur, on cloue un petit tasseau sur le bout de la cerce, et c'est ce petit tasseau que l'on fait glisser sur l'une des règles directrices. Si le mur est circulaire, une seule cerce suffit et le tasseau est inutile.

20. *Murs cylindriques obliques.* — On opère comme pour les murs cylindriques droits, mais en inclinant les règles directrices de manière à faire coïncider chacune avec une génératrice de la surface. Pour cela, on trace sur la surface du béton la projection horizontale de ces génératrices relevée sur l'épure et on place les règles directrices dans des plans verticaux élevés sur ces projections comme s'il s'agissait d'un mur en talus, puisque l'épure donne leur inclinaison sur le plan horizontal.

21. *Murs coniques.* — On place les règles directrices d'après leurs projections relevées sur l'épure et leur inclinaison qui change généralement en passant de l'une à l'autre. A chaque assise nouvelle, il faut employer un nouveau jeu de cerces.

22. *Murs gauches.* — On place les règles directrices de manière à les faire coïncider avec les directrices mêmes de la surface gauche, et si celles-ci sont trop éloignées, on détermine sur l'épure des génératrices intermédiaires de même système que les directrices. Ici la cerce est rectiligne.

Du ravalement des murs.

23. *Murs droits.* — Après avoir reconnu, à l'aide du fil à plomb et du cordeau, les défauts de la face que l'on veut ravaler, on fait un repère, en haut ou en bas, à chaque extrémité de la longueur du mur, de manière que le plan vertical mené par ces deux repères atteigne les endroits les plus creux de cette face. Puis on fait descendre un fil à plomb depuis le haut jusqu'au bas du mur vis-à-vis de chaque repère, de manière qu'il ne touche pas le mur, mais en soit à une certaine distance. Quand le plomb n'oscille plus, on attache les extrémités du fil à deux broches en fer plantées dans les joints des lits d'assises, de telle sorte que ce fil soit bien tendu verticalement. Cela fait, on taille à angle droit un morceau de bois (fig. 49, pl. V), nommé *échantillon* ou *gigadou*, de sorte que *ab* soit égal à la distance comprise entre le fil à plomb immobile et le fond du repère, plus l'épaisseur du fil et un très léger excès. Au moyen du gigadou qu'on approche de temps en temps du fil à plomb sans le toucher, pour ne pas l'agiter, on fait de nouveaux repères espacés de deux mètres environ les uns au-dessus des autres dans toute la hauteur du mur, et à ses deux extrémités. On enlève le fil à plomb et on réunit tous ces repères par une rigole verticale qu'on dresse à la règle et qu'on prolonge depuis le haut jusqu'au bas du mur. On procède de même pour le repère situé à l'autre extrémité, ce qui donne une seconde rigole verticale. A l'aide de ces deux rigoles, d'un cordeau bien tendu horizontalement et d'un gigadou, on trace d'autres repères sur plusieurs files horizontales dans la hauteur du mur. On fait ainsi à la règle de nouvelles rigoles, les unes verticales, les autres horizontales, et on achève de dresser la face à la règle au moyen de toutes ces rigoles prises pour directrices.

Au lieu de se servir d'un cordeau pour faire les files horizontales de repères, on emploie souvent, quand on a l'œil exercé à ce genre d'opérations, trois voyants d'égale hauteur. On place un de ces voyants à chaque extrémité du mur dans la rigole verticale, et l'on promène le troisième entre les deux autres pour l'appliquer sur tous les points où l'on veut des repères. Une première personne

tient immobile le voyant placé à l'une des extrémités du
mur, une deuxième transporte le voyant intermédiaire, et
la troisième, qui dirige l'opération, tient le dernier voyant
à l'autre extrémité du mur, et, en bornoyant, elle fait
amener le voyant intermédiaire à se confondre sur la
même droite avec les deux autres. Ce moyen s'emploie
aussi fréquemment pour la pose.

24. *Murs en talus.* — On fait, comme pour les murs
droits, un repère, en haut ou en bas, à chaque extrémité
du mur. Puis on fait descendre librement un fil à plomb
le long du talus depuis le haut jusqu'au bas du mur vis-
à-vis de chaque repère; et, à l'extrémité où il n'y en a pas,
on creuse un second repère, de telle sorte que la distance
des verticales des fonds des deux repères soit égale au
reculement pour la différence de niveau de ces deux repères.
On tend ensuite un cordeau à égale distance des fonds
des deux repères et à l'aide d'un gigadou on fait des repères intermédiaires qu'on réunit à la règle par une rigole. Quant aux files horizontales de repères, on les obtient à l'aide de voyants, car la courbure du cordeau in-
duirait ici en erreur. On achève comme pour les murs
droits.

25. *Murs cylindriques droits.* — On a soin, lors de la
pose, de laisser sur les deux parements de la première
assise et près du lit de pose des repères propres à faire
retrouver la courbure exacte de la trace horizontale de
chaque face du mur. On établit alors autant de fils à
plomb qu'il y a de ces repères, on les fixe par les deux
bouts comme pour les murs droits, et au moyen d'un gigadou on fait autant de files verticales de repères dans
toute la hauteur du mur. On réunit à la règle tous les
repères d'une même file par une rigole verticale et à l'aide
de cerces levées sur la trace horizontale de chaque face

du mur, et qu'on manœuvre comme pour la pose de ces
mêmes murs, on fait des rigoles cylindriques d'une rigole
verticale à l'autre, vis-à-vis de chaque arête des lits d'assises. Puis, à l'aide d'une règle que l'on maintient verticale tout en l'appuyant sur le fonds de deux rigoles horizontales, on achève le ravalement.

86. *Murs cylindriques obliques.* — On a soin, lors de
la pose, de laisser non seulement des repères pour
retrouver la courbure de la trace horizontale de chaque
face du mur, mais encore de laisser les règles directrices
en place, ou au moins de faire des repères pour retrouver
la direction de ces règles. Le long de chacune d'elles on
fait alors une file de repères en se servant d'un gigadou
et on les réunit à la règle par des rigoles qui sont ainsi
dirigées suivant les génératrices des faces du mur. A l'aide
de cerces levées sur la trace horizontale de chaque face du
mur, et qu'on manœuvre comme pour la pose de ces
mêmes murs, on fait des rigoles cylindriques d'une règle
directrice à l'autre, vis-à-vis de chaque arête des lits
d'assises. Puis à l'aide d'une règle que l'on maintient parallèle aux directrices en l'appuyant sur les points correspondants des fonds de deux rigoles horizontales, on
achève le ravalement.

87. *Murs coniques.* — Le ravalement des murs coniques
se fait comme celui des murs cylindriques obliques ;
seulement, les cerces qui vont d'une rigole directrice à
l'autre changent avec les différentes assises, comme nous
l'avons vu dans la pose de ces murs.

88. *Murs gauches.* — On a soin, comme pour les murs
cylindriques obliques de laisser les règles directrices en
place et les règles intermédiaires, ou au moins de faire
des repères pour retrouver la direction de ces règles. Le

long de chacune d'elles on fait alors une file de repères
en se servant d'un gigadou et on les réunit à la règle par
des rigoles qui sont ainsi dirigées suivant les génératrices
du mur. Quant aux files horizontales de repères, on les
obtient à l'aide de voyants. Ici la cerce est rectiligne.

CHAPITRE III

DES PORTES

——

Définitions.

39. — Une *porte* est une petite voûte pratiquée dans l'épaisseur d'un mur ; elle sert à recouvrir soit un passage, soit une ouverture destinée à éclairer l'intérieur d'une grande voûte. On nomme *piédroits* les murs ou piliers qui supportent les premiers voussoirs et *plan de naissance* le plan d'appui des premiers voussoirs sur les piédroits.

Porte biaise, en talus, rachetant un berceau en maçonnerie.

40. *Objet du problème.* — On veut pratiquer une porte (fig. 50, pl. V) dans un massif V en maçonnerie qui recouvre un grand *berceau* ou cylindre horizontal ELUIF et qui est terminé en avant par un mur VHK incliné sur l'horizon et biais par rapport au berceau. La porte doit être comprise entre deux plans verticaux et perpendiculaires au berceau ; son intrados, c'est-à-dire la surface intérieure visible pour un observateur placé au-dessous, est un cylindre de révolution dont la section droite est le demi-cercle A'B'C' ; la porte et le berceau ont le même plan de naissance A'C'S'WLI. Enfin les pié-

droits et la voûte de la porte sont seuls en pierre de taille;
tout le reste de la construction est en maçonnerie, c'est-
à-dire en moëllons, briques ou meulières.

L'intrados de la porte sera coupé par le mur en talus
suivant une ellipse et par le berceau suivant une courbe
à double courbure ; il faut avant tout déterminer ces deux
courbes, qu'on nomme *courbes de têtes* de la porte.

41. *Partie théorique.* — *Détermination des courbes de tête
et de leurs tangentes* (fig. 51, pl. V).

La question théorique se décompose donc en deux que
nous allons traiter successivement :

1° *Intersection d'un cylindre de révolution par un plan.* —
Le cylindre a son axe (o', o₁o) dans le plan horizontal,
et sa section droite circulaire a'b'c' dans le plan vertical.
Le plan est donné par sa trace horizontale KH et l'angle
z'o'ζ qu'il fait avec la verticale. Cherchons d'abord l'*angle*
que font avec la verticale les sections du plan KH par des
plans verticaux parallèles aux génératrices du cylindre,
c'est-à-dire par des plans perpendiculaires à la ligne de
terre LT ; soit, par exemple, le plan vertical dont la
trace horizontale est o₁o ; il coupe le plan KH suivant
une droite projetée horizontalement sur o₁o ; il s'agit de
faire tourner cette droite autour de la verticale (o, o'z') du
point o et de l'amener à être de front pour que son angle
avec la verticale se projette en vraie grandeur sur le plan
vertical. Or, prenons un point quelconque φ sur cette
droite oo₁ et menons l'horizontale φλ du plan KH, qui passe
par φ. Cette horizontale rencontrera la ligne de plus grande
pente oπ en un point π qui sera à la même hauteur que φ ;
mais si l'on amène cette ligne de plus grande pente à
être de front par une rotation autour de la verticale du
point o, cette ligne de plus grande pente se projettera
alors verticalement sur la droite donnée o'ζ ; donc dans
cette rotation le point π viendra en (π₁, π'₁) ; par suite puisque

φ et π ont même cote, si l'on décrit l'arc de cercle de rayon $o\varphi$ et qu'on prolonge la ligne de rappel de φ_1 jusqu'à l'horizontale de π_1, on aura ce que devient, par la rotation, le point φ de la droite $o\varphi$, et par suite en joignant φ'_1 au point o', on aura en φ', $o'z'$ l'*angle demandé*. Cela fait, rien de plus simple que de trouver l'intersection d'une génératrice quelconque (mm_2, m') du cylindre avec le plan incliné KH ; le plan qui projette horizontalement cette génératrice coupe le plan KH suivant une droite partant de m_2 et faisant avec la verticale de son pied m_2 un angle égal à $z'o'\zeta'$; donc, si l'on mène l'horizontale $m'm'''m''$, la partie $m'''m''$ interceptée dans cet angle représentera la quantité dont le point où le plan incliné KH rencontre la génératrice (m', mm_2) s'écarte de la verticale du point m_2 ; en prenant $m_2 m = m'''m''$, on aura donc la projection horizontale du point demandé. Le lieu des points m est une ellipse tangente en a et c aux génératrices aa_1, cc_1 de contour apparent du cylindre, en sorte que le diamètre ob conjugué de ac est dirigé suivant l'axe oo_1 du cylindre. Pour avoir la tangente en un point quelconque m', il suffit de prendre l'intersection du plan incliné HK et du plan $m't't$ tangent au cylindre en m' ; t est la trace horizontale de la tangente que l'on obtient dès lors en joignant t à m.

2° *Intersection de deux cylindres de révolution dont les axes sont dans le plan horizontal.* — Le premier cylindre est celui du problème précédent ; il a pour axe oo_1 et pour section droite $a'b'c'$. Le second cylindre a pour axe la droite ωy située dans le plan horizontal et parallèle à la ligne de terre LT, et son rayon est ωo_1, en sorte que la parallèle FE à la ligne de terre menée par o_1 est l'une des deux génératrices situées dans le plan horizontal. On commence par faire tourner la section droite $o_1\omega$ du second cylindre, autour de la verticale du point o_1, de manière à l'amener de front ; elle se projette alors vertica-

lement suivant le cercle $o'\sigma'$ dont le rayon est connu et
égal à $o_1\omega$. Cela fait, pour trouver l'intersection d'une génératrice quelconque (mm_1, m') du premier cylindre avec
le second cylindre, on remarque que le plan projetant
horizontalement cette génératrice coupe le second cylindre et le plan vertical qui aurait FE pour trace horizontale suivant une angle mixtiligne précisément égal à $\sigma'o'z'$;
donc si l'on mène l'horizontale du point m', et si l'on
prend m_2m_1 égal à la partie $m''m_1''$ interceptée dans l'angle curviligne $\sigma'o'z'$, le point m_1 sera la projection horizontale du point demandé, et le lieu des points m_1 sera une
courbe passant par a_1 et c_1. Pour avoir la tangente à cette
courbe en m_1, nous emploierons la méthode des normales;
la normale en m_1 au premier cylindre est projetée en m_1o_1;
la normale au second cylindre en m_1 est projetée en $m_1\omega_1$;
donc ω_1o_2 est la trace horizontale du plan de ces normales,
et la perpendiculaire $m_1\theta$ abaissée de m_1 sur cette trace
est la tangente demandée. Ce tracé graphique de la tangente, qui, d'après le théorème de Hachette, s'applique
encore aux points a_1 et c_1 pour lesquels la méthode des
plans tangents ferait défaut, conduit simplement à l'équation de la courbe $a_1m_1b_1c_1$; prenons pour axes de coordonnées les axes ωy et ωx des deux cylindres; x et y étant
les coordonnées d'un point quelconque m_1 de la courbe, le
coefficient angulaire de la droite $o_2\omega_1$ sera $-\frac{y}{x}$, par suite
celui de la tangente $m_1\theta$ sera $\frac{x}{y}$, et l'on aura

$$\frac{dy}{dx} = \frac{x}{y}, \quad \text{d'où } x\,dx - y\,dy = 0, \text{ ou } x^2 - y^2 = \text{const.}$$

On détermine la constante en exprimant que le point a_1
dont les coordonnées sont les rayons R et r du second et
du premier cylindre appartient à la courbe; on voit par
là que la constante est égale à $R^2 - r^2$, en sorte que l'é-
quation définitive de la courbe est

$$x^2 - y^2 = R^2 - r^2,$$

hyperbole équilatère, dont les axes des deux cylindres sont les axes de symétrie.

49. *Tracé de l'appareil; projections d'un voussoir*. — Ces notions théoriques établies, revenons au problème concret, c'est-à-dire à l'appareil de la porte biaise en talus (fig. 52, pl. VI).

Nous prenons pour plan horizontal le plan commnn des naissances de la porte et du berceau (car les piédroits n'offrent aucun intérèt), et pour plan vertical le plan d'une section droite $a'b'$ du cylindre qui forme l'intrados de la porte. Le mur en talus est donné par sa trace horizontale KH et par l'angle $\zeta o'z'$ que la verticale fait avec les droites suivant lesquelles ce talus est coupé par des plans verticaux parallèles aux génératrices de la porte, c'est-à-dire par des plans verticaux perpendiculaires à LT; on a vu au n° précédent comment on déduisait cet angle de celui que le plan du talus fait avec la verticale. Quant au grand berceau, il est donné par la génératrice EF située dans le plan horizontal, et par la section droite $o'\sigma'$ supposée amenée à être de front par une rotation autour de la verticale (o_1, $o'z'$). Avec ces données, on trouve aisément, comme il a été dit au n° précédent, les courbes de tête ab et a_1b_1 de la porte, c'est-à-dire les intersections de l'intrados de la porte avec le talus et avec l'intrados du grand berceau ; supposons ces courbes trouvées.

Pour tracer l'appareil de la porte, on divisera le demi-cercle $a'b'$... de section droite en un nombre *impair* de parties égales (on a pris ici ce nombre égal à 5), pour avoir un voussoir au sommet que l'on appelle *clef*; par les points de division m', r',... on mènera les rayons $o'm'$, $o'r'$,... ; si la section droite du cylindre, au lieu d'être un cercle, était une autre courbe géométrique ou une courbe graphique, on mènerait les normales ; ces rayons seront les traces verticales des joints de lit dont les plans passeront tous

par l'axe de la porte et par suite seront perpendiculaires
au plan vertical ; ces lits seront donc exactement normaux à l'intrados de la porte, mais ils ne le seront pas
aux surfaces des têtes, c'est-à-dire au talus et au grand
berceau ; on les limitera à un extrados [1] fictif $a''b'$ formé
par un cylindre concentrique à l'intrados de la porte ; c'est
ce que l'on appelle *extradosser parallèlement;* puis on terminera chaque voussoir par un plan horizontal tel que
$q'p'$ et par un plan vertical parallèle aux génératrices de
la porte, c'est-à-dire par un plan tel que $n'p'$ perpendiculaire à la ligne de terre LT. De cette façon la section droite
d'un voussoir quelconque V sera un pentagone $m'r'q'p'n'$
dont l'un des côtés $m'r'$ sera un arc de cercle, et le voussoir lui-même occupera, dans le prisme droit ayant
$m'r'q'p'n'$ pour base, la partie comprise entre le talus et
le grand berceau ; pour avoir la projection horizontale du
voussoir V, il faudra donc chercher les intersections de
toutes les faces de ce prisme avec le talus et le berceau.

D'abord la douelle coupera le talus suivant l'arc d'ellipse mr ; le lit supérieur donnera une droite rq, dont
le prolongement passe par o, et qu'on limite en q au moyen
de la ligne de rappel de q' ; le lit inférieur donne d'une
manière analogue la droite mn, dont le prolongement
passe par o et qu'on limite à la ligne de rappel de n ; enfin
le joint horizontal supérieur et le joint vertical de droite
donnent sur le talus, l'un la parallèle qp amenée par q à
la trace horizontale KH du talus, l'autre une perpendiculaire np menée par n sur LT. Telle est la projection horizontale $mrqpn$ du contour de la première tête. Quant
à la seconde tête, située sur le grand berceau, la douelle
donne l'arc d'hyperbole m_1r_1 ; le joint de lit supérieur

(1) Il n'y a d'extrados proprement dit, c'est-à-dire de surface extérieure
qu'autant que la voûte est isolée. Lorsqu'elle est liée, comme ici, à d'autres
constructions, on continue cependant d'appeler extrados la surface idéale qui
sert à limiter l'étendue des joints.

donne un arc d'ellipse r_iq_i qui serait tangent en o_i à la
génératrice initiale FE du grand berceau, et dont la partie
utile r_iq_i est comprise entre les lignes de rappel de r' et
q'. On obtiendrait un point intermédiaire quelconque en
cherchant, par le procédé indiqué au n° 41, l'intersection
du berceau et d'une perpendiculaire au plan vertical menée par un point quelconque de $r'q'$. D'une manière analogue le joint de lit inférieur $m'n'$ donne un arc d'ellipse
m_in_i; enfin le plan horizontal supérieur $q'p'$ donne une
génératrice q_ip_i du berceau, et le plan latéral $n'p'$ un arc
de section droite du même berceau lequel arc est projeté
suivant une droite n_ip_i perpendiculaire à LT. La projection horizontale du contour de la seconde tête est donc
$m_ir_ip_iq_in$. Il ne reste plus pour avoir la projection complète du voussoir qu'à tracer les arêtes $mm_i, rr_i, qq_i, nn_i, pp_i$;
nous avons ponctué le dessin de ce voussoir comme s'il
existait seul; les lignes invisibles sont alors l'arête mm_i et
les deux arcs m_ir_i, m_in_i de la seconde tête. Au lieu de la
section droite, dont la forme entraîne celles des courbes
de tête, l'architecte aurait pu se donner celle-ci tout d'a-
bord par certaines raisons de convenance et de solidité;
rien n'est changé pour cela dans l'épure : la marche de
l'explication est seule différente, on passe alors de la tête
à la section droite sur laquelle on trace les joints et tout
l'appareil qu'on relève sur les têtes.

43. *Perspective cavalière d'un voussoir et taille.* — La
figure 53, pl. VI représente une perspective cavalière du
voussoir V; on a pris pour plan de front servant de tableau le plan de front xy (fig. 52, pl. VI) mené par le
point (r, r') qui est le plus en avant. On a reproduit la
section droite $M_0RQ_0P_0N_0$ faite par ce plan xy, telle qu'elle
est sur la projection verticale (fig. 52, pl. VI), puis par
les divers points de ce contour on a mené des lignes fuyan-
tes auxquelles on a laissé leurs vraies longueurs; ces

longueurs sont fournies par la projection horizontale
(fig. 52, pl. VI). Le voussoir est MRQPNMM$_1$R$_1$Q$_1$P$_1$N$_1$M$_1$. La
figure 54, pl. VI, donne une vue perspective de l'ensemble
de la voûte.

1° *Taille par équarrissement*. — On commence par choisir
un bloc de pierre *capable* du voussoir, c'est-à-dire au moins
égal au prisme droit qui aurait pour base la section
droite *m'r'q'p'n'* et pour hauteur la distance des parallèles
xy et *p$_1$q$_1$* (fig. 52, pl. VI); on dresse l'une des petites faces
du bloc de pierre ; on y applique le panneau de section
droite M$_0$N$_0$P$_0$Q$_0$R (fig. 53, pl. VI) de façon que le côté
RQ$_0$ du lit supérieur coïncide autant que possible avec
le lit de carrière de la pierre, puis avec la pierre noire on
marque sur la pierre le contour de ce panneau. Cela fait,
comme toutes les faces latérales sont à angle droit sur
cette première face, on abattra la pierre carrément, de
manière qu'une équerre appuie constamment par sa longue branche sur la partie que l'on taille, tandis que son
sommet glisse sur le contour de la première face et que
son autre côté s'applique sur cette face ; de cette manière
on pourra tailler toutes les faces latérales, en commençant par les deux joints de lit, continuant par la douelle
et finissant par la face horizontale et la face verticale,
qui ont le moins d'importance. A mesure que chaque face
sera taillée, on y appliquera le panneau correspondant
dont on tracera le contour à l'aide de la pierre noire.
Cela fait, les contours MRQPN, M$_1$R$_1$Q$_1$P$_1$N$_1$ se trouveront
tracés sur la pierre, et il ne restera plus qu'à dresser les
deux têtes. La tête plane MRQPN se dressera à l'aide
d'une règle qui devra constamment s'appuyer sur deux
points quelconques du contour. Quant à la tête cylindrique M$_1$R$_1$Q$_1$P$_1$N$_1$, on abattra la pierre de façon qu'une
règle s'appuie constamment sur le contour en passant
par des points de repère 1 et 1′, 2 et 2′,... correspondant
à une même génératrice du cylindre ; on obtient ces

points de repère en traçant sur la base $M_0R\, Q_0P_0N_0$ des parallèles telles que $1_0 1'_0$ à Q_0P_0 et ramenant par des horizontales $1_0 1$, $1'_0 1'$ les points 1_0 et $1'_0$ en 1 et $1'$.

On voit que pour effectuer cette taille, il faut avoir le panneau de section droite, et ceux de toutes les faces latérales. Le panneau de section droite est donné immédiatement dans l'épure par la projection verticale ; les panneaux de la face horizontale $q'p'$ et de la face verticale $n'p'$ résultent aussi immédiatement de l'épure, en sorte qu'il rest   léterminer les *panneaux de lit et le panneau de douelle*. A   effet, on développe l'intrados de la porte ; sur l'épure nous n'en avons développé que la moitié ; nous avons pris, sur le prolongement de LT, $\alpha'\beta' = $ arc $a'b' = \frac{1}{2}\pi\, o'a'$; puis nous avons divisé $\alpha'\beta'$ en cinq parties égales, et pris les segments $\alpha'\mu'$ et $\mu'\rho'$ égaux à deux divisions, en élevant des perpendiculaires à $\alpha'\beta'$ par α', μ' et ρ', on a les arêtes des douelles successives après le développement. En prenant $\mu'\mu_1 = m'_1m_1$ et $\mu'\mu = m_1'm$ et agissant de même pour les points analogues, on obtient pour lieux des points μ et des points μ_1 les transformées $\alpha\mu\rho\beta$, $\alpha_1\mu_1\rho_1\beta_1$ des deux courbes de tête. Dans le développement l'angle d'une courbe tracée sur le cylindre et d'une génératrice du cylindre ne changeant pas, on voit que la courbe $\alpha_1\mu_1\rho_1\beta_1$ doit être en α_1 et β_1 à angle droit sur $\alpha'\alpha_1$ et $\beta'\beta_1$; de même, la courbe $\alpha\mu\rho\beta$ doit faire en α avec $\alpha\alpha'$ un angle égal à $\zeta'o'L$, et en β avec $\beta\beta'$ un angle égal à $o'oH$. La figure $\mu\rho\rho_1\mu_1$ est le panneau de douelle. Si l'on veut le panneau du lit inférieur $m'n'$, il suffit de faire tourner son plan autour de l'horizontale (m', m_1m) de manière à le rendre horizontal ; on transporte ordinairement le rabattement à la suite du panneau de douelle en $\mu\mu_1\nu\nu_1$; on prend $\mu'\nu'$ égal à $m'n'$, puis sur la perpendiculaire $\nu'\nu_1\nu$ on prend $\nu'\nu_1 = n'_1n_1$, $\nu'\nu = n'_1n$; enfin on mène la droite $\mu\nu$, et on réunit μ_1 à ν_1 par un arc de courbe qui est la vraie grandeur de $(m_1 n_1, m'n')$ et dont on obtiendrait des points intermédiaires absolument comme on a obtenu le point extrême v_1. L'autre panneau de lit $\rho \chi \chi_1 \rho_1$ s'obtient d'une manière analogue.

Au lieu de déterminer ainsi sur l'épure les panneaux des douelles et des lits, on reporte sur les arêtes du prisme droit équarri, à partir de la section droite $P_0 Q_0 R M_0 N_0$, les distances QQ_0, $Q_1 Q_0$,.... et celles de quelques points des courbes $RM, R_1 M_1$ en nombre suffisant pour pouvoir les tracer avec exactitude ; cela vaut mieux que d'établir une multitude de panneaux d'après un développement qui comporte nécessairement des erreurs. L'appareilleur relève directement en millimètres ces distances sur l'épure et les inscrit sur le calepin.

2° *Taille directe.* — On dresse un lit de carrière et on y trace le contour $RQQ_1 R_1$ (fig. 53, pl. VI) du lit supérieur à l'aide du panneau correspondant ; puis par la droite RQ, et, à l'aide d'un biveau dont les branches font l'angle $q'r'm'$ de la droite $r'q'$ et de la corde $r'm'$, on dresse un plan $RMM_1 R_1$ qui représente le plan déterminé par les deux arêtes projetées en r' et m' ; on donne le nom de *douelle* plate à la partie de ce plan limitée par les génératrices $MM_1 RR_1$ et par les cordes MR, $M_1 R_1$; cette douelle plate est un trapèze dont la vraie grandeur résulte immédiatement de l'épure ; pour tailler le plan de cette douelle plate, l'ouvrier doit maintenir le biveau dans un plan constamment normal à l'arête RR_1. Sur ce plan, à l'aide du panneau de douelle plate, on marquera le contour de cette douelle, puis avec le même biveau (car les deux angles $q'm'r'$, $r'm'n'$ sont égaux), on taillera le plan du lit inférieur sur lequel on appliquera le panneau correspondant $MNN_1 M_1$ de manière à en tracer le contour sur la pierre. Cela fait, on pourra dresser le plan de la première tête (celle qui est sur le talus), on y appliquera le panneau correspondant, et une fois le contour de cette

tête tracé, on pourra creuser la douelle cylindrique ;
on se servira à cet effet d'une cerce découpée suivant
l'arc $m'r'$ et que l'on promènera de manière qu'elle passe
constamment par des points de repère marqués sur les
arêtes MM_1, RR_1 et choisis à égale distance du plan de
la section droite ; l'épure permet de marquer ces repères
sans difficulté. Sur la douelle creusée, on tracera, à
l'aide du panneau de douelle la courbe R_1M_1, on taillera ensuite les plans de la face supérieure QQ_1PP_1,
NPP_1N_1; on connait deux droites de chacun d'eux, savoir
les arêtes QQ_1 et NN_1 et les deux arêtes QP et PN de la
première tête ; on prendra $PP_1 = pp_1$; on tracera la
droite Q_1P_1 et l'arc de cercle N_1P_1 qui est un arc de la section droite du grand berceau. Dès lors on connaîtra le
contour de la seconde tête, et on la dressera avec une règle s'appuyant sur des points de repère comme il a été
dit dans la méthode précédente. On voit que cette méthode exige, outre les panneaux de lit et de douelle,
le panneau de la tête plane ; il suffit, pour l'obtenir, de
rabattre le plan du talus KH autour de sa trace horizontale et de chercher les rabattements des points du contour *mrqpn*. Sur l'épure, on a construit une partie $R_1M_1N_1$
de ce rabattement ; pour avoir le rabattement du point
(m, m'), on abaisse de m sur la trace KH une perpendiculaire sur laquelle sera le point cherché M_1 qu'on achève
de déterminer en observant que sa distance à KH doit être
égal à $o'm''$. On opérera de même pour les autres points.

Dans la première méthode, il faut commencer par
tracer une section droite qu'on doit finalement supprimer,
ce qui occasionne une perte de matériaux et de main-
d'œuvre. Dans la seconde, on évite cette inconvénient ;
mais il disparaît de lui-même lorsque le voussoir, étant
trop long pour être formé d'une seule pierre, on le partage en deux suivant une section droite intermédiaire
qu'on prend alors pour point de départ dans la taille.

Si le plan vertical (*pn, p'n'*) qui limite le voussoir coupe
le mur en talus sous un angle trop aigu, on mène par la
droite (*pn, p'n'*) un plan à peu près perpendiculaire à
ce mur, qu'on taille sur une petite étendue (8 à 10 centimètres), et qu'on réunit au plan vertical primitif
(*pn, p'n'*) par une face grossièrement taillée. De même, si
le plan horizontal (*pqp,q,,p'q'*) coupe le mur en talus et le
berceau cylindrique sous des angles trop aigus, on mène
par (*pq, p'q'*) un plan normal au talus, et par (*p,q,,p'q'*)
un plan normal au berceau, qu'on taille sur une petite
étendue (8 à 10 centimètres), jusqu'à un plan horizontal
supérieur qui limite alors le voussoir, exactement comme
pour les murs (n° 16, fig. 25, 26 et 27, pl. II).

Remarques.

44. — Si nous avons placé, dans les données de l'é-
pure précédente, des biais et des talus, ce n'est pas
comme exemple d'une architecture régulière, et il ne
conviendrait pas de les introduire volontairement dans
un projet que l'on serait maître de disposer à son gré.
Mais les biais et les talus se présentent forcément dans les
fortifications et dans certains genres de travaux publics,
tels que murs de revêtement des quais, aqueducs,
ponts, viaducs, etc. On doit, en outre, chercher à résoudre les problèmes de stéréotomie avec toutes les difficultés
qui peuvent s'offrir, car la solution n'en deviendra que
plus facile, lorsque ces complications n'auront pas lieu.
Ainsi nous pouvons, grâce à l'épure précédente, nous
dispenser de traiter à nouveau :

La *porte droite en mur droit* ou *en talus*, c'est-à-dire pratiquée dans un mur vertical ou en talus, les génératrices horizontales de la porte étant perpendiculaires
aux horizontales du mur ;

La *porte biaise en mur droit*, c'est-à-dire pratiquée dans un mur vertical, les génératrices de la porte étant obliques sur les horizontales du mur.

Les *berceaux* horizontaux *droits* ou *biais, en mur droit* ou *en talus,* qui ne diffèrent des portes que par la longueur des génératrices, et dont on limite les voussoirs par des sections droites, en ayant soin que les joints montants de deux assises consécutives soient en découpe.

45. — Une voûte appareillée en pierre de taille et qui n'offre qu'un intrados est dite *simple.* Si elle débouche dans une seconde voûte en maçonnerie, on dit qu'elle *rachète* cette dernière. Deux voûtes appareillées en pierres de taille et qui débouchent l'une dans l'autre ne se rachètent pas, mais forment une *voûte composée.* La solidité de la construction exige alors qu'à la rencontre des deux voûtes une même pierre, dans chaque assise, fasse partie des deux appareils ; on donne à ces pierres le nom de *voussoirs d'angle.*

Ainsi, dans les exemples précédents, si la porte, au lieu d'être pratiquée dans un mur en maçonnerie, l'est dans un mur en pierre de taille, il faut raccorder les lits des voussoirs avec les assises du mur, comme dans la figure 55, pl. VI, sans s'astreindre à rendre ces joints égaux. Souvent aussi on ajoute des *crossettes* (voussoirs ayant la forme de crosses), comme dans la figure 56, pl. VI, et les voussoirs de ce genre sont dits vulgairement en *tas de charge,* ou mieux en *état de charge* ; cette disposition est commode pour le *poseur,* parce qu'elle contribue à maintenir le voussoir en équilibre pendant que l'on monte la voûte, mais elle est sujette à des inconvénients graves dont nous avons déjà parlé (nº5, 2º), et d'ailleurs elle ne doit jamais être employée pour la clef qu'il faut toujours terminer par deux lits entièrement plans. La clef se pose, en effet, la dernière et doit pouvoir descendre librement entre les deux voussoirs voisins ou *contre-clefs*, de manière à y être forcée, ce qui ne pourrait se faire si elle avait des lits brisés.

Porte droite en tour ronde et en talus.

46. — Les explications très détaillées que nous avons données sur la porte précédente nous permettent de nous borner ici à quelques indications.

La surface intérieure de la tour (fig. 57, pl. VI) est un cylindre de révolution à axe vertical; la surface extérieure est un cône de révolution de même axe; l'intrados de la porte que l'on veut pratiquer dans la tour est un demi-cylindre de révolution dont l'axe horizontal rencontre celui de la tour; si cette rencontre n'avait pas lieu la porte serait *biaise* et non plus droite; elle est dite *en talus* par ce que le revêtement extérieur de la tour est conique.

Nous faisons toujours abstraction des piédroits et nous prenons pour plan horizontal le plan de naissance de la porte et pour plan vertical un plan perpendiculaire à l'axe de cette porte, dont la projection verticale sera le demi-cercle de section droite $a'b'c'$. Sur le plan horizontal, g_ih_i, et gh sont les deux cercles concentriques qui représentent les traces sur le plan des naissances du mur cylindrique intérieur et du mur conique extérieur de la tour; le centre commun ω de ces cercles est sur le prolongement de l'axe $oo_i\omega$ de la porte; enfin on donne l'angle $z'u'\zeta'$ que les génératrices du cône font avec la verticale.

Pour appareiller, on divise le demi-cercle $a'b'c'$ en un nombre impair de parties égales; par les points de division $m',r',\ldots$, on mène les rayons $o'm',o'r',\ldots$; ce sont les traces verticales des plans de lit lesquels passent par l'axe de la porte et par suite sont perpendiculaires au plan vertical ; on limite ces lits à un intrados fictif qui est un cylindre concentrique à l'extrados ; enfin par les points q' et n' on mène une horizontale et une verticale, qui représenteront la face horizontale supérieure et le joint perpendiculaire à la ligne de terre qui limite à droite le voussoir dont $m'r'q'p'n'$ est la section droite.

Pour représenter ce voussoir, il faut chercher les intersections du prisme droit ayant $m'r'q'p'n'$ pour base, d'une part avec le mur cylindrique, de l'autre avec le mur conique ; l'intersection $m_1 r_1 q_1 p_1 n_1$ avec le mur cylindrique se projette entièrement sur le cercle de base $g_1 h_1$ et il n'y a en réalité qu'à chercher la tête sur le revêtement conique. Pour en avoir un point (m, m'), on coupe le cône par un plan horizontal $m'm''m'''$; on obtient un cercle $m\mu$ dont le rayon est égal au rayon $o\omega$ du cercle gh diminué du reculement $m''m''$; on prend donc $o\mu = m'''m''$, on décrit un cercle de ω comme centre avec $\omega\mu$ pour rayon, et, en menant la ligne de rappel du point m', on a le point m. Les tangentes en m aux courbes mr et mn s'obtiendraient par l'intersection du plan tangent au cône le long de la génératrice ωm avec le plan tangent au cylindre le long de (m', mm_1) et du plan de lit $(oo', m'n')$.

La figure 58, pl. VII, donne une vue perspective de la porte droite et la figure 59, pl. VII, une vue perspective de la porte biaise.

47. — Si le cylindre vertical $a_1 b_1 c_1$ (fig. 57, pl. VI) s'arrêtait au plan des naissances et était surmonté d'une demi-sphère en maçonnerie, on aurait une *porte droite* ou *biaise, en tour ronde, en talus, rachetant une voûte sphérique*, et on procéderait exactement comme pour la porte biaise en talus rachetant un berceau cylindrique (n° 40 et suivants).

Il en serait de même si la porte était conique. Les droites de naissances aa_1 et cc_1 (fig. 57, pl. VI) seraient

alors convergentes en un point qui serait le sommet
du cône d'intrados. La directrice de ce cône serait un
cercle vertical décrit sur ac, ou sur a_1c_1, ou sur une droite
intermédiaire, comme diamètre, ou toute autre courbe.
Les courbes de tête seraient les intersections de ce cône
avec les surfaces limitant la voûte, et les plans de lits
seraient menés par les génératrices et par l'axe du cône
ou normalement à l'intrados. Ces voûtes sont employées
comme soupiraux ou abat-jour, ou comme embrasures
pour les canons. Si la directrice du cône est une courbe
fermée complète, la voûte prend le nom d'O ou d'*œil-de-
bœuf conique*.

On procèderait encore de la même manière si la porte
cylindrique ou conique était pratiquée au travers d'un
mur à surface cylindrique oblique, à surface conique oblique, ou à surface gauche.

Porte droite en mur droit avec arrière vaussure de Marseille.

48. *Objet du problème.* — Cette porte, dont la moitié est représentée (fig. 60, pl. VII) en perspective cavalière, est pratiquée dans un mur à faces verticales et
parallèles. Elle se compose : 1° d'une première voûte
droite en berceau C dont la section droite est un demi-
cercle $a_1M_1N_1$ placé sur la première face du mur ; 2° d'une
partie en retraite B formée par une partie plane parallèle
au mur et par un second berceau concentrique au premier
et dont le rayon surpasse un peu celui du premier ; cette
partie en retraite destinée à recevoir les vantaux de la
porte prend le nom de *feuillure* (nous nommerons cercle
de feuillure le cercle cRP qui termine ce second berceau) ;
3° d'une partie évasée A formée par deux piédroits
divergents qu'on nomme *faces d'ébrasement* et par une
surface gauche qui surmonte ces faces d'ébrasement ;

c'est cette surface gauche dont la moitié est ici cQEIFDPR
qui prend à proprement parler le nom d'*arrière-voussure* ;
elle s'élève de manière à permettre au vantail de tourner
et de venir s'appliquer sur la fase d'ébrasement. Cette
surface gauche a pour directrices : l'axe commun des
deux berceaux qui forment l'entrée de la feuillure, le
cercle de feuillure cRPD, et une troisième ligne
formée de deux parties FIE et EQc ; la première
FIE est un arc de cercle, situé sur la seconde face du
mur, et ayant pour centre un point assez éloigné sur la
verticale UF qui correspond au milieu de la porte; l'autre est une courbe cE tracée sur la face d'ébrasement A ;
cette courbe doit être telle que les deux parties de la
surface gauche ou pour mieux dire les deux surfaces gauches qui correspondent l'une à l'arc FE, l'autre à la
courbe EQc se raccordent tout le long de la génératrice
commune qui aboutit en E. C'est cette question de raccordement qui doit nous occuper d'abord.

49. *Question théorique ; raccordement des deux surfaces de l'arrière-voussure.* — Prenons pour plan horizontal le plan des naissances (fig. 61, pl. VII), plaçons-y les traces fx et b_ix_i des faces qui limitent le mur,
l'axe ob_if de la porte, et le contour brisé a_iac_icg de la
trace du piédroit ; cg doit être au moins égal au rayon cd
du cercle de feuillure ; on l'a pris ici un peu plus petit
pour pouvoir faire tenir la figure sur la planche. Prenons
pour plan vertical un plan LT perpendiculaire à l'axe
ob_if de la porte, et plaçons-y les cercles $a'b'$, $c'd'$ sections
droites des deux berceaux, la verticale $g'e'$ intersection
du mur et de la face d'ébrasement, et enfin un arc de
cercle fe' d'un grand rayon dont le centre soit sur la
droite $f'of$, et dont le point le plus haut f' soit tel que
$d'f'$ soit compris entre la moitié et le tiers de la largeur
df de la partie évasée de la voûte ; on l'a pris ici un peu

plus grand pour que la figure soit claire; ce cercle qui est placé sur la face *fx* du mur et que nous nommerons l'*arc de tête* est la troisième directrice de la première surface gauche ; les deux autres directrices sont l'axe *of*, et le cercle de feuillure (*cd, c'd'*). On obtient les génératrices de cette surface gauche en remarquant que leurs projections verticales doivent passer par *o'* ; si donc *o'p'i'* est une droite menée par *o'* sur le plan vertical, en descendant *p'* en *p* sur *cd* et *i'* en *i* sur *fg*, et joignant *pi* on aura la projection horizontale de la génératrice qui se projette verticalement sur *o'p'i'*. On trouvera de même la génératrice extrême (*ιe, o'ι'e'*) de cette première surface gauche ; on voit par là que cette première surface gauche ne recouvre que la partie *dιgf* du trapèze *dcgf*; c'est à recouvrir le triangle *ιcg* que la seconde surface gauche est destinée.

Cette seconde surface a deux directrices communes avec la première, l'axe *of* de la porte et le cercle (*cd,c'do'*) de feuillure; il s'agit de déterminer la troisième directrice (*ce,c'e'*) sur la face d'ébrasement, de telle sorte que cette deuxième surface gauche se raccorde avec la première tout le long de la génératrice (*ιc,ι'e'*) qui est commune aux deux surfaces ; pour plus de rapidité, nous désignerons cette troisième ligne inconnue (*ce,c'e'*) sous le nom d'*arc d'ébrasement*. On sait que le raccordement exige seulement que les deux surfaces se touchent en trois points de la génératrice commune ; or les deux surfaces se touchent déjà aux points où la génératrice commune rencontre l'axe *of* et le cercle de feuillure, il suffit donc qu'elles aient le même plan tangent au point (*e,e'*), c'est-à-dire que la courbe d'ébrasement *c'e'* soit tangente en *e'* à l'intersection de la face d'ébrasement et du plan tangent à la première surface gauche en (*e,e'*). Or on a déjà un premier point (*e,e'*) de cette intersection; pour en avoir un second, on coupe le plan tangent considéré et le plan d'ébrasement par le plan *cd* du cercle de feuillure; ce plan donne dans la face d'ébrasement la verticale $(c, c'\theta')$, et dans le plan tangent la parallèle $\epsilon'\theta'$ à $e't'$ qui est une ligne de front de ce plan tangent; en joignant au point e' le point θ' commun à ces deux droites, on aura la tangente demandée $e'\theta'$; et, en menant une courbe quelconque tangente en e' à $e'\theta'$ et tangente en c' à la verticale, on aura la troisième directrice d'une seconde surface gauche qui se raccordera avec la première le long de la génératrice commune.

Mais la condition de raccordement des deux surfaces le long de $(\epsilon e, \epsilon'e')$ n'est pas la seule condition que ces surfaces doivent remplir; il faut en outre que le vantail puisse librement tourner et venir s'appliquer sur la face d'ébrasement sans rencontrer la surface gauche de l'arrière-voussure. Cela exige que l'arc d'ébrasement $c'e'$ soit tout entier au-dessus du quart de cercle qui termine le vantail au moment où ce vantail est appliqué sur la face d'ébrasement. Aussi, avant de tracer l'arc $c'e'$, fait-on tourner la face d'ébrasement autour de la verticale du point c, de manière à amener ce plan à être de front; le vantail s'y projette alors suivant le quart de cercle $c'\delta'$ égal au cercle de feuillure; dans ce mouvement le point (e, e') vient en (φ, φ'); on joint ce point φ' au point θ' qui, étant sur l'axe de rotation, ne bouge pas; enfin on trace une courbe $c'\varphi'$ tangente en c' à la verticale, en φ' à $\varphi'\theta'$, et embrassant le cercle $c'\delta'$; ce sera le rabattement de l'arc d'ébrasement. On peut tracer cette courbe de bien des manières; mais il faut toujours, pour qu'on puisse le faire, que la droite $\theta'\varphi'$ ne rencontre pas le cercle $c'\delta'$; si cela avait lieu, il faudrait remonter l'arc de tête fc'. Voici, en supposant que $\theta'\varphi'$ ne coupe pas le quart de cercle $c'\delta'$, la manière la plus usitée de tracer la courbe demandée. On mène $\varphi'\rho'$ perpendiculaire sur $\theta'\varphi'$ et égale au rayon $c'\omega'$ du cercle $c'\delta'$; sur le milieu de $\omega'\rho'$ on élève une perpendiculaire qui rencontre $\varphi'\rho'$ en un point z' ; on mène $z'\omega'$ qui rencontre $c'\delta'$ en un certain point λ', et du point z' on décrit, avec $z'\varphi' = z'\lambda'$ pour rayon, un arc de cercle $\lambda'\varphi'$ qui touche $\varphi'\theta'$ et se raccorde évidemment avec l'arc $c'\lambda'$ en λ' ; l'ensemble des deux arcs raccordés $c'\lambda'$ et $\lambda'\varphi'$ est le rabattement de l'arc d'ébrasement ; on le ramène dans sa vraie position $e'\alpha'c'$ par une rotation autour de la verticale du point c ; dans cette rotation un point quelconque (λ,λ') décrit un arc de cercle qui se projette en vraie grandeur suivant $\lambda\alpha$ sur le plan horizontal, et l'intersection α' de la verticale de α et de l'horizontale menée par λ' donne le point α' où vient λ'.

De ce que l'arc d'ébrasement a été tracé de telle sorte qu'il soit au-dessus de la position du vantail lorsque celui-ci est appliqué sur le plan d'ébrasement, il ne s'ensuit pas nécessairement que dans tout son parcours le vantail en tournant ne rencontre pas la surface gauche de l'arrière-voussure ; il faudra donc encore vérifier si cette condition indispensable est remplie. Le plus simple consiste à faire des sections horizontales dans la surface gauche et dans la surface torique décrite par le vantail ; un plan horizontal coupe le tore suivant un cercle que l'on obtient immédiatement ; il coupe la surface gauche suivant une courbe qu'on obtient en prenant l'intersection de ce plan horizontal avec quelques génératrices ; il faudra que la projection horizontale de cette courbe ne rencontre pas la projection du parallèle du tore dans l'intérieur du trapèze $dcgf$; on vérifiera le fait pour quelques plans horizontaux convenablement espacés et situés au-dessous de d'. Si l'une des sections horizontales ne satisfaisait pas à la condition, il faudrait alors remonter l'arc de tête $f'c'$.

50. *Appareil ; représentation d'un voussoir.* — Tous les éléments du problème étant fixés, passons à l'appareil, c'est-à-dire à la division en voussoirs.

On divise le cercle $a'm'n'b'$... en un nombre impair de parties égales ; on mène les rayons om', on', ... relatifs aux points de division ; ce seront les traces verticales des lits qui seront des plans passant par l'axe obf c'est-à-dire perpendiculaires au plan vertical. On terminera d'ailleurs le voussoir compris entre les lits $m'h'$ et $n'l'$ par un plan horizontal $l'k'$ et par un plan perpendiculaire à la ligne de terre $k'h'$; en sorte que le contour extérieur de la projection verticale du voussoir considéré sera $m'n'p'i'l'k'h's'q'r'm'$.

La figure 62, pl. VIII, est une perspective cavalière de ce voussoir. Les faces droites ou courbes qui le limitent sont : les têtes LKHSEI, $L_1K_1H_1M_1N_1$ dont la seconde est invisible ; les lits $N_1NP_1PILL_1$, $M_1MR_1RQSHH_1$ dont le second est invisible ; la douelle cylindrique M_1MN_1N qui fait partie du premier berceau ; le plan MR_1P_1N et la douelle cylindrique R_1RPP_1, qui appartiennent à la feuillure ; la douelle gauche RPIEQ, composée d'une partie de chacune des deux surfaces gauches raccordées qui forment l'arrière-voussure ; la séparation des deux surfaces n'est pas apparente parce qu'il y a raccord ; la face plane SEQ qui appartient au plan d'ébrasement ; enfin le joint d'assise supérieur LKK_1L_1, et le joint latéral vertical KHH_1K_1. ces deux joints sont invisibles.

51. *Taille du voussoir.* — On fait la taille par équarrissement. Le *solide capable* $L_1K_1H_1M_1N_1vLKH\mu$ (fig. 62, pl. VIII) a pour base la projection verticale du voussoir et pour hauteur l'épaisseur du mur. On prend un bloc pouvant contenir ce solide, on dresse une des faces sur laquelle on applique le panneau de tête $L_1N_1M_1H_1K_1$; on abat alors carrément les plans de lit sur lesquels on applique les panneaux de lit $L_1LIPP_1NN_1$, $HSQRR_1MM_1H_1$; l'un de ces lits doit être suivant le lit de carrière, au moins à peu près ; cela fait on taille le joint supérieur L_1K_1KL et le joint latéral K_1KHH_1 dont on trace les contours sur la pierre ; on

mène un plan par LK et KH et on y applique le panneau
LKHSEI de l'autre tête. Par les droites ES et QS on mène
un plan en creusant avec précaution jusqu'à ce qu'on
puisse y appliquer une cerce découpée suivant l'arc EQ
qui est en vraie grandeur en $\varphi'\chi'$ sur le rabattement de
l'arc d'ébrasement (fig. 61, pl. VII). On exécute ensuite
sans peine la douelle cylindrique N_1M_1NM, le plan MNP_1R_1 et
la douelle cylindrique P_1PRR_1; on se sert pour cela de
cerces découpées sur les arcs $m'n'$, $r'p'$ de la projection
verticale (fig. 61, pl. VII). On aura alors sur la pierre
tout le contour de la douelle gauche, et, pour la tailler,
il suffira de promener sur ce contour une règle passant
par des points de repère tels que chaque position de la
règle soit une génératrice de la douelle gauche; ces points
de repère s'obtiennent immédiatement sur la projection verticale à l'aide de droites divergeant du point o',
(fig. 61, pl. VII).

58. — D'après cela, les seuls panneaux à chercher
sont ceux des lits; car ceux des têtes sont en vraie grandeur sur l'épure. Montrons donc comment on obtiendra
le panneau de l'un des lits, par exemple celui du lit inférieur qui est le plus compliqué. Il suffit de faire tourner ce lit dont le plan est perpendiculaire au plan vertical, autour de l'axe obf (fig. 61, pl. VII), jusqu'à ce qu'il
soit couché sur le plan horizontal. Chaque point décrit
un cercle qui se projette en vraie grandeur sur le plan
vertical et suivant une parallèle à LT sur le plan horizontal. L'intersection avec le premier berceau et avec la feuillure se rabat sur a_1ac_1c; le point (q,q') se rabat en Q_1 et
cQ_1 est le rabattement de la génératrice de la douelle
gauche; le point (g,s') se rabat est S_1 et Q_1S_1 est le rabattement de l'intersection avec la face d'ébrasement; enfin l'arête h' se rabat en H_1H_1 et le contour du panneau
est $a_1ac_1cQ_1S_1H_1H_1$.

Ce n'est guère que depuis qu'on ne construit plus d'arrière-voussures qu'on fait l'épure exactement; autrefois on ne se préoccupait pas du raccordement, on traçait d'une manière quelconque l'arc d'ébrasement, puis sur le tas on faisait disparaître la brisure avec le ciseau, de manière à ce que l'œil ne fût pas choqué. La figure 63, pl. VIII, est une vue perspective de l'ensemble de la voûte.

Notions sur d'autres arrière-voussures.

53. — Aujourd'hui on évite la construction des arrière-voussures; cependant il importe de les connaître, non-seulement comme curiosité et comme exercice, mais parce qu'on peut avoir à en exécuter, lorsqu'on restaure des ouvrages anciens. Nous allons donc indiquer en quelques mots la génération des principales arrière-voussures, autres que celle de Marseille.

L'*arrière-voussure de Montpellier* n'est autre que l'arrière-voussure de Marseille, dans laquelle on remplace l'arc de tête circulaire FE (fig. 60, pl. VII) par une droite horizontale ; on l'employait pour les fenêtres cintrées. Tous les tracés et les raisonnements précédents subsistent.

54. — L'*arrière-voussure de Saint-Antoine* qui existait à l'ancienne porte du faubourg Saint-Antoine et dont on voit encore un certain nombre de spécimens à l'hôtel de Juigné, rue de Thorigny, à Paris, était beaucoup moins heureuse que les précédentes sous tous les rapports. L'intrados de l'entrée de la porte et la feuillure étaient en platebandes (n° 121), en sorte que l'arrière-voussure, c'est-à-dire la partie recouvrant le trapèze *abcd* (fig. 64, pl. VIII), n'était pas motivée par le mouvement du vantail qui était rectangulaire. Voici quelle était la génération de cette arrière-voussure. Dans le plan de tête imaginons une demi-ellipse *c'c'b'* décrite sur *c'b'* comme grand axe (à la porte Saint-Antoine, comme dans notre épure, cette ellipse était un cercle). Dans le plan vertical pe imaginons une seconde ellipse ayant pour demi-axes pe et $p'e'$; cette ellipse, dont le quart seul est utile, est projetée en vraie grandeur sur le plan vertical auxiliaire L_1T_1 parallèle à pe. mn étant un plan de front quelconque, ce plan détermine dans l'ellipse $p_1e'_1$ une ordonnée $m_1r'_1$; l'ellipse qui est dans ce plan de front et qui a mn pour grand axe, et m_1r_1 pour demi petit axe se déforme à mesure que mn se déplace parallèlement à LT; c'est cette ellipse qui engendre l'arrière-voussure ; quand mn est sur cb elle devient l'ellipse de tête $c'e'b'$; et quand mn est sur da elle se réduit à la droite $d'a'$; la surface engendrée par cette ellipse recouvre donc tout le trapèze $abcd$. On appareillait en faisant passer les plans de lit par les droites (pe, p'); ces joints tels que 1.3, 2.5 n'étaient plans qu'au delà de l'arc de tête $b'e'$; en deçà c'étaient des cylindres perpendiculaires au plan vertical et ayant pour directrices des arcs de cercle 2.7, 1.6, ayant pour centres les points n' et v' où les tangentes en 1 et 2 coupent la droite $c'b'$; puis, dans la feuillure, ces joints se continuaient suivant des plans 7.9, 6.8, perpendiculaires à $b'c'$.

La figure 65, pl. VIII, est une vue cavalière de l'ensemble de la voûte, et la figure 66, pl. VIII, une vue cavalière du voussoir de l'angle de droite.

55. — *L'arrière-voussure de Marseille altérée*, dont l'intrados n'est pas non plus une surface réglée, est engendrée par un cercle dont le plan reste toujours vertical et parallèle au plan de tête, et dont le rayon varie de manière à ce qu'il passe insensiblement de la forme du demi-cercle de la feuillure à celle de l'arc de tête. Ce cercle est d'ailleurs assujetti à s'appuyer toujours par son point le plus élevé sur une droite, et à rencontrer deux courbes d'ébrasement données (fig. 67, pl. VIII). Les plans de lit passent par l'axe de la porte.

56. — Citons encore l'*arrière-voussure conique* qui diffère de l'arrière-voussure de Marseille en ce que la surface de l'arrière-voussure est le cône passant par le cercle de feuillure *c′d′* (fig. 61,pl. VII) et par le cercle *e′f′* auquel appartient l'arc de tête, et ayant, par conséquent, son sommet sur la ligne des centres de ces deux cercles. Ce cône coupe le plan d'ébrasement suivant un arc d'hyperbole, ce qui est assez simple; mais les plans de lit, qu'on fait toujours passer par l'axe de la porte, donnent des hyperboles pour arêtes des douelles dans l'arrière-voussure conique, ce qui est disgracieux.

En somme, de toutes les arrière-voussures, c'est l'arrière-voussure de Marseille qui, au point de vue pratique, offre le plus d'avantages.

De la pose des portes cylindriques ou coniques et des berceaux horizontaux.

57. — Les murs des piédroits étant montés jusqu'au niveau des naissances de la voûte, on commence par établir sur de forts étais en bois et de distance en distance, suivant la longueur de la voûte, des *cintres* (fig. 68, pl. VIII) ou arcs formés de plusieurs pièces de bois ayant un contour extérieur parallèle à la section par un plan vertical de l'intrados de la voûte considérée. Sur ces cintres, au nombre de deux au moins, placés *près* des têtes de la voûte, on pose des madriers appelés *couchis*, qui vont d'un cintre à l'autre, et que l'on cale en dessous pour qu'ils touchent immédiatement les douelles des voussoirs qu'ils doivent soutenir. On fixe alors sur la charpente, dans le plan vertical de section de l'intrados, au niveau de la naissance de la voûte, une forte règle *mn* bien dressée, sur laquelle on marque les points 1, 2, 3,..., relevés sur l'épure, par lesquels passent les plans verticaux des arêtes des douelles. Sur une autre règle (fig. 69, pl. VIII), on marque les cotes 1, 2, 3,..., relevées sur l'épure, de ces diverses arêtes. A l'aide de ces deux règles, d'un fil à plomb, et d'une troisième règle appliquée sur l'arête supérieure de chaque assise, on peut placer exactement cette arête, la troisième règle donnant la retraite du voussoir. Il ne reste plus qu'à s'assurer de l'inclinaison de la coupe supérieure de chaque assise.

A cet effet, on construit un châssis en bois sec (fig. 70, pl. VIII), parfaitement carré et solidement assemblé aux angles, de 0^{m}025 au moins d'épaisseur sur 0^{m}05 de largeur. On assemble sur deux côtés contigus de ce châssis *ab* et *ad* un morceau de bois de même largeur et de même épaisseur corroyé en quart de cercle; on trace les axes *oe, of* de ces côtés et, à leur point de rencontre, on perce un petit trou rond *o*, dans lequel on passe le bout d'un fil à plomb qu'on noue par derrière. On place successivement sur l'épure, le côté *dc* de l'instrument sur chaque coupe de la section faite dans la voûte par le plan vertical passant par la règle *mn*; dans chaque position, on mène par le point *o* une verticale qu'on trace sur le quart de cercle et qu'on numérote 1, 2, 3,.... L'instrument ainsi construit s'appelle *inclinateur*. Pour vérifier si la coupe d'une assise a l'inclinaison voulue, on pose le côté *cd* de l'inclinateur sur l'intersection du plan de cette coupe par le plan vertical mené par *mn*, et l'on voit si le fil à plomb bat sur le numéro correspondant du quart de cercle de l'inclinateur. Comme les arêtes des douelles ne sont pas horizontales dans les voûtes coniques, il faut absolument, pour celles-ci, déterminer les saillies, les hauteurs et les inclinaisons de chaque assise sur deux cintres consécutifs. On peut appuyer ces cintres sur la partie inférieure de la voûte déjà posée, dans le cas d'un O ou d'un œil-de-bœuf.

L'arrière-voussure de Marseille, celle de Montpellier

et l'arrière-voussure conique, dont les génératrices sont rectilignes, se posent de la même manière. On place un cintre sous l'arc de la porte, un autre sous l'arc de tête de l'arrière-voussure, et on cale les couchis suivant les génératrices. Pour l'arrière-voussure de Saint-Antoine et l'arrière-voussure de Marseille altérée, qui n'ont pas de génératrices rectilignes, on place, entre les deux cintres précédents, des cintres intermédiaires, sur lesquels on cale des couchis assez courts pour pouvoir y faire reposer les voussoirs correspondants.

Voici maintenant comment on procède à la pose de la voûte :

On arase au niveau des naissances les lits de dessus des piédroits, et on établit sur ces lits, de chaque côté, la première assise de la voûte, en ayant soin de raccorder l'arête inférieure de la douelle avec l'arête supérieure du piédroit et la tête du voussoir avec la face du mur dans lequel on a pratiqué la voûte ; on vérifie alors, à l'aide des trois règles, que l'arête supérieure de la douelle est bien placée, et, à l'aide de l'inclinateur, que la coupe supérieure a l'inclinaison voulue. S'il n'en est pas ainsi, on retouche soit la coupe de dessous, soit celle de dessus, soit toutes les deux, mais de manière à laisser de la pierre excédante sur la coupe de dessus, qu'on ôte ensuite en arasant la coupe entière de l'assise. Il faut avoir soin, dans cette opération, que les arêtes des douelles soient bien en ligne droite dans toute la longueur de la voûte. On pose successivement de la même manière, et simultanément à partir des piédroits, les assises de même rang, en arasant la coupe supérieure de chaque assise dès qu'elle est mise en place et qu'on a coulé du mortier dans la coupe inférieure. De cette façon, les poussées se font équilibre sur les cintres et le tassement se fait également, le mortier prenant des deux côtés la même consistance. La partie délicate de la pose est sans contredit

la fermeture, c'est-à-dire la pose de la clef et des deux
contre-clefs. Le moyen le plus commode et le plus sûr,
mais encore peu répandu, bien qu'il ait déjà été employé
avec succès, notamment aux casemates du fort de Cha-
renton, consiste à poser à sec, sur les cintres, la clef et
les deux contre-clefs, en les espaçant de manière à ré-
server l'épaisseur des joints ; on remplit ensuite ces joints
en y coulant du *mortier de ciment* (et non pas du *mortier
de chaux* ou *de plâtre*) un peu épais, et on ébranle un peu
chaque pierre afin de bien faire pénétrer le mortier.

Du ravalement des portes cylindriques ou coniques et des berceaux horizontaux.

58. — On dresse d'abord avec soin les deux arêtes de
naissance, de manière à bien les raccorder avec les faces
des piédroits. On place ensuite au niveau des naissances,
à chaque extrémité de la voûte, une règle disposée comme
l'est celle de la figure 68, pl. VIII. Cette règle est dressée
sur deux faces contiguës: une face verticale et la face
horizontale supérieure. A l'aide de cette règle et du fil à
plomb, on fait des repères sur chaque arête des douelles,
dans le plan vertical passant par la face dressée de la
règle. A l'aide des cerces de cette section relevées sur
l'épure, on réunit tous ces repères par une rigole sur le
fond de laquelle on trace par points, par abscisses et par
ordonnées, au moyen de la règle et du fil à plomb, la section exacte de l'intrados par le plan vertical de la face de
la règle. Si les deux rigoles pratiquées aux extrémités de
la voûte ne suffisent pas, on en pratique de la même
manière autant d'intermédiaires qu'il en faut. Généralement, dans les berceaux, ces rigoles sont des sections droites; mais, dans une porte biaise de petite longueur, ou dans une porte conique, ce sont des sections
obliques. Au moyen d'une règle et de ces rigoles on dresse

d'abord toutes les arêtes des douelles; on creuse ensuite
successivement toutes les douelles, soit en appuyant une
règle sur les points correspondants des courbes tracées
au fond des rigoles, soit en faisant glisser, dans les voûtes
cylindriques, la cerce de la douelle de chaque assise sur
les arêtes bien dressées de cette assise. Quant aux arcs
de tête, ils s'obtiennent tout naturellement en prolongeant l'intrados à la règle jusqu'à ses rencontres avec les
faces du mur, et en ravalant ces faces.

L'arrière-voussure de Marseille, celle de Montpellier et
l'arrière-voussure conique, dont les génératrices sont rectilignes, se ravalent comme les voûtes coniques. L'arrière-voussure de Saint-Antoine et l'arrière-voussure de
Marseille altérée se ravalent en traçant à leur surface
une première série de rigoles qui sont des sections de
ces surfaces par des plans de front suffisamment rapprochés, puis une seconde série de rigoles qui sont des sections de ces surfaces par des plans passant par les verticales d'intersection des faces d'ébrasement. La surface
étant ainsi quadrillée, il ne reste plus qu'à dresser à vue
d'œil chaque petit quadrilatère.

CHAPITRE IV

DES DESCENTES

Définitions.

59. — On nomme *descentes* les voûtes cylindriques dont les génératrices sont inclinées sur l'horizon ; telles sont les voûtes placées au-dessus de certains escaliers [1].

Une descente est *droite* lorsque les projections horizontales des génératrices sont perpendiculaires sur les horizontales du plan de tête; sinon elle est *biaise*. Le plan de tête peut d'ailleurs être vertical ou en talus.

Descente biaise en mur droit.

60. — Nous prenons pour plan horizontal de projection un plan horizontal dans le sens physique du mot, et pour plan vertical le plan de la tête (fig. 71, pl. IX). Sur ce plan nous traçons le demi-cercle *a'c'b'* qui représente la tête, et par le centre (*o'*, *o*) nous menons une droite (*oω*, *o'ω'*) qui est parallèle aux génératrices du cylindre; cette droite que nous nommerons l'*axe de la descente* est inclinée sur l'horizon et sa projection horizontale *oω* est oblique sur la trace LT du plan de tête; la descente est donc biaise.

---

(1) Certains escaliers, comme il en existe sous les gradins de que'ques théâtres et amphithéâtres antiques, sont recouverts de voûtes coniques qui diminuent de diamètre à mesure qu'elles s'élèvent par les impostes. Le grand escalier du Vatican, dû au Bernin, est dans ce cas,

Nous diviserons la courbe de tête $a'c'b'$ en un nombre impair de parties égales aux points a', m', n',... et nous prendrons pour plans de lit des plans passant par les génératrices des points de division et *normaux à l'intrados*. Comme la tête est une section oblique du cylindre, ces plans ne contiendront pas les normales à la tête, mais bien les normales à la section droite du cylindre. Cherchons cette section droite, ou plutôt son rabattement sur le plan horizontal, car nous n'aurons besoin que de ce rabattement. A cet effet, projetons la descente sur un plan vertical L_1T_1 parallèle à l'axe; c'est un simple changement de plan vertical; chaque point tel que (m,m') conserve sa projection horizontale et sa cote; donc si l'on abaisse mm_0 perpendiculaire sur L_1T_1 et si l'on prolonge cette perpendiculaire d'une longueur m_0m_1 égale à mm', m_1 sera la nouvelle projection verticale du point (m, m'). En opérant de même pour tous les points de division de la tête et joignant par un trait continu, on obtiendra l'ellipse $a_1m_1c_1b_1$ pour la nouvelle projection verticale de la courbe de tête. $o_1\omega_1$ étant la nouvelle projection de l'axe, on mènera des parallèles à cette droite par tous les points de division $a_1, m_1, n_1,..., b_1$ et l'on aura ainsi la nouvelle projection verticale du cylindre d'intrados.

Soit EFD le plan d'une section droite, EF et FD étant respectivement perpendiculaires à $o\omega$ et à $o_1\omega_1$; ce plan est perpendiculaire au nouveau plan vertical L_1T_1, et par suite sa trace FD contient la projection verticale nouvelle de la section droite. Rabattons ce plan autour de sa trace horizontale EF. Un point quelconque m_2 de la section droite décrit un arc de cercle parallèle au plan vertical L_1T_1; si donc de F comme centre, avec Fm_2 pour rayon, on décrit un arc de cercle, et si, par le point m_3 où cet arc coupe L_1T_1, on mène une perpendiculaire à L_1T_1 jusqu'à la rencontre M avec la projection horizontale de la génératrice correspondante, M sera le rabattement du point considéré de la section droite. En opérant de même pour les autres génératrices et joignant par un trait continu, on aura le rabattement AMNB demandé. Les points A et B correspondent aux génératrices de *naissance* a_1a_1, b_1b_1 et AB est le rabattement de l'intersection du plan EFD et du *plan des naissances*.

Pour avoir la tangente à la courbe AMB en un point quelconque M on n'a qu'à chercher le rabattement d'un second point de l'intersection du plan tangent en (m, m') et du plan sécant EFD. Pour cela, il faut couper ces deux plans par un même plan auxiliaire; le plus avantageux est ici le plan des naissances. Ce plan des naissances coupe le plan EFD suivant une droite rabattue en AB; il coupe le plan tangent en (m, m') suivant une droite parallèle à l'axe de la descente; la trace (t', t) de cette droite sur le plan vertical est fournie par la rencontre de $a'b'$ et de la tangente $m't'$; celle droite a donc pour projection horizontale la parallèle menée par t à $o\omega$. Or cette droite étant dans un plan perpendiculaire à l'axe de rotation EF se rabat sur sa projection horizontale elle-même; tT est donc le rabattement de l'intersection du plan des naissances et du plan tangent; l'intersection T de AB et de tT est donc un point du rabattement de la tangente, et cette tangente est TM.

On peut donc actuellement mener les normales à la section droite. MG perpendiculaire à MT est le rabattement de la normale en M. Le plan mené par cette normale relevée et par la génératrice du point M relevé sera le plan de lit correspondant; ce plan coupe le plan des naissances suivant une parallèle à l'axe de la descente; la projection horizontale de cette droite serait donc la parallèle à $o\omega$ menée par la projection de G relevé; mais quand G se relève, sa projection horizontale se meut parallèlement à $o\omega$; donc il suffit de mener par G une parallèle à $o\omega$ pour avoir la projection Gg de la droite suivant laquelle le plan de lit coupe le plan des naissances; par suite (g, g') est la trace de cette droite sur le plan de tête, et $g'm'$ est la trace du plan de lit sur ce plan de tête.

Cela posé, considérons le voussoir correspondant à la division $m'n'$ de l'arc de tête. On déterminera la trace $h'n'$ de l'autre plan de lit; puis on terminera la tête $m'n'p'q'r'$ au moyen d'une horizontale et d'une verticale. Le voussoir sera dès lors compris latéralement entre la douelle cylindrique, les plans de lit déjà définis, et les plans menés par $n'p'$ et $q'r'$ parallèlement à l'axe de la descente. Une descente ne s'emploie jamais pour traverser simplement un mur, car alors il est inutile d'incliner dans une si faible étendue les génératrices de la voûte. Il suit de là que, dans une descente, à chaque tête correspond un cours de plusieurs voussoirs qui se succèdent et se touchent suivant des sections droites. Les sections droites qui séparent les voussoirs d'un même cours ne doivent pas coïncider avec les sections droites des voussoirs des deux cours adjacents; il faut observer la loi de la découpe. Ainsi, dans notre épure, le voussoir qui correspond à $m'n'$ se terminant au plan de section droite EFD, les voussoirs correspondant à $a'm'$ et à $n'n''$ se termineraient à une section droite un peu plus éloignée. La tête $m'n'p'q'r'$ étant établie, on la projette sur L_1T_1 en $m_1n_1p_1q_1r_1$; puis, en menant par les sommets des parallèles à $o_1\omega_1$ jusqu'à la rencontre de FD, on a la projection latérale du voussoir. Le rabattement de la section droite MNPQR de ce voussoir s'achève aussi sans peine, comme le montre l'épure.

La taille du voussoir ne peut offrir aucune difficulté et n'exige aucune explication après ce qui a été dit sur la taille dans la porte biaise en talus. On trouve déjà sur l'épure la plupart des éléments nécessaires, car on a la tête et la section droite en vraie grandeur, et de plus toutes les longues arêtes se trouvent en vraie grandeur sur la projection latérale $L_1 T_1$. On a figuré en $\mu\mu_1\nu_1\nu$ le développement de la douelle, et en $\nu\nu_1\pi_1\pi$ le panneau du joint $n'p'$; pour les obtenir, on a pris $\mu\nu =$ arc MN et $\nu\pi =$ NP sur le rabattement de la section droite; puis la projection latérale a fourni les longueurs $\mu\mu_1$, $\nu\nu_1$, $\pi\pi_1$ des arêtes.

61. — La figure 72, pl. IX, est la perspective cavalière d'une descente, dont la moitié seule a été représentée. On voit que la première assise *zgde* du berceau incliné viendrait rencontrer très obliquement les assises *zht, hpat, prba* des piédroits, qui sont horizontales; de là des angles aigus qu'il convient d'éviter. On terminera donc les pierres des assises des piédroits par des plans verticaux *tk, al*, et on ajoutera aux voussoirs de la première assise de la descente des prismes triangulaires *thz, akt, bla*, comme le montre la figure 72, pl. IX. Cette disposition aura en outre l'avantage de s'opposer un peu à la tendance au glissement. Cette tendance n'est pas très considérable vu que la pente des escaliers les plus raides ne dépasse pas $\frac{4}{5}$. On a imaginé parfois pour l'annuler de donner aux voussoirs de la descente des formes bizarres munies de crossettes qui relient les différents cours les uns aux autres; mais ces formes sont de mauvaise construction. Si l'on craint les effets de la pesanteur, le moyen le plus avantageux sous tous les rapports de la détruire est d'établir de temps à autre des paliers horizontaux (fig. 73, pl. IX).

Il est du reste bien préférable de commencer et de terminer la descente par un petit berceau horizontal, de faible longueur. On évite ainsi les angles aigus sous lesquels les lits, les faces et les douelles des voussoirs viennent rencontrer le plan de tête; et, quelle que soit la

voûte que la descente rachète à sa partie inférieure ou
avec laquelle elle se compose, on n'a affaire qu'à cette
voûte et à un berceau horizontal, comme on n'a affaire à
l'autre extrémité qu'à un berceau horizontal et au mur
de tête.

Descente biaise et en talus, ou cas général des descentes.

69. — On ramène ce cas au précédent en faisant tourner le plan de tête et l'axe du berceau supposés invaria-
blement liés, autour de la trace horizontale du plan de
tête, jusqu'à ce que ce plan soit vertical (fig. 74, pl. IX).

Prenons pour plans de projection un plan horizontal et
un plan vertical dans le sens physique de ces mots, et
passant par le point o où l'axe de la descente rencontre
le plan de tête ; et prenons un second plan de projection
vertical L_1T_1 perpendiculaire à la ligne de terre LT.

Soit Lo'z le plan de tête ; il a, d'après nos dispositions,
la ligne de terre LT pour trace horizontale et il est perpendiculaire au plan vertical auxiliaire L_1T_1. Soient
encore oa la projection horizontale de l'axe de la descente
et $o'a'$ sa projection verticale auxiliaire.

Il s'agit de faire tourner le système de l'angle To'z autour de LT.

Comme le point (o, o') ne bouge pas, il suffit de faire
tourner un second point quelconque (a, a') de l'axe. Or
ce point décrit un arc de cercle $a'a'_1 = b'b'_1$ qui se projette en vraie grandeur sur le plan vertical L_1T_1 ; sa projection horizontale se déplace perpendiculairement à LT ;
donc $(oa_1, o'a'_1)$ sera la nouvelle position de l'axe. Le plan
de tête étant alors vertical, on sera tout à fait dans le
cas précédent, pourvu qu'on ait soin de faire tourner
en même temps la direction de la verticale, les plans
tels que $q'r'$, QR (fig. 71. pl. IX) qui limitent latéralement

les voussoirs étant verticaux et parallèles aux génératrices de la descente.

De la pose et du ravalement des berceaux en descente.

63. — Si la voûte est établie comme on l'a indiqué à
la fin du n° 61, sa pose ne diffère presque pas de celle
des berceaux horizontaux. En effet, la descente se com-
posant de deux semblables berceaux réunis par un berceau incliné, il est clair qu'une fois posées les assises des
berceaux horizontaux, il suffit d'une règle pour poser celles
de la descente, en les raccordant tant pour les douelles
que pour les coupes avec celles de ces deux berceaux. On
fait avec le plus grand soin ces raccordements à la règle
pour la pose des voussoirs et pour l'arasement des coupes.

On ravale l'intrados du berceau horizontal inférieur
comme il a été dit au n° 58. Ensuite, comme la rencontre de cet intrados avec celui du berceau incliné se
fait dans un plan vertical, on détermine, à l'aide d'une
règle et d'un fil à plomb, comme au n° 58, la rencontre
de ces deux intrados, qui va servir de directrice pour ravaler l'intrados du berceau incliné. On détermine de
même l'intersection des intrados du berceau horizontal
supérieur et du berceau incliné, qui va servir de seconde
directrice pour ravaler l'intrados du berceau incliné, puis
on ravale le berceau horizontal supérieur en ayant soin de
ne pas dépasser cette intersection, car l'angle des deux
berceaux y est rentrant. Enfin, on ravale l'intrados de la
descente à l'aide des deux directrices que l'on a déterminées.

CHAPITRE V

DES ESCALIERS

Définitions.

64. — Un escalier est une disposition de construction destinée à permettre la communication entre les parties d'un édifice qui sont à différentes hauteurs; il se compose de pierres posées en retraite les unes sur les autres qu'on nomme *marches*.

Toute marche offre extérieurement deux faces principales, l'une horizontale sur laquelle on met le pied et qu'on nomme la *marche proprement dite*, l'autre verticale qu'on nomme *contre-marche*; ces deux faces se coupent suivant une arête saillante dont la longueur reçoit le nom d'*emmarchement* [1]; les arêtes saillantes des marches successives sont des génératrices isolées d'une surface idéale, dont le plan horizontal est le plan directeur, et qu'on nomme surface d'*extrados* de l'escalier; c'est une surface hélicoïdale ou un plan suivant que l'escalier est *tournant* ou *droit*.

On nomme *ligne de feuée* une ligne αβ tracée sur le plan horizontal (fig. 75, pl. X), parallèle à la projection horizontale AB de la *rampe* et à une distance de cette rampe à peu

_____

(1) Quand la cage est polygonale, la longueur des arêtes saillantes varie ; on appelle alors emmarchement la plus petite de ces longueurs, c'est-à-dire la longueur de la plus petite marche.

près égale à la longueur du bras ; sa dénomination provient de ce que cette ligne αβ est la projection du chemin que décrit une personne qui monte ou descend en appuyant sa main sur la rampe[1]. On appelle *giron* d'une marche M la largeur μν de la partie de la marche qui n'est pas recouverte par la marche suivante, cette largeur étant comptée sur la ligne de foulée. Le *giron g* et la *hauteur h* des marches doivent rester invariables dans toute l'étendue d'un même escalier ; mais ces quantités varient d'un escalier à l'autre, suivant la destination de l'escalier considéré et les convenances de toute espèce. Les valeurs considérées comme les plus convenables en général sont, en prenant le centimètre pour unité,

$$h = 16, \text{ et } g = 32.$$

Dans tous les cas, on prend toujours h entre 12 et 20, g entre 24 et 40, de telle façon que les valeurs adoptées satisfassent à la formule empirique

$$g + 2h = 64.$$

Ces prescriptions, sans être absolues, sont dictées par une longue expérience et l'on s'y conforme dans la pratique.

Pour rendre l'ascension moins fatigante, on interrompt de temps à autre l'escalier, en établissant des *paliers*, c'est-à-dire des espaces horizontaux sur lesquels on se repose ; la suite des marches comprises entre deux paliers consécutifs prend le nom de *volée*. La distance verticale de deux paliers successifs n'excède pas en général 3ᵐ30[2] ; la largeur d'un palier comptée sur la ligne de foulée doit être de 80 centimètres au moins. Le nombre

---

(1) Aujourd'hui la plupart des constructeurs prennent la ligne de foulée à une distance égale à la moitié de l'emmarchement.

(2) 3 m. d'étage et 0ᵐ 30 d'épaisseur de plafond.

des marches d'une volée est en général *impair* ; il doit
être au moins égal à 3 et ne surpasse guère 21.

Quant à l'emmarchement, il est naturellement très
subordonné à la destination de l'escalier. En général, il
est compris entre :

1 m 65 et 2 m	pour les escaliers grands,	
1 30 et 1 45	—	moyens,
0 95 et 1 15	—	petits,
0 45 et 0 80	—	de dégagement.

Les marches peuvent être scellées par leurs deux
extrémités dans deux murs parallèles, ou avoir une extrémité libre et l'autre engagée dans le mur de la cage.
Dans tous les cas l'escalier peut être *voûté* ou non, c'est-
à-dire supporté ou non par un berceau en descente ou un
demi-berceau.

Quand les marches sont scellées par leurs deux bouts
dans deux murs parallèles, l'escalier est dit *à repos*. Un
escalier est dit *suspendu* lorsque n'étant supporté par
aucune voûte, il a ses marches engagées par une seule
extrémité dans le mur de la cage ; les têtes libres des
marches sont de petites portions d'un *cylindre vertical*
dont la trace horizontale idéale prend le nom de *courbe
de jour*. Cette courbe est parallèle à la ligne de foulée et
est à une très faible distance de la projection de la
rampe.

Dans un certain nombre d'escaliers suspendus, l'extrémité libre de chaque marche s'assemble dans un *limon*
ou espèce de bandeau de pierre qui est compris latéralement entre le cylindre de jour et un cylindre voisin et
parallèle, et limité supérieurement et inférieurement par
des surfaces rampantes.

Escalier suspendu à rampe courbe, avec balancement et sans limon.

65. *Balancement.* — On donne souvent le nom d'escaliers *vis à jour* aux escaliers suspendus à rampe courbe.

Nous supposons ici que le mur de la cage se compose d'une partie droite UV (fig. 76, pl. X), et d'une partie demi-circulaire VZ se raccordant avec la première. Cette ligne UVZ est la trace horizontale de la face intérieure du mur de la cage. On trace au-delà une ligne parallèle $a_2b_2\ldots l_2$ à une petite distance égale à la quantité dont les marches doivent être encastrées dans le mur; puis, à une distance l_2l ou a_2a égale à l'emmarchement, c'est-à-dire à la plus petite longueur des marches, on trace une seconde courbe parallèle $ab\ldots l$ qui est la *courbe de jour*; enfin en prenant $aa_3 = ll_3 = 48$ ou 50 centimètres, on décrit une dernière courbe $a_3b_3\ldots l_3$ qui est la *ligne de foulée*.

On divise la ligne de foulée en parties égales entre elles et à la largeur g qu'on veut adopter pour le giron. Les arêtes saillantes des marches doivent en projection passer par les points de division $a_3, b_3,\ldots, l_3$ ainsi obtenus; et il conviendrait de les diriger suivant les normales $a_3a, b_3b,\ldots l_3l$ à la ligne de foulée; mais les largeurs des marches sur la partie circulaire de la courbe de jour lk, ki, ih, hg seraient plus faibles que celles $gf, fe, ed,\ldots$ qui sont sur la partie droite, et le changement de largeur, se faisant *brusquement* au point g, serait incommode et dangereux.

Pour bien s'en rendre compte, concevons sur le cylindre de foulée une hélice dont la pente, c'est-à-dire la tangente trigonométrique de l'angle α qu'elle fait avec l'horizon, soit égale à $\dfrac{h}{g}$, h et g étant la hauteur de marche et le giron adoptés ; c'est par les points de cette hélice, projetés en $a_1, b_2, c_3, ..., l_i$ que passeraient les arêtes saillantes des marches, lesquelles seraient,en outre, si nous adoptions la disposition indiquée plus haut, normales à ce cylindre vertical de foulée. Ainsi,dans cette hypothèse première, les arêtes saillantes des marches appartiendraient à une surface réglée ayant le plan horizontal pour plan directeur et dont les génératrices s'appuieraient sur l'*hélice de foulée* en restant normales au cylindre de foulée. Remarquons d'ailleurs que dans la partie droite de l'escalier, le cylindre de foulée est un plan vertical, l'hélice est une droite et par suite la surface des arêtes saillantes des marches est un plan. Considérons actuellement l'intersection du cylindre de jour avec la surface des arêtes saillantes des marches; puisque les largeurs des marches sur la courbe de jour sont égales au giron g sur la partie droite, et ont une grandeur moindre γ mais constante sur la partie circulaire, l'intersection considérée se composera d'une droite ayant pour pente $\frac{h}{g}$ et d'une hélice ayant pour pente $\frac{h}{\gamma}$; de là un changement *brusque* de pente qui serait à la fois disgracieux et dangereux. Le changement de pente est inévitable, mais on pallie ses mauvais effets en le rendant *progressif*, au lieu de le laisser brusque, et en le répartissant sur un plus grand nombre de marches. Cette opération prend le nom de *balancement* ; voici comment on procède :

On développe le cylindre de jour ; la base $abc...l$ se développe suivant une ligne droite sur laquelle on porte d'abord les longueurs $a'b', b'c', ..., fg'$ égales à $ab, bc, ..., fg$ c'est-à-dire au giron g, puis les longueurs $f'h', h'i', i'k', k'l'$ égales à la longueur commune γ des arcs gh, hi, ik, kl. Par tous les points $b', c', ...$ on élève des ordonnées égales successivement à $h, 2h, 3h, ...$; les extrémités $A', B', C', D',$

E′,F′,G′ sont sur une première droite et les autres G′,H′,I′,K′,L′ sur une seconde droite ; ces droites représentent les transformées de l'intersection du cylindre de jour avec la surface des arêtes saillantes des marches. Cela fait, on mène par L′ une courbe continue allant toucher A′G′ et interceptant sur l'horizontale du point K′ une longueur K″K₁ égale au plus petit collet qu'on veuille admettre. Enfin on prolonge toutes les horizontales des points K′, I′, H′,... jusqu'à leurs intersections K′₁, I′₁, H′₁,... avec la ligne mixte L′P′A′. Alors si l'on suppose qu'on enroule cette ligne sur le cylindre de jour, et qu'on joigne les positions que prennent les points L′, K′₁, I′₁, H′₁,... avec les points de division de l'hélice de foulée qui sont projetés en l_3, k_3, i_3, h_3,... on aura la position des arêtes saillantes des marches. Pour avoir leurs projections horizontales, on mène les ordonnées des points L′, K′₁, I′₁, H′₁,..., on reporte leurs pieds $l′$, $k′₁$, $i′₁$, $h′₁$,... en l, k_1, i_1, h_1,... sur la courbe de jour, et l'on joint l_3l, k_3k_1, h_3h_1, g_3g_1,...; ce sont les projections horizontales des arêtes saillantes des marches. On trace une courbe *enveloppe* ωζ de toutes ces droites, et la surface à laquelle appartiennent les arêtes saillantes des marches est alors définie de la manière suivante : *C'est une surface réglée ayant le plan horizontal pour plan directeur, et dont les génératrices s'appuient sur l'hélice de foulée et sont constamment tangentes au cylindre vertical dont la courbe* ωζ *est la base.*

Au lieu d'opérer graphiquement, on peut faire le balancement par le calcul. Soient :

n le nombre des marches de la partie courbe ;

γ leur largeur primitive ;

λ la largeur minimum qu'on veut donner à la dernière marche de cette partie courbe ;

x le nombre inconnu des marches de la partie droite sur lesquelles le balancement doit porter ;

g la largeur primitive des marches de la partie droite; elle est égale au giron;

ρ la raison inconnue de la progression arithmétique λ, λ + ρ, λ + 2ρ,..., *g* suivant laquelle on veut que procèdent les largeurs définitives des marches balancées.

On aura les deux relations :

$$g = \lambda + (n-1)\rho, \qquad gx + n\gamma = \tfrac{1}{2}(g+\lambda)(x+n),$$

qui résultent des formules connues donnant la valeur du $n^{\text{ième}}$ terme et la somme des termes d'une progression. Ces deux relations donneront x et ρ. Si x n'est pas entier, on prendra la valeur entière la plus voisine, sauf à modifier légèrement λ. On voit avec un peu d'attention que cette solution revient identiquement à substituer à la ligne brisée A′G′L′ une autre ligne brisée; elle ne fait donc pas disparaître le jarret; et la solution graphique est bien plus satisfaisante, d'autant qu'elle comporte une certaine indétermination qui est une des qualités inhérentes à toute bonne solution d'un tel problème.

66. *Représentation d'une marche ; panneaux des têtes.* — Tandis que le dessus de l'escalier est discontinu, c'est-à-dire formé de plans alternativement horizontaux et verticaux (marches et contre-marches), le dessous est une surface continue à laquelle on donne le nom d'*intrados* et dont la génération est identique à celle de la surface idéale d'extrados sur laquelle sont les arêtes saillantes des marches. Cet intrados est une surface gauche ayant le plan horizontal pour plan directeur et dont les génératrices, tangentes au cylindre vertical ωζ (fig. 77, pl. X), glissent sur une hélice située sur le cylindre de foulée et qui n'est autre que l'hélice de foulée abaissée verticalement d'une certaine quantité égale à l'épaisseur verticale de l'escalier.

Cela posé, soient VZ la trace horizontale du mur intérieur de la cage, l_2g_1 la ligne qui limite l'encastrement dans le mur, l_3g_2 la ligne de foulée, l_4g_1 la courbe de jour, $\omega\zeta$ la trace du cylindre vertical auquel les génératrices de l'intrados et celles de l'extrados sont tangentes.

Considérons une marche seule, par exemple celle dont la partie découverte correspond à la division m_3n_3 de la foulée, en sorte que si l'on mène par m_3 et n_3 des tangentes à $\omega\zeta$, on aura les projections horizontales m_1m_4 et n_1n_2 des arêtes saillantes de la marche considérée et de celle qui la suit en montant.

Traçons à part, dans une autre partie de la feuille de dessin, une horizontale xy (fig. 78, pl. X); prenons sur cette droite une longueur M_3N_3 égale à l'arc m_3n_3 de la ligne de foulée, c'est-à-dire égale au giron g. Menons-lui une perpendiculaire M_3T_3 égale à la hauteur h de la contre·marche; par T_3, menons une horizontale $T_3S_3 = \frac{2}{3}h$; joignons T_3N_3 et complétons le parallélogramme $S_3T_3N_3P_3$; menons S_3R_3 perpendiculaire à S_3P_3 et égale $\frac{1}{3}h$; enfin complétons le rectangle $R_3S_3P_3Q_3$.

Enroulons maintenant par la pensée le contour rectiligne $M_3P_3Q_3R_3S_3T_3$ sur le cylindre de foulée, de façon que M vienne au point de l'hélice de foulée projeté en m_4, et que M_3T_3 coïncide avec la génératrice verticale du cylindre de foulée; si l'on désigne par MPQRST la figure qui résulte ainsi de l'enroulement de ce polygone $M_3P_3Q_3R_3S_3T_3$, cette figure sera l'intersection de la marche considérée et du cylindre de foulée [1].

Pour avoir les projections horizontales des sommets P,Q,R,S, on projettera Q_3 et S_3 en Q'_3 et S'_3 sur xy (fig. 78, pl. X), puis on prendra sur la ligne de foulée, à partir

---

(1) Remarquons que la ligne R_3Q_3, ayant une pente égale   s'en roulera suivant l'hélice qui sert de directrice à l'intrados.

de m_4 (fig. 77, pl. X), des arcs m_3s_3, m_3r_3, m_3p_3, m_3q_3 respectivement égaux aux longueurs $M_3S'_3$, $M_3R'_3$, M_3P_3, $M_3Q'_3$.

Dessinons maintenant la projection horizontale de la marche, en ponctuant comme si elle existait seule. A l'arc RQ correspond la douelle d'intrados, dont RQ est précisément une portion de l'hélice directrice et dont les génératrices sont tangentes au cylindre $\omega\zeta$; en menant par r_3 et q_3 des tangentes à $\omega\zeta$, on aura donc les arêtes extrêmes r_1r_2, q_1q_2 de cette douelle; à l'arc d'hélice SR provenant de l'enroulement de S_4R_4 correspond un lit cylindrique dont l'arête de douelle r_1r_2 fait partie; ce cylindre horizontal est donc tout à fait défini et sa génératrice extrême, partant de S, est parallèle à l'arête de douelle; on aura donc sa projection en menant par s_4 une parallèle s_1s_2 à r_1r_2. On en dirait autant pour l'autre lit cylindrique correspondant à QP; on a la génératrice extrême en menant par p_4 la droite p_1p_2 parallèle à q_1q_2. A TS correspond un plan horizontal qui s'étend de s_1s_2 à m_1m_2, attendu que m_1m_2 représente la projection complète de la contre-marche, qui est un plan vertical correspondant à MT. Enfin à PM correspond un plan horizontal; c'est la marche proprement dite; elle s'étend de p_1p_2 à m_1m_2; la partie comprise entre p_1p_2 et n_1n_2 est recouverte par la marche supérieure. Telle est la définition complète du voussoir et sa projection horizontale. Ajoutons cependant que les deux lits cylindriques correspondant à RS et à PQ, à cause de leur petite étendue, ne diffèrent pas sensiblement de deux portions de plans et sont ordinairement considérés comme tels.

67. *Taille de la marche.* — On prend une pierre capable de contenir la projection horizontale de la marche et ayant une épaisseur au moins égale à l'épaisseur verticale de cette marche. Sur l'une des faces dressée parallèlement au lit de carrière, on trace le contour total $m_1q_1q_1m_1$

(fig. 77, pl. X) de la projection horizontale de la marche, et on y place la droite p_1p_2 qui limite la partie $m_1p_1p_2m_2$ qui finalement subsistera seule. Cela fait, on abat carrément la pierre le long des arcs m_1q_1, m_2q_2, de manière à tailler les cylindres verticaux qui doivent porter les têtes. Sur ces cylindres on applique les panneaux des têtes qu'on a obtenus par un développement, et on trace les contours de ces panneaux à la pierre noire. Dès lors la contre-marche, la petite face horizontale de recouvrement, et les deux joints se taillent sans peine parce qu'on a leurs traces sur les deux têtes. Il en est de même de la douelle; ses traces sont marquées sur les têtes, et, en joignant les points correspondants de ces deux directrices au moyen d'une règle, on a la douelle gauche.

Il nous reste donc à faire voir comment on obtient les panneaux des têtes, par exemple le panneau de la tête qui est encastrée dans le mur. Sur le prolongement de xy (fig. 79, pl. X) on prend les longueurs $M_2S'_2$, $S'_2R'_2$, R'_2N_2, N_2P_2, $P_2Q'_2$, respectivement égales aux arcs m_2s_2, s_2r_2, r_2n_2, n_2p_2, p_2q_2 (fig. 77). Il suffit alors de mener les verticales des points M_2,S'_2,R'_2,Q'_2 (fig. 79) jusqu'aux horizontales menées par T_2, S_2, R_2, Q_2 (fig. 78) pour avoir les sommets M_2, T_2, S_2, R_2, Q_2, P_2 (fig. 79) du panneau développé. De S_2 en R_2 et de P_2 en Q_2 sont des arcs de courbes représentant les développements des traces des lits sur le cylindre l_2g_2 (fig. 77); mais la courbure de ces arcs est si peu marquée qu'on peut sans inconvénient les remplacer par des lignes droites. De R_2 en Q_2 (fig. 79) est un arc de courbe développement de la trace de la douelle; on en déterminera aisément tant de points intermédiaires qu'on voudra; veut-on par exemple le point v_2 qui est sur la verticale du point N_2; on prendra (fig. 77) arc $m_2n_2 =$ M_2N_2; par n_2 on mènera la tangente à la courbe $\omega\zeta$; cette droite n_2n_1 sera la projection d'une génératrice de la douelle; si n_3 est le point où elle coupe la ligne de foulée, on prendra (fig. 78) M_sN_s = arc m_sn_s; on mènera la verticale N_sv_s du point N_s, et, par le point v_s où elle rencontre R_sQ_s, on mènera l'horizontale v_sv_s (fig. 79) qui coupera la verticale N_sv_s au point cherché v_s. Un point intermédiaire v_s et les points extrêmes R_s, Q_s suffiront généralement. On obtiendrait de même le développement $M_sT_sS_sR_sQ_sP_s$ de l'autre tête (fig. 80). La figure 81, pl. X, représente une vue cavalière de la marche et la figure 82, pl. XI, une vue cavalière de l'ensemble, en supposant la cage rectangulaire.

68. *Remarque.* — Si la cage de l'escalier était complètement circulaire, sans partie droite, il n'y aurait pas de balancement à faire; les arêtes saillantes des marches convergeraient au centre, et les surfaces d'extrados et d'intrados seraient des surfaces de vis à filet carré. Comme tout cylindre concentrique coupe un pareil hélicoïde suivant une hélice de même pas que l'hélice directrice, on voit que les traces de la douelle sur le cylindre de jour et sur le cylindre qui limite l'encastrement dans la cage seraient des hélices de même pas que l'hélice de foulée; leurs développements $R_s v_s Q_s$, $R_2 v_s Q_s$ (fig. 80 et 79, pl. X) seraient donc rectilignes; par suite, comme on remplace les développements des lits par des droites, on voit que tous les côtés des deux panneaux de tête seraient rectilignes.

Escalier à noyau plein et à intrados discontinu.

69. — L'escalier à noyau plein est un escalier à repos. La cage est un cylindre vertical à base circulaire; le noyau est un cylindre plein, vertical, concentrique au premier, mais de rayon beaucoup moindre. Les marches sont encastrées, d'une part dans la cage, de l'autre dans le noyau.

Soient: a_sb_s (fig. 83, pl. X) le cercle trace horizontale du mur de la cage, a_sb_s la trace du cylindre qui limite l'encastrement dans le mur, $a_1 b_1$ la trace du cylindre qui limite l'encastrement dans le noyau ; le noyau est un cylindre concentrique ab, ayant un rayon un peu plus grand.

Sur la ligne de foulée $\alpha\beta$ qui, dans ces sortes d'escaliers, est à peu près au milieu du noyau et de la cage, prenons αu égale à la longueur adoptée pour le giron, $u\beta = \frac{1}{2}\alpha u$ pour le recouvrement d'une marche par la suivante, et occupons-nous de la marche qui correspond à la division $\alpha\beta$, en ponctuant comme si elle existait seule.

Les arêtes saillantes des marches s'appuient sur l'axe du noyau et sur l'hélice de foulée ; ce sont donc des génératrices isolées d'une surface de vis à filet carré. Ainsi o étant le centre du noyau, en menant $o\alpha$ et $o\beta$, on aura en $a_1 a_4$ et $b_1 b_4$, les arêtes saillantes de la marche considérée et de la marche supérieure.

Traçons à part sur la feuille de dessin une horizontale $\alpha'\beta'$ (fig. 84, pl. X) égale à l'arc $\alpha\beta$ (fig. 83), menons la verticale $\alpha'\alpha''$ égale à la hauteur adoptée pour les marches, la verticale $\beta'\beta''$ égale à $\frac{1}{3}\alpha'\alpha''$, l'horizontale $\alpha''\gamma''$ égale à $u\beta = \frac{1}{2}\alpha u$, et joignons γ'' et β''.

Enroulons la figure ainsi obtenue sur le cylindre $\alpha\beta$ (fig. 83), de telle sorte que α' vienne au point projeté en α et que $\alpha'\alpha''$ s'applique sur la génératrice verticale du cylindre. Alors, si l'on désigne par $\alpha'_3 \alpha''_3 \gamma''_3 \beta''_3 \beta'_3$, ce que devient la figure $\alpha'\alpha''\gamma''\beta''\beta'$ (fig. 84) dans sa nouvelle position, on aura la trace de la marche sur le cylindre $\alpha\beta$ (fig. 83). La marche elle-même sera engendrée par une droite horizontale s'appuyant sur ce contour et sur l'axe du cylindre pour la partie $\gamma''\alpha''\alpha'\beta'\beta''$ et tangente au noyau intérieur $a_1 b_1$ pour la partie $\beta''\gamma''$. A $\alpha'_3\beta'_3$ correspondra un plan dont les lignes extrêmes seront projetées en $a_1 a_4$ et $b_1 b_4$, la partie correspondant à $u\beta$ étant recouverte par la marche supérieure. A $\alpha'_2\alpha''_2$, et $\beta'_2\beta''_2$, correspondront des plans verticaux projetés sur a_1a_2 et sur b_1b_2. A $\alpha''_2\gamma''_2$ correspondra un plan horizontal compris entre a_1a_2 et c_1c_2; c'est la partie par laquelle la marche considérée s'appuiera sur la précédente. Enfin, à $\beta''_2\gamma''_2$ correspondra une surface hélicoïdale à noyau; cette surface touchera le cylindre a_1b_1 suivant une hélice de même pas que celle $\gamma''_2\beta''_2$ que l'enroulement de $\gamma''\beta''$ produit sur le cylindre $\alpha\beta$; dans le développement de l'autre extrémité $\alpha'_2\alpha''_2\gamma''_2$ $\beta''_2\beta'_2$ (fig. 85), elle deviendra donc une ligne droite $\gamma''_2\beta''_2$; ce développement s'obtiendra d'ailleurs sans difficulté en prenant $\gamma''_2\alpha''_2 = c_2a_2$ (fig. 83), $\alpha'_2\beta'_2 = a_2b_2$, et en conservant à chaque point la hauteur du point homologue du développement $\alpha'\alpha''\gamma''\beta''\beta'$ (fig. 84) de la section par le cylindre de foulée. On obtiendra de la même manière le développement $\alpha'_1\alpha''_1\gamma''_1\beta''_1\beta'_1$ (fig. 86) de la section de la marche par le cylindre abc.

La taille se fera d'ailleurs comme au numéro précédent; on dressera une face sur laquelle on appliquera le panneau $a_1a_2b_2b_1a_1$; on abattra carrément les cylindres des têtes; on y appliquera les panneaux des têtes; puis on pourra tracer toutes les autres faces dont on aura les traces sur chaque tête; il faudra, pour la taille de la douelle, marquer les points correspondant aux positions successives de la génératrice.

70. — Souvent, *au lieu d'encastrer la petite tête dans le noyau, on fait porter à chaque marche une tranche du noyau.* L'épure est la même; il suffit d'y supposer que le cylindre ab représente le noyau même; la projection horizontale de la marche est alors aa_2b_2bma. Quant à la taille, on commencera comme toujours par poser sur une face dressée le panneau de la face supérieure; ce panneau aa_2b_2bma est donné par la projection horizontale; on dressera la première tête $A'_1A_2B_2B'_2$ (fig. 87, pl. X) sur laquelle on appliquera le panneau correspondant ; on pourra alors tailler successivement toutes les faces, sauf la douelle, ainsi que la majeure partie du noyau ; arrivé près de $B'C'$, on enlèvera la pierre avec précaution jusqu'à ce qu'on puisse, sur le noyau, plier une règle flexible en appuyant ses bords sur B' et C' ; un trait noir tracé le long de cette règle pliée sera précisément l'arc d'hélice $B'C'$; on pourra alors tracer la douelle gauche $B'B'_2C_2'C'$, dont on aura les deux directrices $B'C'$, $B'_2C'_2$. La figure 87, pl. X, qui vient de nous servir pour cette explication, est une perspective cavalière de la marche, et la figure 88, pl. XI, une vue cavalière de l'ensemble. Quand on fait ainsi porter à chaque marche une portion du noyau, on réunit entre elles les diverses tranches du noyau à l'aide de goujons en fer placés au centre. Ajoutons enfin que cette seconde disposition offre plus de solidité que la première ; mais est plus dispendieuse, car elle exige à la fois plus de pierre et plus de main-d'œuvre.

Escalier à noyau plein et à intrados continu.

71. — On fait aussi des escaliers à noyau plein et à intrados continu. La marche s'encastre d'un côté dans le mur de la cage circulaire, de l'autre dans le noyau concentrique. L'épure ne diffère en rien de l'épure de l'escalier vis à jour, quand celui-ci a une cage circulaire et par suite qu'il n'y a pas de balancement.

Souvent quand le noyau est petit, il convient de faire porter à chaque marche une rondelle du noyau ; et, tout en laissant converger les arêtes saillantes vers le centre du noyau, on dirige les arêtes de la douelle continue tangentiellement au noyau lui-même. Remarquons d'ailleurs que la tranche du noyau ne doit pas avoir une hauteur égale à l'épaisseur verticale de la marche ; car cette épaisseur surpasse la hauteur h des marches et la tranche du noyau ne doit avoir que cette hauteur même ; cette tranche doit être reliée à la partie inférieure de la pierre qui forme la marche, comme le montre le profil de la marche (fig. 89, pl. XI) et sa perspective cavalière (fig. 90).

Les escaliers à noyau plein ont ordinairement des dimensions assez petites, et il convient de rechercher pour eux à la fois l'économie de la pierre et de la main-d'œuvre, sans toutefois nuire à la solidité. L'escalier à intrados discontinu est, à ce point de vue, une solution bien préférable à l'escalier à intrados continu. Ce dernier exige plus de pierre ; il faut beaucoup plus de dépense pour la taille si l'on veut que l'intrados continu ne présente pas à l'œil des irrégularités choquantes ; enfin les raccordements avec les paliers sont aussi plus difficiles. En résumé la solution à intrados continu n'est nullement en harmonie avec la destination d'un escalier à noyau plein.

Vis Saint-Gilles.

79. — La vis St-Gilles, ainsi nommée parce qu'il en existait une, dont une partie subsiste encore, au prieuré de St-Gilles en Provence, est une voûte destinée à supporter un escalier compris entre un noyau cylindrique et un mur concentrique.

Faisons une coupe (fig. 91, pl. XI) suivant l'axe $\omega Z'$ du noyau et soient $A'\alpha', B'\beta'$ les génératrices du noyau et du mur intérieur de la cage ; sur $A'B'$ comme diamètre décrivons un demi-cercle et sur ce demi-cercle traçons l'appareil ordinaire d'une porte droite. Enfin concevons que ce demi-cercle et l'appareil qui le surmonte soient entraînés autour de $\omega Z'$ d'un mouvement hélicoïdal, c'est-à-dire tel que tous les points décrivent simultanément des hélices de même sens et de même pas ; ainsi se trouvera engendrée la voûte qu'on nomme vis St-Gilles et sur laquelle, comme le montre la figure, on place les marches de l'escalier. A chaque contour tel que M'J'Q'P'N' correspondra un cours hélicoïdal de voussoirs et les voussoirs de ce même cours seront séparés les uns des autres par des plans normaux à l'*hélice moyenne* décrite par le milieu μ' de l'arc M'N'. Les lits engendrés par les droites telles que M'J' sont des surfaces de vis à filet triangulaire, et il convient de diriger M'J' non pas suivant la normale au cercle A'B' comme on l'a fait trop souvent, mais de telle sorte que la surface de vis à filet triangulaire engendrée par M'J' soit normale à l'intrados tout le long de l'hélice M'm'' décrite par le point M'. Nous allons expliquer dans un instant comment on parvient à satisfaire à cette condition. L'extrados, sur lequel sont posées les marches, est une surface de vis à filet carré, engendrée par le mouvement hélicoïdal de l'horizontale Q'H'. Enfin le voussoir d'assise, c'est-à-dire celui qui correspond à la division A'L' fait partie du noyau, de sorte que le long du noyau existe une saillie analogue au filet d'une vis.

78. — Voici comment on trouve la droite M'J' propre à eng 'rer un lit normal à l'intrados le long de l'hélice M'M''.

Prenons une ligne de terre ωM (fig. 92, pl. XI) située à trois hauteurs de marche, par exemple, au-dessous de de M'. Portons trois girons sur la trace horizontale du plan tangent en O au cylindre de foulée, de O en i, et menons ωi, nous aurons en θ la trace horizontale de la tangente (Mθ, M'θ') à l'hélice décrite par (M, M').

Le plan tangent à l'intrados est le plan déterminé par (Mθ, M'θ') et par la tangente (Mt, M't') au cercle ; le plan tangent à la surface de vis est le plan normal à celui-ci mené par (Mθ, M'θ'); de sorte que, si l'on coupe ces deux plans par un plan passant par la ligne de terre ωM et perpendiculaire à leur intersection (Mθ, M'θ'), on a un angle droit. Rabattons le plan de cet angle autour de ωM sur le plan horizontal à l'aide de la ligne de terre auxiliaire Mθ. Le sommet σ_1' de l'angle se rabat en σ_1 et le côté situé dans le plan tangent à l'intrados se rabat en $\sigma_1 t$; la perpendiculaire $\sigma_1 K$ à $\sigma_1 t$ est donc le rabattement du côté situé dans le plan tangent à la surface du joint, et (K, K') est un point de la trace du plan tangent au joint sur le plan du cercle, de sorte que le prolongement de K'M' est la droite M'J' cherchée.

74. *Projections d'un voussoir.* —Considérons une demi-révolution du demi-cercle O' (fig. 93, pl. XII), les projections horizontales et verticales des cinq hélices du cours de voussoirs M'J'Q'P'N', et celles de l'hélice moyenne μ'. La tangente à cette hélice au point (φ, φ') est la droite de front $(\varphi f, \varphi' f')$, obtenue en prenant au-dessous de φ' trois hauteurs de marche et sur φf une longueur *correspondant* à trois girons. Le plan RS normal en (φ, φ') à l'hélice moyenne coupe les cinq hélices aux points $\alpha', \beta', \gamma', \delta', \epsilon'$ projetés horizontalement en $\alpha, \beta, \gamma, \delta, \epsilon$. Ces points doivent être réunis par des arcs de courbes dont on a facilement des points intermédiaires. Prenons, par exemple, la position mj de MJ ; on a immédiatement $m'j'$ qui coupe RS en ψ' projeté horizontalement en ψ.

Déplaçons hélicoïdalement à droite et à gauche de sa position actuelle, et de quantités égales à une demi-longueur de voussoir, le plan normal en (φ, φ') à l'hélice moyenne ; nous aurons les joints montants qui limitent le voussoir. Les projections horizontales des contours de ces joints s'obtiennent en faisant tourner autour de ω, d'un angle égal à droite et à gauche de $\omega \varphi$, la figure $\alpha \beta \gamma \delta \epsilon \varphi$ et en menant par $\alpha_1, \beta_1, \ldots, \alpha_2, \beta_2, \ldots$ des lignes de rappel jusqu'aux hélices correspondantes. La projection verticale d'un point intermédiaire ψ se déduit de sa projection horizontale ψ_1 ou ψ_2 en diminuant ou en augmentant sa cote de la différence des cotes des points φ et φ_1 ou φ_2.

Le voussoir étant limité, il est facile de distinguer les lignes vues et les lignes cachées.

75. *Taille du voussoir.* — La taille du voussoir se fait toujours par équarrissement. Le solide capable est limité par deux plans de front AG, CH (fig. 93, pl. XII), par deux plans de bout parallèles B'G', A'F', tracés de manière à comprendre les projections du voussoir sous le moindre espace possible, et par les plans normaux en φ_1 et φ_2 à l'hélice moyenne, qui limitent le voussoir.

Il faut trouver les intersections de ces derniers plans avec les quatre premiers.

Considérons d'abord le plan normal en (φ_1, φ_1'); il coupe les deux plans verticaux suivant deux lignes de front qui passent par les points (m_1, m_1'), (n_1, n_1') où l'horizontale de ce plan menée par (φ_1, φ_1') et projetée suivant $\omega\varphi_1$ perce ces deux plans. Le plan étant normal à l'hélice moyenne, ces lignes de front se projettent verticalement suivant des perpendiculaires à la projection verticale $\varphi_1'f_1'$ de la tangente à l'hélice moyenne. Même tracé pour le plan normal en (φ_2, φ_2'). On en déduit les projections horizontales des intersections avec les plans de bout.

Connaissant sur l'épure les deux dimensions de la section droite du prisme tronqué qui forme le solide capable et les longueurs de ses arêtes de part et d'autre d'une section droite quelconque, on peut équarrir ce prisme tronqué; en général, les arêtes sont parallèles au lit de carrière. Pour tailler les deux surfaces cylindriques $\beta_1\gamma_1$, $\epsilon_1\iota_1$ qui comprennent le voussoir, on a besoin de leurs traces sur les faces supérieure et inférieure et sur les bases du prisme tronqué. On obtient les deux premières en les supposant transportées verticalement jusqu'au plan B'G', et en rabattant ce plan sur le plan de front AG. On obtient les deux secondes, qui sont identiques, en les supposant transportées hélicoïdalement

jusqu'au plan RS et en faisant tourner ce plan autour
de la droite de bout du point (φ, φ'), jusqu'à ce qu'il soit
horizontal.

On applique sur les faces du prisme les panneaux de
ces traces et, à l'aide d'une règle dont le bord s'appuie
constamment sur deux de ces courbes aux points correspondant à une même génératrice, on fait apparaître les
deux surfaces cylindriques. On peut alors tracer sur ces
surfaces les hélices engendrées par les points λ', ν' pour
l'une, par les points π',Q' pour l'autre, soit en appliquant
sur les ceux cylindres des règles flexibles, soit en portant sur les génératrices les longueurs interceptées entre
les faces du prisme et les hélices. A l'aide d'une règle
dont le bord s'appuie sur les points correspondants des
hélices λ' et π' d'une part, ν' et π' d'autre part, on fait
apparaître les deux surfaces de vis à filet carré qui limitent en dessus et en dessous le solide engendré par le
rectangle λ'ν'Q'π'. Les points correspondant à une des hélices pouvant, aux extrémités du voussoir, se trouver en
dehors de la pierre, on a eu soin, avant d'attaquer le
solide capable, de placer sur ses deux bases le panneau
du joint montant comprenant les intersections du plan
RS avec les deux surfaces de vis à filet carré; c'est sur
l'une ou sur l'autre de ces intersections, à défaut d'hélice, que s'appuie le bord de la règle. Ce panneau s'obtient d'ailleurs au moment où on rabat le plan RS autour
de la droite de bout du point (φ,φ') pour avoir son intersection avec les deux cylindres qui limitent verticalement
le voussoir. Il est figuré à droite, en haut de la planche XII.

Ayant le solide rectangulaire, il est facile de tracer sur
le cylindre concave l'hélice du point M', et sur le cylindre convexe l'hélice du point P'. On trace sur les surfaces
de vis à filet carré les hélices des points J' et N', en portant des longueurs constantes sur les génératrices de ces

surfaces à partir de leurs intersections avec l'un ou l'autre
des cylindres. Cela fait, on a les surfaces de lit en faisant glisser une règle sur les points correspondants des
hélices J' et M', et sur ceux des hélices N' et P', l'une de
ces hélices, aux extrémités du voussoir, étant remplacée
par la trace de la surface qu'on engendre sur le plan du
joint montant.

Enfin l'intrados est taillé à l'aide d'un biveau cerce
dressé suivant le contour M'N'P', qu'on fait mouvoir en
l'appuyant sur les hélices des points M',N' et P', les hélices des points M' et P' pouvant, aux extrémités du voussoir, être remplacées par les traces de l'intrados et du lit
N'P' sur le plan du joint montant. La figure 94, pl. XI,
donne une vue cavalière du voussoir.

70. *Représentation du noyau.* — Le noyau de l'escalier est formé de pierres cylindriques présentant des
saillies en hélice. La partie saillante est engendrée par
le mouvement hélicoïdal du triangle curviligne A'L'V' (fig.
91, pl. XI), pendant que la partie comprise entre A'V' et
l'axe engendre le noyau lui-même.

La saillie hélicoïdale vient rencontrer le plan horizontal
supérieur qui limite le prisme suivant deux courbes *al*,
lv (fig. 95, pl. XI), qui sont les intersections de ce plan
avec la surface d'intrados pour *al*, et avec la surface de
lit pour *lv*. Pour avoir *al*, il faut chercher l'intersection
du plan horizontal supérieur *x'y'* (fig. 96, pl. XIII) avec
les hélices décrites par les différents points de l'arc A'L'.
Prenons, par exemple, le point (*m*, *m'*) situé à 1/2
hauteur de marche au-dessous de *x'y'*. Pour s'élever de ce
point jusqu'au plan *x'y'* en suivant l'hélice, il faut par-
courir 1/2 giron sur la ligne de foulée, et *n* est un point
de la courbe *al*. On peut déterminer d'autres points en
s'élevant de nombres fractionnaires de hauteur de marche
et en s'avançant des mêmes nombres fractionnaires de

giron. L'arc A'L' étant tangent à la droite A'V', la courbe
al est tangente en a à la section horizontale du noyau. Le
même procédé appliqué à la partie rectiligne L'V' du
profil A'L'V' donne la courbe lv.

77. *Taille du noyau.* — Pour tailler la pierre, on fait
d'abord apparaître les deux plans de base parallèles au lit
de carrière et, sur l'un d'eux, on applique un panneau
ayant la forme de la section droite (fig. 95, pl. XI) avec la
partie saillante auvla. On taille alors le cylindre à l'équerre
en partant de v et en s'arrêtant à l'hélice vv'; on continue
ensuite du côté de u jusqu'en a. Puis on applique le panneau
de la section droite sur la base inférieure, et on taille à
l'équerre la partie restante du cylindre en partant de a'
et en s'arrêtant à l'hélice a'a. Il ne reste plus qu'à tailler
le filet hélicoïdal, ce qui se fait au moyen d'une cerce
dressée suivant alv (fig. 97, pl. XIII), et se prolongeant
au-delà des points a et v par des arcs de section droite. On
fait glisser cette cerce de manière que les points a et v se
mouvent sur les hélices correspondantes et que les arcs
de section droite s'appliquent sur la surface du cylindre.

78. *Sommiers.* — Les sommiers B'F'G'P'N' (fig. 91, pl. XI),
c'est-à-dire les premiers voussoirs de la cage qui reposent sur les naissances, ont une forme analogue à celle
d'une pierre du noyau (fig. 98, pl. XIII), et se taillent de la
même manière. La figure 99 donne une vue perspective
de l'ensemble.

De la pose et du ravalement des escaliers.

79. *Escalier vis-à-jour.* — On trace d'abord sur la face
intérieure de la cage le profil de toutes les marches et celui
des paliers, s'il y en a, afin d'être sûr, en posant les marches les unes sur les autres, d'arriver juste à la hauteur et

à l'endroit voulus. Comme on efface ces profils en perçant les trous dans lesquels on doit sceller les marches, il faut avoir soin de prolonger les horizontales qui passent par le dessus des marches et des paliers, et les verticales qui passent par le devant des contre-marches, pour qu'elles servent de guide au poseur tant pour la hauteur que pour les girons. Ensuite, sur un tableau en bois blanchi au rabot, on décrit la courbe projection horizontale des saillies des moulures des têtes des marches et on plante, sur le tableau, des clous aux points où cette courbe est rencontrée par les projections horizontales des saillies des moulures du devant des marches. Cela fait, on place horizontalement le tableau à la partie supérieure de la cage, de manière que le centre de la courbe soit exactement sur l'axe de la cage et que le clou qui correspond à la saillie du devant de la marche de départ soit bien verticalement au-dessus de cette saillie. Puis on suspend un long fil à plomb successivement à chacun des clous à mesure que l'on pose la marche correspondante, de manière à déterminer la direction de l'arète saillante de chaque marche et l'avancement de la tête. On pose alors la marche de niveau dans le sens de sa longueur, car en taillant les marches on leur donne toujours une petite pente sur le devant qui ne doit pas dépasser 2 milliémes, et on la scelle solidement dans le mur avec du plâtre gàché fort, et des morceaux de tuileaux durs enfoncés à coups de marteau.

Pour ravaler la tête de ces escaliers, on se sert du fil à plomb qu'on déplace, à l'aide de clous intermédiaires, s'il est nécessaire, le long de la courbe tracée sur le tableau horizontal placé au haut de la cage. Pour ravaler le dessous de l'escalier, on dresse avec soin, à l'aide des cotes relevées sur l'épure, la courbe d'intersection de la cage et de l'intrados ; on dresse de même la courbe de jour de l'intrados ; ensuite, on fait le dessous hélicoïdal

7

en faisant glisser, de niveau, une règle sur ces deux courbes.

80. *Escaliers à noyau plein.* —On opère comme pour l'escalier vis-à-jour. Mais, si les arêtes saillantes des marches n'ont pas de moulures, il suffit d'un seul fil à plomb coïncidant exactement avec l'axe du noyau pour déterminer les arêtes saillantes et les girons.

81. *Vis Saint-Gilles.* — On arase avec soin les deux surfaces planes ω′A′ et B′F′ (fig. 91, pl. XI), pour qu'elles soient de même niveau ; puis, à l'aide d'une règle horizontale A′B′ sur laquelle on trace les projections horizontales des points L′,M′,N′, du fil à plomb et d'une seconde règle, on détermine les saillies et les hauteurs des points L′,M′, N′, comme au n° 57. Enfin, à l'aide d'un inclinateur, on vérifie les inclinaisons des droites telles que N′P′, M′J′. On pose d'autres règles horizontales, analogues à A′B′, et dont les extrémités aboutissent aux hélices de naissance, d'autant plus nombreuses qu'on veut plus d'exactitude, et avec chacune desquelles on opère de la même manière qu'avec A′B′. On détermine ainsi exactement le tournant des arêtes des douelles.

La pose des marches se fait ici en traçant les profils des marches et des paliers sur la cage et sur la surface du noyau, et en remplissant de maçonnerie l'intervalle qui reste entre le dessous des marches et l'extrados de la voûte.

Pour ravaler l'intrados, on fixe, d'après l'épure, la hauteur de trois points au moins tels que A′ et de trois points au moins tels que B′, et à l'aide d'une longue règle flexible, on trace les hélices des naissances. On dresse avec soin ces hélices de manière à bien les raccorder avec les faces des murs cylindriques verticaux. Au moyen de repères tracés, comme au n° 58, sur les arêtes des douelles, et d'une règle flexible, on pratique des rigoles au fond desquelles on trace les hélices d'assise ; on creuse ensuite les douelles en faisant glisser verticalement la cerce de la douelie de chaque assise sur les hélices bien dressées qui limitent cette assise.

CHAPITRE VI

DES VOUTES DE RÉVOLUTION

89. — On appelle *voûtes de révolution* les voûtes dont l'intrados est une surface de révolution ; l'extrados peut être quelconque, mais, à partir d'une certaine hauteur, il est aussi formé généralement par une surface de révolution.

Voûtes de révolution à axe vertical.

90. *Représentation d'un voussoir.* — Soient : $(o, o'z')$ (fig. 100, pl. XIII) l'axe, $(ox, U'V')$ la méridienne de front de l'intrados [1], $(ox, Y'S')$ la méridienne de front de l'extrados. On divise la courbe $U'V'$ en parties égales ; $a'b'$ étant l'une des divisions, on mène les normales $a'\omega'$, $b'\omega''$ à la courbe $U'V'$, que l'on prolonge jusqu'à la courbe $Y'S'$; le quadrilatère mixtiligne $a'b'c'd'$, en tournant autour de l'axe, engendre une des assises de la voûte, que l'on divise en voussoirs à l'aide de plans passant par l'axe.

Par une rotation autour de l'axe, on amène le voussoir que l'on veut étudier à avoir ses faces verticales latérales symétriques par rapport au méridien de front ox. Soient $o\lambda$ et $o\lambda_1$ les traces de ces plans méridiens extrêmes après la rotation ; $o\lambda$ et $o\lambda_1$ sont symétriques par rapport à ox. Le voussoir considéré s'obtient alors en faisant tourner

---

(1) Si cette méridienne est une droite coupant l'axe en un point peu élevé ou très élevé au-dessus de o', on a un *plafond conique* ou une *flèche conique*.

le quadrilatère mixtiligne $a'b'c'd'$ et en prenant la partie comprise entre les plans verticaux $o\lambda$ et $o\lambda_1$. Chacun des sommets a', b', c', d' décrit un arc de parallèle ; les projections de ces arcs de parallèles sont $(\alpha a \alpha_1, a'\alpha')$, $(\beta b \beta_1, b'\beta')$, $(\gamma c \gamma_1, c'\gamma')$, $(\delta d \delta_1, d'\delta')$. La droite $\gamma'\beta'$ représente la projection verticale commune des deux génératrices extrêmes du lit conique décrit par $b'c'$; comme vérification $\gamma'\beta'$ prolongée doit passer par ω''. De même la droite $\alpha'\delta'$ représente la projection verticale commune des deux génératrices extrêmes du lit conique engendré par $a'd'$; comme vérification $\alpha'\delta'$ prolongée doit passer par ω'. Enfin de α' en β' et de δ' en γ' sont deux arcs de courbes $\alpha'\beta'$, $\delta'\gamma'$; le premier $\alpha'\beta'$ est la projection verticale commune aux deux arcs de méridiens qui terminent la douelle sur l'intrados ; l'autre $\delta'\gamma'$ est la projection verticale commune aux deux arcs de méridiens qui terminent la douelle d'extrados. On obtient un point quelconque de $\alpha'\beta'$ en faisant tourner un point quelconque de $a'b'$ comme on l'a fait pour les points extrêmes (a, a'), (b, b') ; on opère de même sur $c'd'$ pour en déduire $\gamma'\delta'$. En résumé, le voussoir, dont les figures 101 et 102, pl. XIII, sont des vues cavalières, est limité : inférieurement, par la douelle d'intrados AA_1BB_1 et par le lit conique ADD_1A_1 ; supérieurement, par la douelle d'extrados CDD_1C_1 et par le lit conique BCB_1C_1 ; latéralement, par les plans méridiens $ABCD$, $A_1B_1C_1D_1$. On voit que les lits coniques, comme les joints plans, sont normaux à l'intrados.

84. *Taille d'un voussoir voisin du plan des naissances* (fig. 100 et 101, pl. XIII). — Pour tailler un voussoir voisin des naissances, on dresse d'abord un solide capable ayant pour base la projection horizontale totale $\beta b \beta_1 \delta_1 d\delta$ du voussoir et, pour hauteur, la distance des deux horizontales $a'\alpha'$, $c'\gamma'$; le lit de carrière est parallèle à la base. Ce solide capable est représenté ne

$MNPQQ_1M_1N_1P_1$; toutes les faces de ce solide sont planes,
sauf PQQ_1P_1 et MNN_1M_1 qui sont cylindriques. La face latérale MNPQ n'est autre que le rectangle $m'n'p'q'$ qui se
trouve en vraie grandeur sur la projection verticale; on
forme un panneau ayant la forme de ce rectangle et contenant la figure $a'b'c'd'$ qui y est inscrite. En appliquant
ce panneau sur MNPQ et sur $M_1N_1P_1Q_1$, on peut alors tracer sur la pierre les contours ABCD, $A_1B_1C_1D_1$ des deux
faces planes latérales du voussoir. On peut ensuite tracer
sur la pierre les quatre arcs de cercles AA_1, BB_1, CC_1, DD_1,
dont on a les extrémités, et en se servant des cerces αx_1,
β_{31}, $\gamma\gamma_1$, $\delta\delta_1$ fournies par la projection horizontale. Tout
le contour du voussoir étant alors tracé sur la pierre, on
peut tailler sans difficulté d'abord les deux joints coniques BB_1C_1C, AA_1D_1D, puis l'intrados ABB_1A_1, et enfin l'extrados DD_1C_1C que l'on se contente de dégrossir. Pour les
lits coniques, on a deux directrices de chacun d'eux ;
il suffit de diviser ces deux directrices en parties égales
et d'appuyer une règle sur les points correspondants.
Quant à la douelle d'intrados, les points correspondants
se trouvent déjà marqués sur les deux directrices AA_1, BB_1
par la taille même des lits, et il suffit d'appuyer sur
les points correspondants une cerce découpée suivant
l'arc $a'b'$ de la courbe méridienne, ou mieux un biveau-
cerce $a'b'c'$.

85. *Taille d'un voussoir quelconque* (fig. 100 et 102,
pl. XIII). — La méthode précédente est très simple
et très exacte ; mais elle n'est guère applicable qu'aux
deux premières assises, attendu que pour ces assises
seules les lits coniques sont peu inclinés ; cette inclinaison devenant de plus en plus prononcée à mesure qu'on s'élève, il en résulterait un déchet de pierre
assez considérable, et en outre les lits s'éloigneraient
notablement du lit de carrière. Aussi, pour les voussoirs

des assises autres que les deux premières, emploie-t-on une autre méthode un peu moins précise peut-être, mais qui donne beaucoup moins de déchet et évite davantage la pose en délit. Voici en quoi elle consiste.

On dresse un solide capable ayant la forme d'un prisme dont la section droite serait le contour total $\alpha'\beta'\gamma'c'd'a'$ de la projection verticale et dont la longueur serait $\delta\delta_1$, c'est-à-dire dont la projection horizontale serait le rectangle $hikl$; le lit de carrière est suivant la face $d'a'$. Ce prisme représenté en perspective cavalière (fig. 102) est $a'\alpha'\beta'\gamma'$ $c'd'd_1'a_1'\alpha_1'\beta_1'\gamma_1'c_1'$. On porte sur les arêtes de ce prisme des longueurs

$$\beta'B, \ \beta_1'B_1, \ \gamma'C, \ \gamma_1'C_1, \ \alpha'A, \ \alpha_1'A_1$$

respectivement égales aux longueurs

$$k\beta, \ i\beta_1, \ 4\gamma, \ 2\gamma_1, \ 3\alpha, \ 1\alpha_1$$

fournies par la projection horizontale ; ce qui donne trois sommets A, B, C et A_1, B_1, C_1 de chaque face latérale. On pourra donc dresser les plans de ces faces et y appliquer le panneau $a'b'c'd'$ fourni par la projection verticale ; les contours ABCD, $A_1B_1C_1D_1$ seront donc aussi tracés sur la pierre. On tracera alors sur les petites faces horizontales $c'\gamma'\gamma_1'c_1'$ et $a'\alpha'\alpha_1'a_1'$ les deux arcs de cercle CC_1 et AA_1 à l'aide des cerces $\gamma c\gamma_1$, $\alpha a\alpha_1$ fournies par la projection horizontale. Cela fait, on taillera d'abord les lits coniques, puis la douelle d'intrados et enfin on dégrossira l'extrados. La taille des lits coniques est un peu délicate attendu qu'on n'a qu'une directrice de chacun d'eux. Par exemple pour le lit conique supérieur BB_1, CC_1, on a la directrice CC_1 et les deux génératrices extrêmes CB, C_1B_1 ; on creusera donc avec précaution la pierre de manière qu'une règle glissant sur la directrice unique CC_1 aille sensiblement concourir sur le point où convergeraient les génératrices extrêmes CB, C_1B_1 ; on a soin de laisser un peu de gras, puis on reprend en enlevant un peu plus de pierre, jusqu'à ce que le panneau G développé de ce lit conique puisse s'adapter à la face concave ainsi taillée. Ce panneau G indispensable ici et qui supplée en quelque sorte la seconde directrice s'obtient aisément en décrivant du point ω'' sommet du cône deux cercles de rayons $\omega''b'$, $\omega''c'$, prenant sur le plus petit de ces cercles un arc BB_1 égal en longueur à l'arc $\beta b \beta_1$ de la projection horizontale et joignant B et B_1 à ω''. On taille le second lit de la même manière. En appliquant sur chaque lit conique le panneau flexible correspondant, on a pu marquer sur la pierre les cercles BB_1, DD_1. Dès lors on a les deux directrices BB_1 et AA_1 de la douelle d'intrados et les deux directrices CC_1 et DD_1 de la surface d'extrados ; on les divise en parties égales et on taille la douelle d'intrados et la surface d'extrados en appuyant sur les points correspondants des cerces découpées suivant les méridiennes $a'b'$ et $c'd'$, qu'on maintient, à vue d'œil, normales aux surfaces que l'on taille.

Ces moyens suffisent toujours pour un ouvrier intelligent. Mais, si l'on veut opérer avec toute la précision possible, on cherche d'abord la trace du premier lit conique $c'\gamma'b'\beta'$ (fig. 100, pl. XIII) sur le plan de la douelle plate $\alpha'\beta'$, et on engendre ce lit en faisant passer une règle par les points de cette trace et par les points correspondants de l'arc $c'\gamma'$. L'arc $b'\beta'$ étant tracé, on engendre la douelle à l'aide d'un biveau-cerce (fig. 103, pl. XIV), dont la branche curviligne est découpée suivant l'arc de méridien $a'b'$ (fig. 100, pl. XIII) et dont la branche rectiligne est dirigée suivant la normale $b'c'$ à cette courbe, de la manière suivante : on déplace ce biveau de manière que son sommet b' glisse sur tout l'arc $b'\beta'$, que le côté rectiligne $b'c'$ s'appuie sur les génératrices correspondantes du lit conique déjà taillé, et que la branche courbe passe par les points correspondants de l'arc $a'\alpha'$. La douelle taillée, on engendre le second lit conique à l'aide du côté rectiligne d'un biveau-cerce découpé suivant *d'a'b'*, dont le sommet *a'* décrit l'arc *a'α'* et dont la branche courbe s'appuie sur les points correspondants de l'arc *b'β'*. Enfin on taille l'extrados à l'aide d'un biveau-cerce ayant *d'c'b'* pour contour.

Voûtes sphériques

86. *Taille spéciale aux voûtes sphériques ; méthode de l'écuelle.* — Lorsque la méridienne (fig. 100, pl. XIII) U'V' de l'intrados est *un cercle ayant son centre sur l'axe*, en *o'* par exemple, la voûte de révolution devient une voûte sphérique. L'épure reste la même ; seulement les sommets des surfaces coniques qui forment les lits coïncident tous en *o'*. Quant à la taille, les deux méthodes précédentes subsistent ; mais ici on peut employer un mode spécial de taille plus expéditif et très usuel, dû à l'architecte de la Rüe (1728) et connu sous le nom de *méthode de l'écuelle.* Cette méthode de l'écuelle se rattache à la *taille directe*, tandis que les méthodes précédentes se rattachaient à la *taille par équarrissement.*

Voici en quoi consiste la *taille par l'écuelle.*

Les cordes ($\varkappa\varkappa_1,\varkappa'$) et ($\beta\beta_1,\beta'$) des deux parallèles qui limitent la douelle d'intrados déterminent un plan perpendiculaire au plan vertical et dont la trace verticale est $\varphi\varkappa'\beta'\rho$. Ce plan détermine dans la sphère un petit cercle dont $\varphi\rho$ est le diamètre. On commence par tracer ce cercle (fig. 104, pl. XIV) sur une face de la pierre perpendiculaire au lit de carrière ; puis on y place parallèlement au lit de carrière les deux cordes parallèles $\beta\beta_1$, $\varkappa\varkappa_1$ dont on a les vraies longueurs sur le plan horizontal et dont la distance est d'ailleurs donnée en vraie grandeur par la droite $\varkappa'\beta'$ (fig. 100, pl. XIII) de la projection verticale. On aura donc ainsi sur la pierre les quatre sommets $\varkappa$, $\varkappa_1$, β_1, β (fig. 104, pl. XIV) de la douelle sphérique. On creuse cette douelle en s'aidant d'une cerce en tôle ayant la forme d'un grand cercle de la sphère, de la manière suivante :

On commence par pratiquer le long d'un diamètre du cercle $\varphi\rho$ (fig. 105) une rigole pour y ajuster la cercè perpendiculairement au parement, à vue d'œil, ou à l'aide d'une équerre. On en fait autant sur un ou plusieurs diamètres qui croisent le premier, et l'on marque au fond, à l'intersection des rigoles, le pôle P de la calotte sphérique ; puis on enlève la pierre entre ces rigoles, en présentant de temps en temps la cerce qu'on fait tourner sur le point P comme sur un pivot, sans l'incliner ni à droite ni à gauche, en sorte que les extrémités de la corde $\varphi\rho$ affleurent toujours le parement, aussi bien que tout le contour de la cerce, ce que l'on reconnaît lorsque celle-ci bouche le passage de la lumière. Cette opération est ce qu'on appelle *rider l'écuelle*.

Il faut alors tracer dans cette écuelle le contour de la douelle sphérique, contour qui se compose (fig. 104) de deux arcs de parallèles $\mathfrak{z}\mathfrak{z}_1$ et zz_1 et de deux arcs de méridiens $z\mathfrak{z}$, $z_1\mathfrak{z}_1$. Les deux arcs de méridiens $z\mathfrak{z}$, $z_1\mathfrak{z}_1$ se tracent à l'aide de la cerce même qui a servi à creuser l'écuelle ; on appuie cette cerce sur les points z et $\mathfrak{z}$ et on l'incline de manière à ce que sa contour s'applique sur la surface creusée de l'écuelle ; on peut alors tracer à la pierre noire la courbe $z\mathfrak{z}$; on fait de même pour $z_1\mathfrak{z}_1$. Quant à l'arc de parallèle $\mathfrak{z}\mathfrak{z}_1$, on opère de même en se servant d'une cerce découpée suivant l'arc $\mathfrak{z}b\mathfrak{z}_1$ (fig. 100, pl. XIII) de la projection horizontale ; et on a l'autre arc zz_1 de parallèle à l'aide d'une cerce découpée suivant le secteur $za z_1$ de la projection horizontale. Comme il est difficile de placer ainsi les cerces de manière qu'elles s'appliquent exactement sur le fond de l'écuelle, il vaut mieux chercher un troisième point de chacun des arcs par lesquels elles doivent passer. On relève pour cela, sur l'épure, les points de ces arcs situés sur deux positions de la cerce $_1\rho_2$ (fig. 105, pl. XIV)

qui les rencontre, et on les reporte à l'aide de cette
cerce sur le fond de l'écuelle. Le contour de la douelle ache-
vé, on taille successivement les lits coniques et les joints
plans par une même opération et à l'aide d'un même *biveau-
cerce* (fig. 103) dont la branche curviligne est découpée suivant l'arc de grand cercle $a'b'$ et dont la branche rectiligne
est dirigée suivant la normale $b'c'$ à ce cercle. On fait
pivoter ce biveau de manière que son sommet b' glisse
sur tout le contour de la douelle, et que sa branche
courbe s'applique sur le fond de l'écuelle en passant par
le pôle P (fig. 105) ; son plan doit alors être normal à l'écuelle, ce qu'on vérifie à vue d'œil. Mais il est
préférable, pour bien placer la branche courbe, de tracer d'abord, sur le contour du quadrilatère curviligne
$\alpha\beta\beta_1\alpha_1$ (fig. 104), des points correspondants, à l'aide
des positions successives de la cerce $\varphi P\varphi$ (fig. 105).
Le côté rectiligne glissant décrira des normales à la
sphère tout le long du contour de la douelle, et par cela
même, il décrira des plans lorsqu'il glissera sur les arcs
de grands cercles $\alpha\varphi$, $\alpha_1\beta_1$, et des cônes lorsqu'il glissera
sur les arcs de petits cercles $\beta\beta_1$, $\alpha\alpha_1$. Si l'on veut tailler
l'extrados, on appliquera le panneau méridien $a'b'c'd'$
(fig. 100, pl. XIII) sur les faces planes, on tracera ensuite des arcs parallèles aux arcs d'intrados sur les lits
coniques, et, ayant alors le contour de l'extrados, on
le taillera sans peine à l'aide d'une cerce découpée sur
la méridienne $d'c'$, ou d'un biveau-cerce $d'c'b'$ (fig. 104,
pl. XIV). La figure 106 donne une vue cavalière de l'ensemble de la voûte.

Niche sphérique.

87. — La niche est une cavité pratiquée dans un
mur et ayant la forme d'un quart de sphère raccordé
avec un demi-cylindre vertical (fig. 107, pl. XIV) ; seule-

ment ce quart de sphère ne peut pas être appareillé comme une voûte sphérique ordinaire, parce que la poussée sur l'arc de tête, qui existe toujours, quel que soit l'appareil, serait trop considérable. Le piédroit cylindrique n'offre rien d'intéressant, nous ne nous occuperons donc que du quart de sphère; nous prendrons pour plan horizontal le plan du demi-cercle commun à la sphère et au cylindre et pour plan vertical un plan parallèle au mur dans lequel la niche est placée.

Soit acb le demi-cercle de naissance et $a'o''b'$ la projection verticale du demi-cercle de tête. ef étant une corde voisine du point c et parallèle à ab, concevons par ef un plan vertical, qui donne dans la sphère le cercle (egf, $e'g'f'$). Le long de ce cercle, menons des normales à la sphère jusqu'à un plan vertical hk parallèle au plan de tête et voisin de ef. Ces normales forment une surface conique de révolution dont le sommet est en (o,o') et dont oc est l'axe; ce cône coupe le plan vertical hk suivant un cercle $h'i'k'$ concentrique à $e'g'f'$; enfin prenons ce cercle (hik, $h'i'k'$) pour base d'un cylindre droit ayant io pour axe et qu'on arrêtera au plan vertical xy. L'espace limité par le plan horizontal HH_1K_1KFCE (fig. 108), par la demi-calotte sphérique ECFG, par le demi-tronc de cône EHIKFG, par le demi-cylindre $HIKK_1I_1H_1$, et enfin par le plan vertical $H_1I_1K_1$ est rempli par une seule pierre qu'on nomme le *trompillon* et dont la figure 108 offre une vue cavalière.

Les voussoirs reposent sur ce trompillon par leur partie inférieure postérieure: ils sont limités latéralement par des lits passant par l'axe (oc,o'). Supposons qu'on ait divisé le cercle de tête $a'o''b'$ en parties égales, et soit $m'n'$ une des divisions; menons les rayons $o'm'$, $o'n'$, ce sont les traces verticales des plans de lit latéraux; enfin on termine supérieurement et à droite par un plan horizontal $t's'$ et un plan vertical $s'r'$. Un plan de joint

$q'n'r'$ coupe successivement le cylindre et le tronc de
cône qui limitent le trompillon, puis la sphère et enfin
le mur vertical. La figure 107 est ponctuée en supposant
le mur élevé jusqu'aux naissances, le trompillon placé et
un seul voussoir posé sur le trompillon. La figure 109
donne une vue cavalière du voussoir; LL_1V_1V est la
douelle cylindrique, LPQV la douelle tronc-conique,
PMNQ la douelle sphérique.

88. *Taille du voussoir.* — Pour tailler le voussoir, on
équarrit un prisme droit dont la base est égale au panneau $p'q'r's't'$ (fig. 107, pl. XIV), le lit de carrière étant
parallèle à $p't'$, et dont la longueur est égale à pp_1 ; la
face $p'q'$ de ce prisme est un cylindre droit qu'on taille à
l'équerre. On applique sur les faces $p't'$ et $q'r'$ les panneaux de joint qui s'obtiennent par rotation autour de
l'axe (oc,o') ; un de ces panneaux est figuré en $pp_1k'kfb$.
Sur la concavité du cylindre, on trace, à l'aide d'une règle flexible, le cercle $(pq, p'q')$, et on creuse la douelle au
moyen d'une cerce découpée suivant le grand cercle fb,
qu'on fait glisser sur des points correspondants des arcs
$p'q'$ et $m'n'$, en la maintenant, à vue d'œil, normale à
ces arcs. Il est plus exact d'employer un biveau-cerce $fb\rho$
qu'on peut faire passer par trois points correspondants
des arcs $p'q'$, $m'n'$ et $t'r'$ou $s'r'$. On taille ensuite à l'é-
querre le petit cylindre L_1LVV_1 (fig. 100), en ayant soin
de ne pas dépasser l'arc LV, puis le tronc de cône LPQV
dont on a deux directrices sur lesquelles on peut marquer des points correspondants.

On pourrait aussi employer une taille directe, en remarquant que les quatre sommets (p,p'), (q,q'), (m,m'),
(n,n') (fig. 107) de la douelle sont dans un même plan,
et en commençant par la taille de ce plan (n° 103). Mais
la première méthode, par équarrissement, est seule applicable quand la niche n'est pas pratiquée dans un mur
droit

89. *Taille du trompillon.* — Pour tailler le trompillon, on dresse une face plane, perpendiculaire au lit de carrière, sur laquelle on trace les deux demi-cercles $e'g'f'$, $h'i'k'$ (fig. 107, pl. XIV) ; on exécute à l'équerre le plan HH₁K₁K (fig. 108), sur lequel on trace le cercle EF, et le cylindre H₁I₁K₁, sur la convexité duquel on trace, à l'aide d'une règle flexible, le cercle HIK. En faisant glisser une règle sur les points correspondants des arcs HIK, EGF, on a le joint conique ; en faisant glisser la cerce fb (fig. 107) sur l'arc EGF (fig. 108), normalement à cet arc et de manière qu'elle passe par le point C, on engendre la douelle. Il est plus exact d'employer un biveau-cerce cfk (fig. 107), dont le côté rectiligne s'appuie sur les génératrices du joint conique.

La figure 110 donne une vue cavalière de la voûte.

Voûtes de révolution à axe horizontal.

90. — Ces voûtes s'appareillent de deux manières. On peut prendre pour lignes d'assises des méridiennes et pour lignes de joints montants des parallèles ; les lits sont des plans et les joints montants des cônes : l'appareil est dit *par secteurs* (fig. 111, pl. XV). On peut prendre pour lignes d'assises des parallèles et pour lignes de joints montants des méridiennes ; les coupes sont des cônes et les joints montants des plans ; l'appareil est dit en *cul-de-four* (fig. 112, pl. XV). Dans les deux cas, la voûte, aux points où elle rencontre son axe, se termine par des trompillons. La niche sphérique a donc été appareillée comme une voûte de révolution autour de l'axe horizontal (oc,o') (fig. 107, pl. XIV).

Détails divers sur les voûtes de révolution.

81. — L'appareil que nous avons employé pour les voûtes de révolution à axe vertical est dit *en couronnes*, à cause de l'aspect de chaque assise considérée isolément. C'est le seul employé aujourd'hui, parce qu'il offre une stabilité remarquable qui résulte de l'appareil même. En effet, chaque assise une fois fermée se soutient d'elle-même, chacun de ses voussoirs agissant comme un coin qui ne peut s'enfoncer davantage, puisque l'extrados est plus large que l'intrados. Aussi peut-on élever ces voûtes presque sans cintres ; et surtout peut-on supprimer la clef et plusieurs assises supérieures et même quelquefois élever sur la dernière assise conservée une *lanterne*, ou petit cylindre vertical, percée de plusieurs fenêtres et recouverte d'une calotte hémisphérique, de manière à éclairer ces voûtes par le haut. Ces voûtes se désignent généralement sous le nom de *coupoles* et leur masse extérieure sous celui de *dômes*.

Les coupoles peuvent être sphériques, surhaussées ou surbaissées. La coupole du Panthéon, à Rome, est sphérique ; celle de Saint-Pierre de Rome est surhaussée, la demi-largeur o'U (fig. 100, pl. XIII) est de 20 mètres, tandis que la montée o'V est de 22 mètres ; la coupole de Sainte-Sophie, à Constantinople, est au contraire surbaissée, elle a 18 mètres de demi-largeur et 15 mètres seulement de montée. En général, cependant, on fait les coupoles surhaussées, parce que, par un effet de perspective, elles paraissent déjà surbaissées lors mêmes qu'elles sont sphériques.

82. — L'appareil en couronnes peut s'appliquer aux voûtes de révolution à axe horizontal ; les lignes d'assises sont alors les sections de la surface par des plans horizontaux, et les lits sont des cônes dont on détermine le sommet de manière qu'ils rencontrent l'intrados sous un angle qui ne soit pas trop aigu. Au besoin, le lit d'un voussoir est formé de plusieurs cônes reliés par des plans passant par leurs génératrices extrêmes (fig. 113, pl. XV). Les joints montants sont des plans verticaux normaux à la section horizontale moyenne de l'assise. La taille d'un voussoir s'exécute comme au n° 84. Nous citerons comme exemple la *voûte elliptique de révolution* engendrée par une ellipse tournant autour de son grand axe horizontal ; elle sert à recouvrir un espace dont le plan offre deux dimensions inégales, tel qu'une salle elliptique.

Par contre, l'appareil par secteurs a été appliqué autrefois aux voûtes de révolution à axe vertical. Les lignes d'assises étaient déterminées par des plans méridiens qui formaient les coupes et, dans une même assise, les voussoirs étaient séparés par des cônes normaux dirigés suivant des arcs parallèles.

88. — On désigne sous le nom de *voûte en cul-de-four* une voûte dont l'intrados est un quart de sphère qui termine et raccorde un berceau horizontal. La figure 112, pl. XV, représente le plan fait à la hauteur des naissances. La partie droite *xab₃* est recouverte par un berceau et la partie circulaire *acb* par un quart de sphère. La partie sphérique s'appareille en cul-de-four, et les voussoirs se taillent comme ceux de la niche ; on l'appareille aussi par assises horizontales. Les voussoirs qui sont à la jonction de la sphère et du berceau doivent appartenir en partie à l'une et en partie à l'autre voûte. Enfin, quelquefois, on ajoute un *arc-doubleau* ; c'est un bandeau cylindrique engendré par la révolution du rectangle *apqe* autour de l'axe *cz* du berceau ; il doit toujours être pris sur le berceau et non sur la sphère.

94. — La *voûte annulaire* ou *berceau tournant* a pour intrados la surface engendrée par la révolution d'un demi-
cercle vertical *a'c'b'* (fig. 114, pl. XV), ou d'une demi-
ellipse, tournant autour d'un axe vertical *o'z'* situé dans
son plan, mais qui ne le rencontre pas. Cette voûte sert
à recouvrir une galerie circulaire P comprise entre deux
murs cylindriques concentriques. Les murs sont quelquefois remplacés par une série de piliers ou colonnes,
comme cela avait lieu dans la voûte annulaire qui ser-
vait de bas-côtés à la coupole de la Halle au blé, à
Paris. Nous reviendrons d'ailleurs sur cette voûte pour
indiquer la manière dont on avait construit les ouvertures destinées à l'éclairer (n° 126).

La remarque faite au n° 91 s'applique à la moitié extérieure *a'c'* de ce berceau tournant, qui pourrait subsister seule en équilibre, quand même on supprimerait tout
le reste de la voûte. Mais il n'en est pas de même de la
moitié intérieure *c'b'*, car les voussoirs de cette partie
tendent, par leur propre poids, à glisser sur le joint conique, dans un sens qui les éloigne de l'axe, et cette tendance ne peut être arrêtée par la pression des voussoirs
contigus de la même assise, puisque l'arête de douelle
présente une ouverture plus large que l'arc d'extrados.

De la pose et du ravalement des voûtes de révolution.

95. — Les murs des piédroits étant montés jusqu'au
niveau des naissances, on établit, suivant un certain nombre de plans méridiens équidistants, des cintres formés
de pièces de bois ayant un contour extérieur parallèle à
l'intrados de la voûte considérée, et assemblés à tenons
dans des mortaises pratiquées dans un poteau vertical
placé au centre de la coupole (fig. 100, pl. XIII), ou dis-
posés comme dans les berceaux horizontaux (fig. 68, pl.
VIII), et soutenus par des étais à leurs extrémités voisines

8

des piédroits. Sur ces cintres, on cale des couchis ; comme les assises de la voûte sont courbes et que les couchis sont droits, ceux-ci doivent être assez courts pour soutenir les voussoirs qui leur correspondent, ce qui exige que les cintres soient assez rapprochés. Toute cette charpente n'a pas besoin d'être très forte ; car chaque assise une fois formée se soutient d'elle-même, sauf pour une moitié des voûtes annulaires, comme nous l'avons remarqué (n° 91 et 94).

On fixe alors sur la charpente, au niveau de la naissance de la voûte, autant de règles horizontales qu'il en faut, sur lesquelles on trace les projections horizontales des arêtes des douelles de la voûte; puis, à l'aide de ces règles, du fil à plomb et d'une seconde règle, on détermine les saillies et les hauteurs de ces arêtes, comme au n° 57. Enfin, à l'aide d'un inclinateur, on vérifie les inclinaisons des coupes.

S'il s'agit d'une niche, on procède comme pour les arrière-voussures; on détermine les saillies, les hauteurs et les inclinaisons de chaque assise sur le cintre de face de la niche et sur le cintre de face du trompillon, et si les assises comprennent plusieurs voussoirs, on les raccorde au moyen d'une cerce convexe levée sur le cintre de la niche.

Après avoir ravalé le mur (fig. 100, pl. XIII) ou les murs (fig. 114, pl. XV) cylindriques sur lesquels repose la voûte, on dresse avec soin l'arête ou les arêtes de naissance, en se servant des rigoles verticales qui ont servi à ravaler les murs comme de repères tracés sur les lignes de naissance et d'une ou deux cerces levées sur le cercle ou sur les cercles de naissance de la voûte. Si la voûte n'a qu'une seule ligne de naissance, on peut encore placer sur la charpente du cintre, au centre de l'intrados, une broche cylindrique en fer, contre laquelle on fait tourner le bout d'une tringle en bois, appelée *simbleau*, d'une longueur égale au rayon du cercle de naissance de la voûte. La broche autour de laquelle tourne le simbleau doit être bien verticale et fixée solidement. Les lignes de naissance bien dressées, au moyen de repères tracés, comme au n° 58, sur les arêtes des douelles situées dans un même plan méridien, et de cerces levées sur le cintre générateur de l'intrados, on pratique des rigoles au fond desquelles on trace la courbe du cintre ; il faut tracer au moins quatre de ces courbes. Cela fait, on lève une cerce sur la projection horizontale de chaque ligne d'assise et, à l'aide de ces cerces maintenues bien horizontales et des quatre directrices précédentes, on pratique des rigoles au fond desquelles on trace les lignes d'assises ; on creuse ensuite les douelles en faisant glisser verticalement la cerce de la douelle de chaque assise sur les cercles bien dressés qui limitent cette assise.

S'il s'agit d'une niche, on procède comme pour les arrière-voussures. On trace des rigoles qui sont des sections de l'intrados par des plans de front, puis d'autres rigoles qui sont des sections passant par l'axe horizontal de la niche.

CHAPITRE VII

DES TROMPES

Définition.

96. — Les *trompes* sont des voûtes destinées à supporter des encorbellements, c'est-à-dire des constructions en saillie sur les murs d'un ouvrage, comme une tourelle, les étages supérieurs d'une maison dont on supprime l'angle de base par un pan coupé, l'élargissement des abords d'un pont, un palier d'escalier, un pavillon, un passage, etc. Les assises inférieures doivent être construites avec des pierres de grandes dimensions et chargées en queue pour éviter qu'elles ne basculent. Les trompes sont peu employées aujourd'hui.

Trompe cylindrique en tour ronde.

97. — L'arc *ab* (fig. 115, pl. XV) est le contour de la projection horizontale d'une tour ronde ou tourelle engagée en partie dans le mur d'un bâtiment. Cette tourelle est portée par un cylindre dont les génératrices sont horizontales et parallèles au mur et dont la directrice est une courbe à double courbure ayant pour projection horizontale l'arc de cercle *ab* et pour projection verticale la demi-circonférence *a'k'b'*. Cette courbe peut être considérée comme provenant de l'intersection du cylindre vertical qui termine la tourelle et du cylindre de bout $a'k'b'$. Ces deux cylindres ont pour équations, en prenant ob pour axe des x, ok pour axe des y et la verticale du point o pour axe des z,

$$x^2 + (y + o\omega)^2 = \overline{\omega k}^2,$$
$$x^2 + z^2 = \overline{ob}^2.$$

Il en résulte que le cylindre de la trompe a pour équation

$$(y + o\omega)^2 - z^2 = \overline{\omega k}^2 - \overline{ob}^2,$$

et que sa section droite par le plan de profil kk', rabattue latéralement en $o'_1m'_1k'_1$, est une hyperbole équilatère.

On pourrait se donner pour condition que le profil $o'_1m'_1k'_1$ soit un arc de cercle, une droite [1] ou toute autre courbe ; alors il faudrait commencer par tracer ce profil et en déduire la courbe $a'k'b'$. On adopte l'un ou l'autre système selon que la trompe est destinée à être vue de face ou de profil. La figure montre comment on passe d'un point (m, m') de la première courbe et de sa tangente $(mt, m't)$ au point (m_1, m'_1) de la seconde courbe et à sa tangente $(mt_1, m't'_1)$, et réciproquement. La tangente au point (k_1, k'_1) s'obtient d'une manière spéciale; c'est la trace, sur le plan de profil, du plan osculateur en (k, k') à la courbe $(akb, a'k'b')$. Ce plan, d'après le théorème de Hachette, est perpendiculaire à la droite qui joint les centres de courbure des sections normales faites dans les deux cylindres akb, $a'k'b'$ par la tangente en (k, k') à la courbe $(akb, a'k'b')$. Il suffit donc de mener $k'_1f'_1$ perpendiculaire au rabattement $\omega'_1o'_1$ de cette droite pour avoir la tangente.

On appareille par des plans de bout passant par l'axe $(o\omega, o'\omega')$, et, comme dans la niche sphérique et dans toutes les trompes, afin que les voussoirs ne se terminent pas

____

(1) On aura, alors une *trompe plate*.

en lame de couteau, on place au sommet un trompillon.
C'est un cylindre de bout dont la directrice *d'c'e'* est un
cercle concentrique au cercle *a'k'b'* ; il coupe l'intrados
de la trompe suivant une courbe projetée horizontalement
en *dce*. La figure montre comment on obtient un point (*p,p'*)
de cette courbe et la tangente (*pq,p'q'*) en ce point [1]. Les
voussoirs reposent sur ce trompillon par leur partie inférieure postérieure. Il est inutile ici de mener par (*dce,d'c'e'*)
une surface normale à l'intrados, comme dans la niche
sphérique ; car, vu le peu de hauteur du point (*c,c'*), les
génératrices du trompillon font avec l'intrados de la
trompe des angles très voisins de 90°.

La tête du voussoir (1234567, 1'2'3'4'5'6'7') est en
partie sur le parement de la tourelle, en partie sur le
mur. Les lignes de joint sur l'intrados sont (78, 7'8'), (19,
1'9'), et la figure montre comment on obtient un point
(*n,n'*) de ces lignes et la tangente (*nr*, *n'r'*) en ce point.

La figure 115 est ponctuée en supposant le mur élevé
jusqu'aux naissances, le trompillon placé et un seul voussoir posé sur le trompillon.

98. *Taille.* — Le solide capable est un prisme droit
ayant pour base le contour de la projection verticale
1'α'2'3'4'5'6'7'8'9' et pour hauteur la distance du point 1
à la droite 5'9''; le lit de carrière est dirigé suivant 5'8'.
Sur le plan supérieur α'2'3'4' on applique le panneau
αα''2''4''432α qui permet de tailler à l'équerre le plan 3'4'5'6'
et le cylindre 3'6'7'1'α'. Sur ce cylindre, on enveloppe le
panneau flexible de son développement, au moyen duquel

---

(1) La tangente en *d* à la projection horizontale s'obtient d'une manière
spéciale ; c'est la trace horizontale du plan osculateur en (*d,d'*) à la courbe
(*dce,d'c'e'*). Ce plan, d'après le théorème de Hachette, est perpendiculaire à
la droite qui joint les centres de courbure des sections normales faites dans
les deux cylindres *dce*, *d'c'e'* par la verticale du point *d*. Il suffit donc de
mener *du* perpendiculaire à *oγ*, γ' étant le centre de courbure de la section
droite en *o'*, pour avoir la tangente.

on trace les courbes (7'1, 7'1') et (12,1'2'). On prolonge le plan 1'0' et l'on abat la portion 1'α'2' que l'on n'avait conservée que pour faciliter la taille du parement de la tourelle. En appliquant les panneaux des joints 1'9',7'8', et le panneau du développement de la surface 88"9"9 du trompillon, le contour de la douelle est entièrement tracé. On a d'ailleurs, à l'aide des panneaux, marqué sur ce contour les points tels que *n',s'*, par lesquels on doit faire passer la règle pour engendrer la surface cylindrique de la trompe.

Le solide capable du trompillon est un cylindre droit ayant pour base le demi-cercle *e'c'd'* et pour hauteur la distance du point *c* à la droite *e"d"*. Sur la surface convexe supérieure, on applique le panneau du développement de cette surface, au moyen duquel on trace la courbe (*ecd*, *c'c'd'*), et par les points de cette courbe correspondant à une même génératrice, on fait passer une règle.

Revenant à l'épure, on devra donc développer l'appareil tracé sur le parement de la tourelle, la surface cylindrique du trompillon, et rabattre les plans de joint autour de (*o*ω,*o'*ω').

La figure 116, pl. XVI, donne une vue cavalière de cette trompe. Il y en a deux de ce genre à l'ancien hôtel de la Feuillade, au coin de la rue de la Vrillière et de la rue Croix-des-Petits-Champs, à Paris. Ce n'est pas une trompe cylindrique qui se trouve au chevet de l'église Saint-Sulpice, contrairement à l'opinion de Douliot et de tous les auteurs qui l'ont suivi.

Trompe cylindrique sur pan coupé.

99. — Soient *ca*, *cb* (fig. 117, pl. XVI) les traces horizontales des faces extérieures de deux murs verticaux formant intérieurement une encoignure tronquée par un plan vertical *ab* jusqu'à une certaine hauteur *a'b'*, et soutenue ensuite à la partie supérieure par un cylindre dont les génératrices sont horizontales et parallèles à *ab* et dont la section droite *ckd* est donnée par son rabattement $c''_1 k'_1 d'_1$. La figure montre comment on passe d'un point (k_1, k'_1) de la section droite rabattue et de sa tangente $(k_1 s_1, k'_1 s'_1)$ au point (m, m') d'un cintre de face et à sa tangente $(mt, m't')$, puis au rabattement (m_1, m'_1) de ce point et de sa tangente $(m_1 t_1, m'_1 t'_1)$, et réciproquement. On peut donc se donner le cylindre par une section verticale autre que la section droite [1] ; on emploie généralement l'un des cintres de face ou la section faite par le plan mené par l'intersection des deux murs et par le milieu *o* de *ab*. Dans tous les cas, on dispose l'épure de manière que la ligne de terre *xy* soit perpendiculaire à la trace horizontale *oc* de ce plan.

On appareille par des plans de bout passant par $(oc, o'c')$ et par des points situés deux à deux à la même hauteur sur les cintres de face et choisis de manière à donner des voussoirs à peu près égaux. La figure montre comment on obtient un point (n, n') du joint et la tangente $(nr, n'r')$ en ce joint. Le trompillon est un demi-cylindre de révolution autour de $(oc, o'c')$; il coupe l'intrados suivant une courbe projetée horizontalement en *gph*. La figure montre comment on obtient un point (p, p') de cette courbe et la tangente $(pq, p'q')$ en ce point [2]. Les voussoirs reposent sur le trompillon par leur partie inférieure postérieure. Il est inutile, comme dans l'épure précédente (fig. 115, pl. XV) et pour la même raison, de mener par $(gph, g'p'h')$ une surface normale à l'intrados.

La figure 117 est ponctuée en supposant le mur élevé jusqu'aux naissances, le trompillon placé et un seul voussoir posé sur le trompillon.

(1) La tangente au point (h, h') s'obtiendrait comme la tangente au point (d, d') dans l'épure précédente (fig. 115, pl. XV).

(2) Si cette section est une droite rencontrant $(ab, a'b')$, on a une *trompe plate*.

100. *Taille.* — Le solide capable est un prisme droit ayant pour base le contour de la projection verticale (1'2'3'4'5'6'7') et pour hauteur la plus grande épaisseur du voussoir mesurée parallèlement à *oc* ; le lit de carrière est dirigé suivant 3'5'. Sur le plan supérieur 1'α'2', on applique le panneau 12α1'' qui permet de tailler à l'équerre le plan α'2'3'α'' et le parement 12. On peut alors placer le panneau de la tête 1'2'3'4'7', celui de la face α'2'3'α'', les panneaux des lits 6'1' et 3'5', le panneau du développement de la surface 5'6' du trompillon, et tracer les contours de la douelle et des faces verticales postérieures βα, β6'' sauf leur intersection (β,β'β''). On taille ces plans à la règle, en approchant avec précaution de l'arête (β,β'β''), et on fait apparaître en dernier lieu l'intrados cylindrique comme dans l'appareil précédent.

Le trompillon se taille comme dans l'appareil précédent.

Revenant à l'épure, on devra donc rabattre l'appareil tracé sur les parements des murs, développer la surface cylindrique du trompillon et rabattre les plans de lit autour de (*oc*, *o'c'*).

La figure 118, pl. XVI, donne une vue cavalière de cette trompe. Il y en a un exemple au coin de la rue Vieille-du-Temple et de la rue des Francs-Bourgeois, à Paris.

101. *Remarque.* — Supposons qu'on coupe cette trompe par le plan vertical *oc*, qu'on en fasse glisser les deux moitiés à droite et à gauche parallèlement à (*ab*, *a'b'*), et qu'on les réunisse par un cylindre qui prolonge chacune de ces moitiés (fig. 119, pl. XVI). Ce cylindre forme une arche de pont qui vient se raccorder au mur du quai suivant la génératrice o_1o_2, et les deux moitiés de la trompe supportent au niveau de la chaussée les deux triangles $o_1b_1c_1$, $o_2a_2c_2$, qui facilitent la circulation

aux angles du pont. La directrice de la trompe est nécessairement ici le cintre de l'arche, c'est-à-dire la section
par le plan vertical *oc*. Il y a un exemple de ce mode
d'élargissement aux deux extrémités du Pont-Royal, à
Paris.

Trompe sur le coin.

109. — Soient *ca*, *cb* (fig. 120, pl. XVII) les traces
horizontales des faces extérieures de deux murs verticaux formant intérieurement une encoignure. Pour une
raison quelconque, ou veut abattre le coin jusqu'à une
certaine hauteur et soutenir la partie supérieure de l'encoignure qui subsiste par une voûte conique. A cet effet,
on trace sur *ca* et *cb*, dans le plan de naissance de la
voûte un parallélogramme *oacb*. Le point *o* est le sommet
du cône, et une courbe tracée de *a* en *b* dans le plan vertical *ab* en est la directrice. On dispose l'épure de manière que la diagonale *oc* soit perpendiculaire à la ligne
de terre et on se donne la projection verticale de la directrice, qui est généralement un cercle décrit sur *a'b'*
comme diamètre. Ce cône coupe les faces *ac* et *bc*, qui
sont respectivement parallèles aux plans tangents le long
de *ob* et de *oa*, suivant des paraboles. La figure montre
comment on obtient un point (*m*, *m'*) de l'une de ces paraboles et la tangente (*mt*, *m't'*) en ce point. Cette construction n'est pas applicable au point (*c*, *c'*), mais la cote
de ce point est double de celle du point (*i*, *i'*); (*cs*, *c's'*)
est la tangente.

On appareille par des plans de bout passant par (*oc*,
o'c') et par des points du cercle (*ab*, *a'b'*) choisis de manière à donner sur les cintres des faces des arcs à peu
près égaux. Les voussoirs reposent sur le trompillon par
leur partie inférieure postérieure. La courbe de tête du
trompillon est une section de l'intrados par un plan ver-

tical *de* parallèle à *ab*, et comme la cavité conique du trompillon couperait le cylindre de bout *d'e'* sous un angle trop aigu, on fait un joint le long de (*de*, *d'e'*) à l'aide des normales au cône. On limite ces normales à un cylindre de bout ayant pour directrice un cercle *f'g'* concentrique à *d'e'*. Sur la figure 120, où le cône est de révolution, le joint est un cône supplémentaire du premier, qui coupe le cylindre de bout *f'g'* suivant un cercle de front *fg*.

La figure 120 est ponctuée en supposant les piédroits élevés jusqu'aux naissances, le trompillon placé et un seul voussoir posé sur le trompillon.

La figure 121 donne une perspective cavalière du voussoir, et la figure 122 du trompillon.

102. *Taille.* — On dresse d'abord parallèlement au lit de carrière une face plane sur laquelle on applique le panneau de lit 3458 *hl* (fig. 120 et 121). Les quatre points (4,4'),(5,5'),(6,6'),(7,7') étant dans un même plan, ce qui n'avait pas lieu dans les trompes précédentes, on taille ce plan à l'aide d'un biveau donnant son angle avec le plan de lit, et on y applique le panneau de douelle plate 4567. Ensuite, on dresse le plan de tête et le second plan de lit à l'aide de biveaux donnant les angles de ces plans avec la douelle plate, et on y applique les panneaux de tête et de lit, ou encore à l'aide des droites 34 et 47, 17 et 76 situées dans ces plans. Puis on taille la face horizontale 12, la face verticale 23 et la face postérieure *rlhk* sur laquelle on trace l'arc *hk*. On exécute alors à l'équerre le cylindre *hk*89 sur lequel on trace la courbe 89 à l'aide d'un panneau de développement. On a marqué sur le plan de la douelle plate la trace 5*z*6 du joint normal du trompillon ; à l'aide d'une règle passant par les points correspondants des deux courbes 89 et 5*z*6, on exécute ce joint normal sur lequel on trace la courbe 56, marquée en trait plein, en portant, à partir de 89, des longueurs convenables sur les génératrices. Enfin on creuse la douelle conique à l'aide des deux directrices 56, 4ß7. C'est une taille directe.

On peut encore opérer par équarrissement en partant d'un prisme droit ayant pour base le contour de la projection verticale, et en continuant comme au n° 88.

Le trompillon se taille comme au n° 89.

La recherche, sur l'épure, des éléments nécessaires à ces tailles ne présente, après les exemples précédents, aucune difficulté.

161. — La figure 123, pl. XVII, donne une vue cavalière de cette trompe. La figure 124 représente une disposition originale tirée d'une aile du château d'Ormesson, dans une vallée de la rive gauche de la Marne, près de Chennevières. Cette aile forme un pavillon saillant porté par une double console très solide et très développée perpendiculairement au mur de face inférieure. Il en résulte deux angles rentrants qui sont remplis par deux trompes sur le coin juxtaposées [1]. La figure 125 représente une disposition plus originale encore, mais d'une architecture bien inférieure, appartenant à l'ancien hôtel de Lamoignon, au coin de la rue Pavée et de la rue des Francs-Bourgeois, à Paris. C'est un pavillon saillant sur les deux rues porté par deux consoles perpendiculaires respectivement aux murs de face inférieurs. Il en résulte trois angles rentrants qui sont remplis par trois trompes sur le coin juxtaposées.

On emploie, avec plus d'à propos, les trompes sur le coin pour soutenir les paliers des escaliers voûtés en encorbellement. La figure 126, pl. XVIII, donne en plan vu de dessous l'appareil qui soutient le palier et le relie aux voussoirs des descentes ; elle donne également la coupe longitudinale de l'escalier suivant la ligne brisée AB [2].

---

(1) DESFER, *Architecture et constructions civiles*, t. I, p. 55.
(2) DESFER, *Architecture et constructions civiles*, t. II, p. 127.

Trompe biaise en talus.

105. — Soit un mur en talus interrompu jusqu'à une
certaine hauteur par une cavité triangulaire (fig. 127, pl.
XVIII) qu'il s'agit de recouvrir pour pouvoir élever les
constructions supérieures comme si le mur existait jusqu'à sa base.

Le plan horizontal de projection est le plan qui termine
la cavité (fig. 128, pl. XIX); *sa, sb* sont les traces horizontales des faces de l'angle rentrant; *ab* est la trace horizontale du talus; la ligne de terre *xy* est perpendiculaire à *ab* et *a'b'z'*, faisant avec *xy* un angle égal au fruit
du mur, est la trace verticale du talus. L'intrados est un
cône de révolution ayant (*s, s'*) pour sommet, la bissectrice
so de l'angle *asb* pour axe, *sa* et *sb* pour génératrices de
naissance. Le triangle *asb* étant scalène, *so* est oblique sur
ab et la voûte est *biaise*; si *asb* était isoscèle, la voûte serait *droite*.

Pour avoir la trace du cône sur le plan de tête, rabattons sur le plan horizontal la section du cône par un
plan mené par le point *a* perpendiculairement à son axe.
Le point projeté horizontalement en *n* et rabattu en n_1 a
pour projection verticale *n'* tel que $vn' = nn_1$, et la génératrice (*sn, s'n'*) du cône perce le plan du talus en (*m, m'*).
En répétant cette construction pour un point (*t, t₁*) de la
tangente au cercle rabattu, on a la tangente (*mr, m'r'*)
en (*m, m'*). Le point le plus haut de la courbe de tête est
celui pour lequel la tangente est horizontale et, par suite,
parallèle à *ab*; la trace horizontale du plan tangent au
cône et ce point est donc une parallèle à *ab* menée par *s*.
Par le point 0 où cette parallèle rencontre *ao*, il faut mener une tangente $0h_1$ au cercle rabattu, ou, d'après une
construction connue, prendre le point h_1 de rencontre
de ce cercle avec un cercle décrit du milieu μ de 0o, comme
centre, avec μo pour rayon; on obtient le point μ en joi-

gnant au point *s* le milieu *p* d'une parallèle quelconque *ij* à *ao*. La génératrice (*sh, s'h'*) donne le point cherché (*k, k'*). La projection horizontale de la courbe de tête est d'ailleurs tangente en *a* et *b* aux droites *sa* et *sb*.

On appareille par des plans passant par (*so, s'o'*) et par des points de la section droite *ao* choisis de manière à donner à la fois sur cette section droite et sur le cintre de face des arcs qui ne soient pas trop inégaux entre eux. On limite les voussoirs aux plans horizontaux qui séparent les assises du mur et à des plans parallèles à (*so, s'o'*), dont les traces sur le plan de tête sont perpendiculaires aux horizontales de ce plan; ces plans ne sont pas verticaux. A cet effet, il est nécessaire de rabattre le plan de tête sur le plan horizontal autour de sa trace (*ab,a'b'*). La figure montre comment on obtient le rabattement *m'* d'un point (*m, m'*) et celui de la tangente (*mr, m'r'*) en ce point. Pour avoir les rabattements des tangentes projetées suivant *sa* et *sb*, il suffit de mener *mx* et *mβ* parallèles à ces tangentes, et par *a* et *b* respectivement des parallèles à *m''α* et à *m''β*. Soit *m''1''2''3''4''* le panneau de tête d'un voussoir, on en déduit la projection horizontale *m1234* de cette tête. Les voussoirs reposent sur le trompillon par leur partie inférieure postérieure.

La courbe de tête du trompillon est une section de l'intrados par un plan (*cd, c'd'u'*) parallèle au plan du talus; sa projection horizontale et celle du cintre de face *amb* sont homothétiques par rapport au point *s*. La figure montre comment on obtient le point *q* correspondant au point *m*; les tangentes en ces points sont parallèles. Par chacun des points (*q,q'*) de cette courbe, on mène des normales à l'intrados; ces normales forment une surface gauche, puisque la courbe (*cqd,c'q'd'*) n'est pas une ligne de courbure du cône. Cette surface gauche forme la limite des voussoirs et du trompillon. Souvent on remplace la surface gauche par le plan (*cd,c'd'u'*); mais cette disposition donne lieu à des angles d'inégale résistance.

Le trompillon est limité supérieurement par un plan horizontal $e'f$ situé à une distance convenable au-dessus du point le plus élevé (g, g') de la courbe de tête et latéralement par deux plans verticaux parallèles à $(so, s'o)$ et choisis de telle sorte que les arêtes horizontales du trompillon soient dans les premiers plans de lit à partir des naissances. On évite ainsi de creuser suivant des angles rentrants les voussoirs qui porteraient sur les arêtes latérales supérieures du trompillon; on_1, op_1, e_1f_1 étant les rabattements des traces des premiers plans de lit et du plan horizontal $e'f$ sur le plan de la section droite ao, ee_1 et ff_1 sont les traces horizontales de ces plans verticaux. Postérieurement, le trompillor et les voussoirs sont limités par un plan vertical ef parallèle à ab et situé à une distance convenable du point s.

La trace sur le plan horizontal $e'f$ de la surface gauche par laquelle le voussoir s'appuie sur le trompillon s'obtient en prenant les traces sur ce plan des diverses génératrices. La génératrice issue du point (q, q') a pour projection horizontale une droite qu'on obtient en ramenant le point q en χ, en menant la normale χv au cône et en joignant le point v au point q; sa projection sur le plan de section droite ao, rabattue avec ce plan, se confond avec on_1, cette génératrice coupe donc le plan $e'f$ en un point rabattu en e_1 et projeté horizontalement en l. On peut encore prendre le point de rencontre v de ql avec so et le projeter en v'; en menant $v'q'$, on obtient l', puis l.

La trace de la surface gauche de tête du trompillon sur le plan latéral ee_1 est fournie par les génératrices issues des points de l'arc qd. Comme elle se projette horizontalement sur la droit ee_1, en rabattant le plan projetant ee_1 sur le plan horizontal, on l'a en vraie grandeur. Soit l le point de rencontre d'une normale ql avec ce plan; son rabattement s'obtient en élevant par l une perpendiculaire à ee_1 égale à la cote du point l, cote que l'on trouve sur la projection verticale xy ou sur le plan ao rabattu.

La figure 128 est ponctuée en supposant les piédroits élevés jusqu'aux naissances, le trompillon placé et un seul voussoir posé sur le trompillon.

106. *Taille du voussoir.* — Le voussoir se taille textuellement comme au n° 103. La figure 129, pl. XVIII, en donne une vue cavalière.

On peut encore opérer par équarrissement en partant d'un prisme droit ayant pour base le contour de la projection du voussoir sur le plan vertical ao (fig. 128, pl. XIX) et pour hauteur la plus grande dimension du voussoir mesurée parallèlement à so. Ce contour est limité par les projections des droites 12 et 23, des droites $1m$ et 34 prolongées jusqu'à la projection de l'arc γq, et par la projection de cet arc. On applique le panneau du lit $m1$ qui coïncide avec le lit de carrière, de la face latérale 12, de la face supérieure 23 et du second lit 34, dont on trace les contours sur la pierre; sur la face cylindrique, on trace la courbe γq en portant à partir de la base du prisme des longueurs convenables sur les génératrices. On fait apparaître le plan de tête sur lequel on trace l'arc de tête $4m$ et on creuse la douelle conique à l'aide d'une règle qu'on fait glisser sur les points correspondants des arcs $4m$ et γq. On dresse la face postérieure sur laquelle on trace la droite $e\iota$ et on taille le plan $e\iota\lambda l$ en fouillant la pierre jusqu'à ce qu'on puisse y appliquer la cerce de l'arc λl. Enfin on exécute la surface gauche à l'aide d'une règle qu'on fait glisser sur les points correspondants des arcs γq et λl. C'est la même taille qu'au n° 88.

107. *Taille du trompillon.* — On prend un prisme droit ayant pour base le contour $e\delta d q\gamma gc\psi f$ (fig. 128, pl. XIX) et pour hauteur celle du trompillon; le lit de carrière est parallèle à la base. A l'aide d'un panneau flexible, donnant le développement du cylindre droit $dq\gamma gc$, on trace l'arc de tête du trompillon, puis, à l'aide de panneaux convenables, les arcs $\psi\varphi''$, $\delta l''$, φl. En faisant glisser une règle sur les points correspondants des arcs $dq\gamma gc$ et $\psi\varphi''$, $\varphi l, l''\delta$, on fait apparaître la surface gauche du trompillon. Enfin on exécute la douelle conique en faisant passer par le point s situé sur la face inférieure une règle qui s'appuie sur l'arc $dq\gamma gc$.

On peut encore prendre un prisme droit ayant pour base le contour $e\delta dcf$. A l'aide d'un biveau à l'angle $u'd's'$ on taille alors le plan $(cd, u'c'd')$ sur lequel on trace l'arc de tête $dq\gamma gc$ et on continue comme précédemment. Mais ce second moyen n'est applicable que si le plan $(cd, u'c'd')$ ne traverse pas la surface gauche. S'il la traverse, il passe au moins par l'une des normales à l'intrados en un point de la courbe $dq\gamma gc$, et le plan tangent à l'intrados en ce point est perpendiculaire au plan $(cd, u'c'd')$. Ce plan tangent contient donc la perpendiculaire $(s\sigma,s'\sigma')$ abaissée du sommet du cône sur le plan du talus, et, par la trace de cette droite sur le plan vertical ao, rabattue en σ_1, on peut mener au moins une tangente au demi-cercle de base rabattu en $ap_1h_1n_1$. La recherche, sur l'épure, des éléments nécessaires à ces tailles, ne présente, après les exemples précédents, aucune difficulté.

La figure 130, pl. XVIII, donne une vue cavalière du trompillon.

108. *Remarque.* — La trompe biaise en talus est une simple voûte conique qui, contrairement aux précédentes, ne porte aucune construction en surplomb et ne forme pas d'encorbellement; aussi a-t-on souvent plusieurs cours de voussoirs. On les sépare par des surfaces analogues à celle qui termine le trompillon et leur taille s'exécute de la même manière. A mesure que l'on se rapproche du sommet du cône, on diminue le nombre des voussoirs d'un même cours pour éviter des parties trop faibles dans la construction.

On emploie la trompe biaise ou droite en mur droit
pour passer d'un plan carré sur le sol à un plan octogo-
nal à une certaine hauteur. On soutient, à cet effet, les
murs qui tronquent le carré par des voûtes de cette espèce. La figure 131, pl. XVIII, montre le mur additionnel
de l'octogone soutenu par une trompe qui reporte la
charge sur les murs inférieurs du carré. En plan, la voûte
est vue par-dessous ; en élévation, elle est vue de biais [1].

Notions sur d'autres trompes.

109. — Après les détails qui précèdent, il suffira de
décrire rapidement les quelques autres trompes que l'on
peut rencontrer.

La *trompe plate* (fig. 132, pl. XVIII) ne diffère de la
trompe sur le coin que par l'intrados qui est plan au lieu
d'être conique. La figure 133, pl. XVIII, donne une vue
cavalière de la clef.

La *trompe de Montpellier* (fig. 134, pl. XVIII) est une
trompe plate limitée à une tour ronde au lieu de l'être à
deux plans verticaux.

La *trompe à pans* (fig. 135 et 136, pl. XX) s'emploie
lorsqu'un angle d'encoignure est trop aigu ou lorsqu'il
est vu suivant la diagonale. Elle ne diffère de la trompe
sur le coin que par sa face qui est demi-hexagonale ou
demi-octogonale au lieu d'être angulaire.

La *trompe conique en tour ronde* (fig. 137, pl. XX) ne diffère de la trompe à pans que par sa face qui est cylindrique au lieu d'être prismatique.

La *trompe conique portant une tourelle* (fig. 138, pl. XX)
ne diffère de la trompe biaise en mur droit que par un
cylindre saillant qui remplace le mur droit à partir des
naissances.

(1) Denfer, *Architecture et constructions civiles*, t. II, p. 58.

La *trompe sphérique sur le coin* ou *trompe sur le coin et en niche* (fig. 139, pl. XX) n'est qu'une niche sphérique dont on a supprimé tout ce qui est en dehors de l'angle formé par les parements des deux murs. Il y en a une, construite par Philibert de l'Orme, à l'ancien hôtel de la Vrillière, aujourd'hui la Banque de France, rue Radziwill, à Paris.

Citons encore la trompe placée à l'extrémité de l'abside de l'église Saint-Sulpice, à Paris. C'est une niche sphérique de très grand rayon à peine engagée dans le mur droit auquel elle est adossée et limitée à un cylindre droit saillant sur ce mur. Le trompillon de la figure 140, pl. XX, y est remplacé par une petite niche sphérique.

Enfin la *trompe annulaire* dont voici la définition. Soient *ab* et *ac* (fig. 141) les traces horizontales des parements de deux murs droits formant un angle saillant *bac* qu'on émousse par un mur en tour ronde *bmc*. A une certaine hauteur l'angle saillant *efg* reparaît et est soutenu par une voûte de révolution autour de la verticale du point *d*, axe de la tour ronde. La portion de cette voûte limitée aux plans verticaux *ab* et *ac* forme l'intrados de la trompe.

De la pose et du ravalement des trompes.

110. *Trompes cylindriques.* — Sur un tableau en bois blanchi au rabot, on décrit la courbe suivant laquelle se projette l'arc de tête du trompillon et la courbe ou les droites suivant lesquelles se projettent la saillie de la tour ronde ou les parements des murs, et l'on marque sur ces courbes ou sur ces droites les projections des saillies des arêtes de douelle des voussoirs. Puis on place horizontalement ce tableau à la naissance de la voûte, de manière que le milieu de la corde qui sous-tend la courbe ou les droites soit bien à sa place. On peut alors, à l'aide du fil à plomb et d'un inclinateur déterminer les saillies et les hauteurs sur le cintre de face et sur l'arc de tête du trompillon et les inclinaisons des voussoirs successifs.

Pour ravaler l'intrados, on commence par ravaler le parement de la tour ou ceux des murs; puis, à l'aide de la courbe ou des droites tracées sur le tableau, on dresse avec soin la courbe de tête de la trompe. Il n'y a plus alors qu'à faire glisser, de niveau, une régle sur cette courbe.

111. *Trompes coniques, sphériques et annulaires.* — On procède comme pour les voûtes coniques et la niche sphérique. La pose de la trompe de Saint-Sulpice a dû se faire à l'aide d'un tableau, comme celle d'une trompe cylindrique. La trompe annulaire se pose comme une trompe cylindrique sur pan coupé et se ravale comme une voûte de révolution.

CHAPITRE VIII

DES VOUTES COMPOSÉES

———

Les voûtes composées (n° 45) sont formées par la combinaison des voûtes simples que nous avons étudiées jusqu'ici. Au point de vue du trait et de la taille, elles se ramènent à un petit nombre de types que nous allons passer en revue.

Berceau coudé.

112. *Objet du problème et établissement de l'appareil.* — Il s'agit de recouvrir une galerie offrant un coude, c'est-à-dire dont les piédroits, d'abord dirigés suivant les parallèles ax et $b\beta$ (fig. 142, pl. XXI), prennent ensuite les nouvelles directions parallèles αa_1 et $b\beta_1$. On emploie à cet effet deux berceaux ayant même plan de naissance et même montée, et dont l'ensemble constitue une voûte composée qu'on nomme *berceau coudé*.

Le plan commun des naissances étant pris pour plan horizontal, on trace sur ce plan deux droites xy, x_1y_1 perpendiculaires, l'une aux génératrices αa et $b\beta$ du premier berceau, l'autre aux génératrices αa_1 et βb_1 du second berceau. On se donne la section droite $a'c'b'$ de l'intrados du premier berceau et l'on détermine la section droite $a'_1c'_1b'_1$ de l'intrados du second berceau par la condition que ces deux intrados cylindriques aient leur intersection dans le plan vertical $\alpha\beta$. D'après cela, si m' est un point quelconque de la courbe donnée $a'c'b'$, la génératrice correspondante du premier berceau se projettera horizontalement suivant la perpendiculaire $m\mu$ à xy ; elle coupera le plan $\alpha\beta$ en un point projeté en μ et ayant mm' pour cote ; la génératrice du second berceau partant de ce point (μ, m') se projettera horizontalement sur la perpendiculaire μm_i à $x_i y_i$; elle coupera donc le plan vertical $x_i y_i$ en un point projeté en m_i et ayant mm' pour cote ; en prenant donc $m_i m_i'$ égale à mm' on aura le point m_i' de la section droite $a_i'c_i'b_i'$ du second berceau qui *correspond* au point m' de la section droite $a'c'b'$ du premier.

La tangente $m_i't_i$ au point m_i' est la trace verticale du plan tangent en m_i' au second berceau ; or les plans tangents en m' et en m_i' aux deux berceaux se coupent évidemment suivant la tangente en μ à la courbe commune à ces berceaux et projetée sur $\alpha\beta$; les traces horizontales de ces plans tangents rencontrent donc la ligne $\alpha\beta$ au même point ; or la tangente $m't$ à la courbe donnée $a'c'b'$ est la trace verticale du plan tangent au premier cylindre ; sa trace horizontale est donc la perpendiculaire $t\theta$ à xy ; donc la trace horizontale du plan tangent au second cylindre est la perpendiculaire θt_i menée par θ sur $x_i y_i$, et enfin $t_i m_i'$ est la trace verticale du plan tangent au second berceau, c'est-à-dire la tangente en m_i' à la courbe $a_i'c_i'b_i'$. Si le point t tombait en dehors de l'épure, on prendrait toutes les traces sur un plan horizontal auxiliaire plus élevé.

On se donne la section droite $d'g'$ de l'extrados du premier berceau et on détermine celle de l'extrados du second [1] par la condition que les points correspondants des deux extrados aient même cote et soient situés respectivement sur les normales en des points correspondants

[1] Dans la pratique, on se donne la section droite de l'extrados du berceau de plus grande ouverture, pour être assuré que les reins des deux voûtes auront une épaisseur suffisante.

des deux intrados. Ainsi m' et m'_1 étant deux points correspondants des intrados, menons la normale au premier en m' et soit n' le point où elle coupe l'extrados donné $d'g'$; menons la normale en m'_1 à l'intrados $a'_1c'_1$ du second berceau, et prenons sur cette normale le point n'_1 qui a sa cote n'_1n_1 égale à la cote $n'n$ de n' ; n'_1 sera un point du second extrados $d'_1g'_1$.

Remarquons que, tandis que les deux intrados se coupaient suivant une ligne plane projetée sur $\alpha\beta$, et qui reçoit le nom d'*arétier*, les deux extrados se couperont suivant une ligne à double courbure dont on aurait par points la projection horizontale en prenant l'intersection des génératrices correspondantes. Ainsi les deux génératrices $(n', n\nu), (n'_1, n_1\nu)$, étant situées dans un même plan horizontal, se coupent en un point projeté en ν, et le lieu des points ν est la projection de la courbe demandée ; le tracé de cette courbe est d'ailleurs inutile pour le problème de stéréotomie qui nous occupe [1].

112. *Représentation d'un voussoir.* — On divise la section droite $a'c'b'$ de l'intrados du premier berceau en un nombre impair de parties égales ; soit $p'q'$ l'une des divisions, et $p's', q'r'$ les normales à l'intrados en p' et q'. Le quadrilatère mixtiligne sera la tête d'un cours de voussoirs du premier berceau, et l'on partagera ce cours en voussoirs partiels au moyen de joints montants verticaux et parallèles à xy. Soient p'_1 et q'_1 les points correspondant à p' et q' sur la section droite de l'intrados du second berceau, et $p'_1s'_1, q'_1r'_1$ les normales à cet intrados ; le quadrilatère $p'_1q'_1r'_1s'_1$ sera la tête d'un cours de vous-

_____

(1) On pourrait choisir l'extrados du second berceau de telle sorte que son intersection avec celui du premier fût une courbe située dans le plan vertical de l'arétier $\alpha\beta$. Mais alors les deux génératrices d'extrados projetées en n' et n'_1 n'étant plus à la même hauteur, il faudrait tracer un arc sur l'un des extrados pour racheter la différence de niveau, et l'un des panneaux de joint n'aurait plus la forme simple d'un trapèze.

soirs du second berceau et l'on partagera de même ce cours
en voussoirs partiels à l'aide de joints montants verticaux
et parallèles à x_1y_1. Les douelles d'intrados de ces deux
cours de voussoirs se couperont suivant l'arc d'*arêtier* projeté en $\pi\chi$, et ces deux cours de voussoirs seront reliés par un
voussoir commun faisant partie des deux berceaux; ce voussoir coudé est le seul qui nous intéresse, les autres voussoirs des deux cours considérés n'étant que des voussoirs de
porte droite. Etudions donc ce voussoir d'arêtier et supposons que sq et s_1q_1 soient les deux joints montants qui
le limitent dans l'un et l'autre berceau. Les arêtes
d'intrados seront $p\pi$ et $q\chi$ sur le premier berceau, $p_1\pi$ et
$q_1\chi$ sur le second ; les arêtes d'extrados seront $s\sigma$ et $r\rho$ sur
le premier berceau, et $s_1\sigma$ et $r_1\rho$ sur le second berceau ;
les deux arêtes $s\sigma$ et $s_1\sigma$ se couperont d'ailleurs puisqu'elles sont dans un même plan horizontal ; de même les
arêtes $r\rho$ et $r_1\rho$ se couperont aussi ; et les deux douelles
d'extrados se couperont suivant une portion de ligne à
double courbure dont nous avons indiqué la projection
$\rho\sigma$ bien que le tracé de cette projection soit inutile pour
la taille ; enfin les droites $\chi\rho$ et $\pi\sigma$ seront les arêtes d'intersection des joints de lit. Nous avons ponctué le vous-
soir comme s'il existait seul ; nous en avons donné en
outre (fig. 143, pl. XXI) une vue cavalière en le supposant renversé de manière à mettre en évidence l'intrados
$PQ\chi\pi P_1Q_1$.

114. *Taille du voussoir.* — On peut tailler ce voussoir
soit par équarrissement, soit par la méthode directe.

1° Taille par équarrissement.— On prend pour solide capable un prisme ayant pour base le contour extérieur
$sq\chi q_1s_1\sigma s$ de la projection horizontale du voussoir et pour
hauteur la différence de niveau des points p' et r' ou, ce qui
est la même chose, celle des points p_1' et r_1'. Ce solide est
représenté en traits longs et interrompus sur la figure 143,

pl. XXI. Les têtes 1 2 3 4, 5 6 7 8 ne sont autres que
les rectangles 1 2 3 4, 5 6 7 8 qui comprennent sur les
projections verticales xy et x_1y_1 les projections des têtes
du voussoir. Ce solide étant équarri, on appliquera sur
les têtes les panneaux PQRS, $P_1Q_1R_1S_1$ des têtes du voussoir en les relevant sur les projections verticales et les
disposant sur les têtes rectangulaires du solide capable
comme ils le sont sur les rectangles correspondants des
projections verticales ; dès lors on pourra tracer sur le
solide, à la pierre noire, les contours des deux têtes ainsi
que toutes les longues arêtes $P\pi$, $P_1\pi$, $Q\chi$, $Q_1\chi$, $S\sigma$, $S_1\sigma$, $R\rho$,
$R_1\rho$ qui sont parallèles aux longues arêtes du solide ca-
pable. Cela fait, on abattra d'équerre les plans $QR\rho\chi$.
$Q_1R_1\rho\chi$ et l'arête saillante $\chi\rho$ se produira d'elle-même.
On pourrait agir de même pour les deux autres lits $PS\sigma\pi$,
$P_1S_1\sigma\pi$, si l'on ne craignait d'enlever trop loin la pierre
dans l'angle rentrant produit par la rencontre de ces deux
lits, ce qui serait sans remède ; aussi prend-on la précaution de se procurer le panneau $l'S\sigma\pi$ qui se déduit
aisément de l'épure ; alors on commence par tailler le
lit $PS\sigma\pi$ en abattant la pierre carrément sur la tête
entre les lignes $S\sigma$ et $P\pi$, et allant avec précaution dans
les environs de $\pi\sigma$; on creuse ainsi jusqu'à ce qu'on puisse
appliquer le panneau de lit et tracer à la pierre noire
la droite $\pi\sigma$; l'autre lit $P_1S_1\sigma\pi$ s'abat alors sans difficulté.
Il ne reste plus qu'à tailler l'intrados et l'extrados ; ce
dernier se dégrossit sans peine ; quant à l'intrados, il faut
quelque précaution afin d'avoir exactement la portion $\pi\chi$
de la courbe d'arêtier ; on commence par se procurer le
développement du panneau de douelle $PQ\chi\pi$. Cela fait, on
taille la pierre d'équerre sur la tête, et l'on obtient le
cylindre $PQ\chi\pi$ en se servant d'une cerce découpée sur l'arc
$p'q'$ de section droite que l'on fait glisser sur $P\pi$ et $Q\chi$ de
telle sorte qu'elle passe par des points correspondants
marqués sur ces lignes et fournis en menant sur l'épure

des parallèles à xy. On creuse avec précaution à l'approche de $\pi\chi$ jusqu'a ce qu'on puisse appliquer le panneau de douelle, à l'aide duquel on marque la courbe $\pi\chi$ à la pierre noire. Cela étant, on taille l'autre douelle cylindrique $Q_1P_1\pi\chi$ à l'aide des deux directrices Q_1P_1, $\pi\chi$ sur lesquelles on a marqué des points correspondant aux génératrices du cylindre ; ces points sont fournis immédiatement sur P_1Q_1 en prenant des points sur $p'_1q'_1$; puis en menant par ces points des perpendiculaires à x_1y_1, et reportant sur le développement de la douelle $pq\chi\pi$ les points où ces perpendiculaires coupent $\pi\chi$, on a les points correspondants sur cette seconde directrice. Le plus souvent on laisse un peu de gras dans la taille de la pierre, et on achève de dresser l'arête après le décintrement au moyen d'une grande cerce qui contient la partie d'arête de plusieurs pierres.

2° *Taille directe.* — On remplace provisoirement les arcs PQ, P_1Q_1 par leurs cordes, et par suite les douelles cylindriques d'intrados par des *douelles plates*. Ces douelles plates sont des plans perpendiculaires aux têtes et ayant pour traces verticales, l'une la corde $p'q'$, l'autre la corde $p'_1q'_1$. L'angle de ces deux plans est aisé à obtenir sur l'épure ; on commence par le chercher ; supposons-le connu ainsi que les panneaux de ces deux douelles plates. Dès lors, après avoir choisi à vue un bloc capable du voussoir, on trace sur l'une des faces le contour rectiligne PQ$\chi\pi$ de l'une des douelles plates à l'aide du panneau correspondant ; par la droite $\pi\chi$ on taille, à l'aide d'un biveau ayant une ouverture égale à l'angle des deux douelles plates, une seconde face plane formant avec la première l'angle des deux douelles plates ; et, sur ce plan, à l'aide du panneau de la seconde douelle plate, on trace le contour rectiligne $\pi\chi Q_1P_1$ de cette douelle ; puis, par les droites PQ et P_1Q_1 et à l'aide de l'équerre, on taille les plans des deux têtes sur lesquels on applique les

panneaux de ces têtes PQRS, $P_1Q_1R_1S_1$. Alors on peut
abattre tous les joints plans en prenant toutefois pour
l'angle rentrant les précautions indiquées plus haut.
Enfin on dégrossit l'extrados, et on creuse les douelles
cylindriques d'intrados en opérant comme dans la méthode
précédente. On peut aussi passer des plans des douelles
plates aux plans de lit à l'aide de biveaux pris sur les
plans des sections droites.

On voit que, pour la taille, on a besoin du panneau de
douelle cylindrique $pq\chi\pi$, et du panneau de lit $ps\sigma\pi$; il
suffit pour cela de développer la douelle cylindrique
ayant $p'q'$ pour section droite ; rien n'est plus aisé, la projection horizontale fournissant immédiatement les longueurs des génératrices comprises entre pq et $\pi\chi$; quant
au lit projeté en $p\pi\sigma s$, c'est un trapèze rectangle dont
on a par la projection horizontale les côtés parallèles, et
dont la hauteur est en $p's'$ sur la projection verticale. Ces
panneaux sont sur la figure 144. Il faut encore les panneaux de douelle plate, ce qui n'offre aucune difficulté, et
enfin l'angle des deux douelles plates. Voici comment
on obtient cet angle :

Les deux douelles plates sont deux plans, l'un perpendiculaire au plan vertical xy (fig. 142) et ayant $p'q'$ pour
trace sur ce plan ; l'autre perpendiculaire au plan verticale x_1y_1 et ayant $p'_1q'_1$ pour trace sur ce plan ; leur intersection est projetée horizontalement sur $\pi\chi$. On prend $\pi\chi$
pour nouvelle ligne de terre ; soit $\pi'\chi'$ la nouvelle projection verticale de l'intersection des deux plans. Un plan
$\omega'\gamma'$ perpendiculaire à cette intersection coupe les deux
plans suivant l'angle cherché. Ce plan, rabattu autour de
sa trace $(\omega_1\omega_2,\omega')$ sur le plan horizontal du point (χ,χ'),
coupe la première douelle plate suivant une droite rabat-
tue en $(\omega_1\gamma_1, \omega'\gamma'_1)$ et la seconde douelle plate suivant une
droite rabattue en $(\omega_2\gamma_1, \omega'\gamma'_1)$; $\omega_1\gamma_1\omega_2$ est en vraie grandeur l'angle des deux plans. La droite $\omega_1\omega_2$ projetée

verticalement en ω' au-dessus de $\pi'\chi'$ est dans l'intérieur de la pierre, de sorte que l'angle marqué est l'angle dans la pierre.

115. *Remarques.* — Nous nous sommes donné la section droite $a'b'c'$ de l'un des berceaux d'intrados et nous en avons déduit la section droite $a'_1b'_1c'_1$ du second berceau par la condition que l'intersection des deux intrados, c'est-à-dire l'*arêtier*, fût une courbe située dans le plan vertical $\alpha\beta$. Il est facile de voir que si la première courbe est une ellipse ayant pour demi-axes $o'a'$ et $o'c'$, l'autre sera une ellipse ayant pour demi-axes $o'_1a'_1$ et $o'_1c'_1 = o'c'$. En effet l'arêtier, section plane d'un cylindre à base elliptique, sera une ellipse, et par suite la seconde tête qui n'est que la projection de l'arêtier sera aussi une ellipse.

Il faut remarquer encore que, regardé par dessous, l'arêtier est *saillant* de α en ω et rentrant de ω en β. En effet l'angle des deux douelles d'intrados d'abord égal à $a_1\alpha a$ devient égal à 180° au sommet ω, où les plans tangents aux deux intrados sont horizontaux, puis continue à diminuer et devient égal à $b_1\beta b$ en β. Il reste donc supérieur à 180° de α en ω ; par suite l'arête est saillante dans cet intervalle ; et il est au contraire moindre que 180° de ω en β, en sorte que l'arête est rentrante dans cet intervalle. La figure 145 donne une vue cavalière d'un voussoir de l'angle rentrant.

Les berceaux coudés sont des formes de voûtes assez rares, mais ils contiennent le problème des voûtes d'arête et celui des voûtes en arc de cloître, qui sont beaucoup plus fréquentes, et, par cet intermédiaire, on reconnaît facilement que la voûte d'arête et la voûte en arc de cloître ne sont qu'une seule et même voûte au point de vue de la taille.

Voûte d'arête.

116. — La voûte d'arête s'emploie pour recouvrir la partie commune à deux galeries qui se traversent ; les murs $aADd$ $bBCc$ (fig. 146, pl. XXII) de la première sont interrompus de A en D et de B en C pour livrer passage à la seconde ; et les murs a_1ABb_1, d_1DCc_1 de la seconde sont interrompus de A en B et de D en C pour livrer passage à la première. La voûte d'arête est dite sur plan parallélogramme lorsque l'espace ABCD est un parallélogramme ; elle est dite *barlongue* lorsque cet espace est un rectangle, ou *carrée* lorsque cet espace est un carré. La figure est relative au cas de la voûte barlongue.

On recouvre les deux galeries par deux berceaux ; on se donne la section droite de l'intrados et de l'extrados de l'un d'eux, et on détermine l'intrados et l'extrados de l'autre comme il a été dit pour le berceau coudé ; en sorte que les deux cylindres d'intrados se coupent suivant deux courbes, ou *arêtiers*, situées dans les plans verticaux dont les traces horizontales sont les diagonales AC et BD du rectangle à recouvrir. La figure 147 est une vue cavalière des deux intrados. L'espace à recouvrir est composé de quatre triangles ABO, CDO, ADO, BCO ; les deux premiers sont recouverts par le premier berceau, les deux autres par le second berceau ; les voussoirs d'arêtier appartiennent en partie à un berceau et en partie à l'autre. Ici les deux arêtiers A'O"C' et B'O"D' sont des *lignes saillantes* dans toute leur étendue ; la disposition est la même que de α en ω (fig. 142, pl. XXI) dans le berceau coudé. Les voussoirs se taillent de même.

La courbe d'extrados n'est utilisée que sur une partie de son parcours ; elle est ensuite remplacée, comme le montre la figure 146, pl. XXII, par deux droites horizontales, ce qui donne plus de force aux piédroits. On a représenté (fig. 148) une vue cavalière du voussoir placé

à l'angle D et de celui qui le surmonte, (fig. 149) une
vue cavalière de la clef O″, et (fig. 150) une vue cavalière
de l'ensemble.

117. — Une telle voûte peut servir à couvrir une salle
quadrangulaire ; elle n'exige que quatre points d'appui à
la naissance des arêtiers, et les murs ne serviraient nullement à la supporter. Ainsi il arrive fréquemment qu'une
voûte d'arête se pose simplement sur quatre piédroits
et que les berceaux sont prolongés dans les deux sens,
comme le montre la figure 155, pl. XXIII.

Une voûte d'arête peut d'ailleurs s'établir de la même
manière sur un plan polygonal régulier ou irrégulier d'un
nombre quelconque de côtés, à l'aide d'autant de berceaux coudés qu'il y a de côtés, tous les coudes de ces
berceaux étant tangents à un même plan horizontal en
un point projeté à peu près au centre du polygone.

Voûte d'arête avec arcs doubleaux.

118. — On appelle *arcs doubleaux* des arcs en saillie
sur un berceau et servant en apparence à le consolider,
mais établis le plus souvent dans un but de décoration.
On les emploie souvent dans les voûtes d'arête ; ils traversent alors les deux berceaux d'un piédroit à l'autre, et
les piédroits présentent des pilastres ou des bandeaux
en saillie (fig. 151, pl. XXIII), afin de recevoir et de soutenir les extrémités des arcs doubleaux.

Près des naissances, les voussoirs de l'arêtier s'étendent
en même temps sur les arcs doubleaux. La figure 152,
pl. XXIII, représente le voussoir des naissances, et la
figure 153 le voussoir placé au-dessus. Dans la première,
les deux arcs doubleaux viennent se rejoindre à la partie inférieure. La seconde montre la forme qu'ont les
voussoirs communs à l'arêtier et aux arcs doubleaux. Ces

voussoirs ne diffèrent les uns des autres que par l'intervalle plus ou moins grand qui existe entre l'arêtier et les arcs doubleaux ; chacun d'eux présente d'ailleurs en dessous une surface rentrante identique à la surface supérieure du voussoir précédent.

Quelquefois, les piédroits présentent une arête saillante entre les deux bandeaux qui supportent les arcs doubleaux (fig. 154, pl. XXIII); sur cette arête vient aboutir l'arêtier de la voûte. Tous les voussoirs présentent alors la forme que montre la figure 153.

La figure 155, pl. XXIII, est une vue cavalière du portique représenté par la figure 151.

Les voussoirs se taillent comme ceux d'une voûte d'arête dont l'intrados coïnciderait avec les prolongements des intrados des arcs doubleaux; on évide ensuite la pierre.

Voûte en arc de cloître.

119. — La voûte en arc de cloître sert à recouvrir un espace rectangulaire ABCD (fig. 156, pl. XXIII) fermé de tous côtés. On emploie encore deux berceaux dont on construit les intrados et les extrados comme dans la partie rentrante du berceau coudé ; ces deux berceaux se coupent suivant deux arêtiers projetés sur les diagonales AC et BD, et les voussoirs d'arêtier font partie de l'un et l'autre berceau.

Seulement tandis que, dans la voûte d'arête, les triangles ABO et CDO étaient recouverts par le premier berceau, et les triangles ADO, BCO par le second, ici c'est l'inverse qui a lieu ; le premier berceau recouvre ADO et BCO, et le second ABO et CDO. En se reportant à la figure 147, pl. XXII, on peut dire que la voûte en arc de cloître se compose des parties de berceaux que l'on a supprimées pour former la voûte d'arête. Il résulte de là que les deux arêtiers sont dans toute leur étendue des *lignes ren-*

trantes; en d'autres termes, on a la disposition qu'offrait le berceau coudé de ω en β (fig. 142, pl. XXI). La taille du voussoir est la même que dans le berceau coudé.

On a représenté (fig. 157, pl. XXIII) une vue cavalière du voussoir placé à l'angle D (fig. 156), (fig. 158) une vue cavalière de la clef (O,O″) (fig. 156), et (fig. 159, pl. XXIV) une vue perspective de l'ensemble.

120. — Une voûte d'arête ne peut se soutenir en équilibre qu'autant que toutes les assises existent sans interruption et que la clef est posée; mais elle n'a besoin que de quatre points d'appui. La voûte en arc de cloître peut au contraire subsister sans clef ; mais elle a besoin d'être soutenue sur tout son pourtour. On peut même supprimer plusieurs assises à la partie supérieure comme dans les voûtes sphériques et éclairer la voûte par le haut ; les joints *montants* de la dernière assise conservée doivent alors être appareillés en platebande (n° 121), sinon les pierres ne seraient pas soutenues.

Quelquefois les arêtiers ne se rejoignent pas au centre ; cette disposition est souvent adoptée pour les salles longues. A chaque extrémité, il y a deux arêtiers qui ne se prolongent pas au-delà de leur intersection, et l'intervalle est couvert par un seul berceau ; c'est la *voûte en arc de cloître barlongue* (fig. 160, pl. XXIV). On peut aussi y établir un plafond (fig. 161) formé par une voûte plate (n° 122) ; cette disposition est même très fréquemment employée parce qu'elle se prête bien à la décoration. Si la partie courbe domine, c'est une *voûte en arc de cloître avec plafond* ; si la partie plate domine, c'est un *plafond avec voussure.* Comme la voûte d'arête, la voûte en arc de cloître peut aussi s'établir sur un plan polygonal d'un nombre quelconque de côtés.

On emploie utilement les voûtes en arc de cloître pour soutenir les paliers des escaliers voûtés en encorbellement. La figure 162, pl. XXIV, donne en plan, vu de dessous, l'appareil qui soutient le palier et le relie aux voussoirs des descentes ; elle donne également la coupe longitudinale de l'escalier suivant la ligne brisée AB [1]. .

Plates-bandes.

131. — Une plate-bande est une espèce de voûte dont l'intrados AB (fig. 163, pl. XXIV) est plan et horizontal. On l'emploie ordinairement pour former le *linteau*, c'est-à-dire le dessus d'une porte ou d'une fenêtre, dont les piédroits ou *jambages* sont Aax, Bby ; les faces verticales A'A″, B'B″ forment le *tableau* de la porte.

Dans une plate-bande, il est impossible d'avoir des joints normaux à l'intrados, car les voussoirs ou *claveaux* étant alors rectangulaires glisseraient entre les voussoirs voisins. On établit les joints de lit perpendiculaires au plan de tête et passant tous par un même point, en ayant soin de mettre une *clef* au milieu. La figure 163 représente une fenêtre couverte par une plate-bande. Le point o d'où partent les lignes de joint est le sommet d'un triangle équilatéral ayant AB pour base ; c'est la disposition la plus ordinaire. La figure 164 donne une vue cavalière du *sommier* A, la figure 165 est la clef et la figure 166 représente l'ensemble.

Pour éviter les angles aigus des joints de lit avec l'intrados, on peut faire à l'extrémité de ces joints des petites coupes verticales telles que mn (fig. 163). Pour empêcher le glissement des claveaux, on peut aussi remplacer les joints droits par des joints brisés pqr (fig. 162), et, pour n'avoir pas un pareil joint sur la face apparente du mur, on peut ne le faire que dans une partie de l'épaisseur du claveau, comme on le voit par la figure 167, qui représente le creux dans lequel doit venir se placer la partie corres-

---

[1] DENFER, *Architecture et constructions civiles*, t, II, p. 50.

pondante en relief de la pierre adjacente. La clef doit
être dépourvue de tous ces joints brisés, tels que *mn* et *pqr*,
parce qu'en la posant on doit la laisser descendre en la
frappant légèrement jusqu'à ce qu'elle soit en contact
parfait avec les joints droits des deux contre-clefs.

Il peut se faire que la plate-bande, au lieu d'être pratiquée dans un mur droit, le soit dans un mur en talus,
dans un mur cylindrique, conique ou gauche. La taille de
ces pierres, au point où nous en sommes, ne présente aucune difficulté. Il faut avoir soin que les joints de lit
soient sensiblement parallèles au lit de carrière.

Les plates-bandes sont presque toujours consolidées
par des ferrures; quelquefois ce sont des crampons en
forme de Z; d'autres fois ce sont de simples goujons (fig.
163). On ne doit employer les plates-bandes que pour
couvrir des espaces de peu de largeur; on en a cependant
fait d'une très grande portée dans les constructions mo-
dernes où l'on a imité l'architecture grecque. Mais, dans
ces constructions, les plates-bandes qui forment les ar-
chitraves, loin de soutenir les parties supérieures de l'é-
difice, sont au contraire supportées par de puissantes ar-
matures en fer. Une plate-bande devant tenir sans ar-
matures quelconques, il faut lui donner à la pose une
petite flèche, soit *du raide*, pour tenir compte de la com-
pression du mortier des joints.

Voûtes plates.

123. — Si l'on suppose une plate-bande prolongée, on
a une voûte plate. Les deux jambages sont remplacés par
deux murs parallèles ou piédroits et la voûte est formée
de claveaux absolument semblables à ceux de la plate-
bande, placés bout à bout et formant cours de voussoirs.
On s'arrange pour que les joints montants ne se correspondent pas dans deux cours de voussoirs adjacents. La

voûte plate est ainsi considérée comme un berceau de montée nulle.

On peut de la même manière considérer une voûte plate comme une voûte d'arête ou comme une voûte en arc de cloître de montée nulle. La division de l'intrados est faite par des droites allant d'une diagonale à l'autre et équidistantes. Les figures 146, pl. XXII, et 156, pl. XXIII, abstraction faite des élévations, représentent en plan, en y supposant les parallèles équidistantes, deux voûtes plates du premier ou du second système. Le sommier de l'angle en C (fig. 146, pl. XXII) est représenté par la figure 168, pl. XXIV, et la figure 169 est une vue cavalière de la pierre dite *claveau d'angle* qui vient s'y appliquer. Le sommier C de l'angle en C (fig. 156, pl. XXIII) est représenté par la figure 170, pl. XXIV, et le claveau d'angle a la forme donnée par la figure 171. Si l'on fait autour de chaque rangée de claveaux de cette dernière voûte une crossette, comme l'indique la figure 172, pl. XXV, chaque rangée étant accrochée sur la rangée qui précède ne tend pas à glisser sur la coupe oblique, et l'appareil offre plus de sécurité. Cette voûte peut d'ailleurs s'établir sur plan polygonal ou sur plan circulaire, et, comme dans la voûte en arc de cloître, on peut non-seulement supprimer la clef, mais encore plusieurs rangées de claveaux concentriques, pour éclairer la salle.

On considère aussi des voûtes plates inclinées. Lorsqu'une salle est polygonale, on peut la recouvrir par une voûte pyramidale qui, lorsque la salle est circulaire ou elliptique, devient un *plafond conique*. Ces voûtes pyramidales ou coniques de peu de hauteur s'appareillent comme les voûtes plates (fig. 173, pl. XXV); on les extradosse de manière que la moindre épaisseur soit au sommet.

Voûte d'arêtes avec pan coupé.

193. — On ne conserve pas toujours les arêtiers qui

résultent naturellement de l'intersection de deux berceaux ; on les enlève quelquefois de manière à mettre à nu un troisième berceau formant *pan coupé*. Cette disposition est surtout fréquente dans les voûtes formées par la rencontre de plus de deux berceaux ; on évite ainsi les angles trop aigus.

On coupe les génératrices de naissance des deux berceaux primitifs par une ligne oblique AB (fig. 174, pl. XXV) qui forme la ligne de naissance du pan coupé. En menant OA et OB, on a les projections des arêtiers suivant lesquelles il rencontre les deux berceaux.

Les conditions de rencontrer le premier berceau suivant la ligne OA et d'avoir ses génératrices parallèles à AB déterminent le pan coupé ; elles déterminent par suite l'arêtier OB et le second berceau. Mais il est facile de reconnaître que la section droite de celui-ci est la même que s'il n'y avait pas de pan coupé, le lieu des sommets F des triangles semblables au triangle ABC, dont les deux autres sommets D et E décrivent les droites OA et OB, étant la droite OC.

Il n'y a par suite aucune difficulté à construire les différentes sections droites en partant de l'une d'elles, et il n'y en a pas davantage pour les extrados ; c'est encore la voûte d'arête simple.

Dans les parties où le pan coupé a assez de largeur pour qu'on puisse y établir un ou plusieurs joints, les voussoirs ont la même forme qu'à l'angle saillant d'un berceau coudé ; ils sont plus compliqués près de la clef, parce qu'ils s'étendent à la fois sur le pan coupé et sur les deux berceaux ; cependant la construction des différents panneaux et la taille sont encore les mêmes. Ces voussoirs, au lieu d'être simplement coudés, présentent deux angles qui sont identiques séparément à ceux des voussoirs de la voûte d'arête ; on les appelle *voussoirs d'enfourchement*.

Quelquefois les intersections des différents plans de lit se présentent autrement que dans la figure 174. Les droites GH, IJ se croisent en *x* (fig. 175) avant de rencontrer la droite JH, et par suite les intersections mutuelles des trois plans de lit menés suivant KD, DE et EL se coupent en un point β situé au-dessous de l'extrados. Dans ce cas, on limite le plan de lit conduit par DE à ses intersections Dβ, Eβ avec les deux autres, et ceux-ci sont eux-mêmes continués jusqu'à leur intersection.

Les figures 176 et 177 donnent une vue cavalière du voussoir d'enfourchement d'après la première et la seconde disposition, et la figure 178 donne une vue cavalière de l'ensemble.

Voûte d'arête à double arêtier avec pendentifs et plafond.

121. — On appelle ainsi celle qui résulte d'une voûte d'arête simple dont on a tronqué les arêtiers par des pans coupés cylindriques qui prennent naissance aux sommets des piédroits de la voûte primitive et vont en s'élargissant à mesure qu'ils approchent du sommet de la voûte, où ils sont réunis par une voûte plate. C'est la disposition inverse de la voûte d'arête avec pan coupé; on l'emploie lorsqu'on veut avoir un plafond ou une ouverture à l'intersection de deux berceaux. On en voit un exemple dans les grandes galeries des magasins aux eaux-de-vie de la Halle aux vins, à Paris, qui sont éclairés par un soupirail carré placé au sommet de la voûte.

Pour faire le tracé, on prend sur les génératrices supérieures des deux berceaux quatre points V, X, Y, Z (fig. 179, pl. XXVI) formant un parallélogramme; c'est le plafond. Les sommets du parallélogramme sont déterminés par la forme et les dimensions que le plafond doit avoir. Entre AX et AV est un berceau dont les génératrices sont parallèles à XV et s'appuient sur la section du premier berceau

par le plan vertical AX. La portion de ce berceau qui recouvre horizontalement le triangle AVX s'appelle un *pendentif*. Les génératrices du second berceau s'appuient sur
la section du pendentif·par le plan vertical AV, et on
reconnaît, comme dans l'épure précédente, que la section
droite du second berceau est la même que si le pendentif
était supprimé et le premier berceau limité au plan vertical AO. On opère de même pour les sommets B, C, D.

Si l'on considère différents cours de voussoirs, la portion de douelle comprise sur le pendentif varie avec la
hauteur du voussoir. Pour les voussoirs inférieurs, analogues aux voussoirs supérieurs de l'appareil précédent,
cette quantité étant très petite, un voussoir tel que EFGHI
JKL a une portion de douelle comprise sur les trois cylindres. Pour les voussoirs supérieurs, on établit une division sur le pendentif, on a alors exactement le voussoir
du berceau coudé à arête saillante.

Le parallélogramme VXYZ est couvert par une voûte
plate (n° 122). Les voussoirs très voisins de celle-ci ont
une partie de leurs douelles sur elle, sur les pendentifs
et sur les berceaux ; on les taille par équarrissement. Enfin
la voûte peut être avec ou sans arcs doubleaux.

Voûte en arc de cloître avec panaches et plafond.

125. — On appelle ainsi celle qui résulte d'une voûte
en arc de cloître dont on a noyé les arcs dans des pans
coupés cylindriques qui prennent naissance aux sommets
des angles de la voûte primitive et vont en s'élargissant
à mesure qu'ils approchent du sommet de la voûte, où ils
sont réunis par une voûte plate. C'est une disposition
tout-à-fait analogue à celle de l'appareil précédent, sauf
que tous les arêtiers sont des lignes rentrantes. Les figures
180 et 181, pl. XXVI, sont les schémas de deux de ces
voûtes. Les pendentifs y sont souvent désignés sous le
nom de *panaches* ou de *fourches*.

Voûte d'arête en tour ronde.

184. — On trace dans le plan horizontal un demi-cercle *adb* (fig. 182, pl. XXVI) ; on suppose que ce cercle relevé dans le plan vertical élevé suivant *ab* tourne autour d'un axe vertical *o* situé dans son plan. Ce demi-cercle engendre un berceau tournant dont le plan horizontal est le plan des naissances ; les arcs a_1, be_1 décrits par *a* et *b* sont les traces des parements intérieurs des piédroits circulaires ; les parements extérieurs des mêmes murs sont deux cercles βe, α_1 concentriques aux premiers.

Il s'agit de pratiquer dans ce berceau tournant une ouverture dont on donne l'occupation *ef* sur le mur extérieur de la tour. A cet effet, on développe ce mur cylindrique sur *xy*, perpendiculaire à la bissectrice oo_1 de l'angle *eof*, on prend EF = arc *ef* ; par le milieu *o'* de EF on élève une perpendiculaire $o'd_1$ égale à la montée *cd* du berceau tournant ; et l'on décrit une ellipse Ed_1F ayant *o'*E et $o'd_1$ pour demi-axes. Puis on enroule cette ellipse sur le cylindre vertical *ef*, de manière que EF s'applique sur l'arc *ef* et l'on prend la courbe produite par l'enroulement de la demi-ellipse pour seconde directrice d'un conoïde droit ayant pour directrice rectiligne l'axe *o* de la tour et pour plan directeur le plan horizontal ; c'est ce conoïde qui forme l'intrados de l'ouverture. Il coupe l'intrados du berceau tournant suivant une double courbe projetée horizontalement suivant deux portions $e_1 i \varphi_1$, $e_1 i f_1$ de deux spirales d'Archimède[1]. On donne le nom de *voûte*

---

[1] Si l'on coupe, en effet, par un plan horizontal à la cote des points v_1 et λ_1, on a à en *f* la projection horizontale d'un point de l'intersection des intrados du conoïde et du berceau tournant ; soit ρ le rayon vecteur *oj*, ω l'angle polaire $o_1 of$.

En désignant par *b* la montée du berceau tournant, on a

$$(1) \qquad \overline{v_1 v_1}^2 + \overline{c v_1}^2 = b^2.$$

d'arête en tour ronde à la voûte composée formée par la pénétration du conoïde et du berceau tournant. On construit ordinairement cette voûte en maçonnerie, sauf la

En désignant par a la longueur $o'F$, on a

$$(2) \qquad \frac{\overline{o'\lambda}^2}{a^2} + \frac{\overline{\lambda\lambda_1}^2}{b^2} = 1.$$

Remplaçant $\lambda\lambda_1 = v_1 v_2$ dans l'équation (2) par sa valeur tirée de l'équation (1), il vient

$$\frac{\overline{o'\lambda}^2}{a^2} - \frac{\overline{cv_1}^2}{b^2} = 0,$$

ou

$$cv_1 = \frac{b}{a} o'\lambda.$$

Mais

$$cv_1 = p - oc,$$
$$o\lambda = o_1\lambda_2 = o\beta.\omega.$$

Par suite

$$p - oc = \frac{b}{a} o\beta.\omega,$$

ou

$$p = \frac{b}{a} o\beta \left(\omega + \frac{a}{b} \frac{oc}{o\beta} \right).$$

Changeant d'axe polaire et posant

$$\omega + \frac{a}{b} \frac{oc}{o\beta} = \omega',$$

on a

$$p = \frac{b}{a} o\beta.\omega',$$

ce qui est l'équation d'une spirale d'Archimède.

La tangente en j est l'intersection du plan tangent au tore et du plan tangent au conoïde en ce point. La trace horizontale du plan tangent au tore s'obtient en menant la tangente $v_2\theta_1$ au cercle adb, en ramenant sa trace horizontale en θ_2 dans le plan méridien du point j et en élevant la perpendiculaire $\theta_2 t$ au rayon. Pour avoir la trace horizontale du plan tangent en j au conoïde, on considère un paraboloïde de raccordement le long de oj ayant mêmes plans tangents que la surface à l'infini, en o et en j ; il a pour plan directeur le plan horizontal et pour directrices la verticale du point o et la tangente en λ_2 à l'ellipse enroulée, tangente dont la trace est au point τ_2 tel que $\lambda_2\tau_2 = \lambda\tau$. La trace horizontale de ce paraboloïde est la droite $\theta\tau_2$, et son second plan directeur est le plan vertical parallèle à $\lambda_2\tau_2$. La seconde génératrice issue de j est la droite $j\theta$ parallèle à $\lambda_2\tau_2$, et sa trace est en θ sur $o\tau_2$. La trace horizontale du plan tangent en j au paraboloïde est donc la parallèle θt à oj, qui coupe en t la trace horizontale du plan tangent au tore, et jt est la tangente à la spirale.

partie voisine des arêtiers. Nous allons donc nous occuper d'un des voussoirs en pierre de taille situé sur l'arêtier.

On commence par diviser le demi-cercle *adb* en un nombre impair de parties ; en prenant les points de l'ellipse à même hauteur on a les divisions correspondantes de l'ellipse. Or à des divisions égales sur le cercle correspondent des divisions inégales sur l'ellipse, et réciproquement. Il ne faudra donc diviser en parties égales exactement ni l'une ni l'autre courbe, mais les diviser par tâtonnement en parties telles que les divisions sur le cercle ne diffèrent pas trop entre elles et qu'il en soit de même sur l'ellipse. Cela posé soit $v_2 z_2$ une division quelconque du cercle ; en vertu de la rotation du cercle *adb*, les deux points v_2 et z_2 engendrent deux cercles $v_1 v$, $z_1 z$ qu'on arrête en j et m à la spirale $\iota_1 i f_1$, et qui comprennent la douelle du berceau tournant ; par les points m et j on mène les génératrices omm_2, $oj\lambda_2$ qui comprennent la douelle sur le conoïde ; on limite d'ailleurs le voussoir sur le berceau tournant à un plan méridien ozv et sur le conoïde à un cylindre vertical gh concentrique à la tour. Nous avons donc ainsi les projections de la douelle du voussoir ; elle se compose de deux parties, l'une torique projetée sur $mzvj$, l'autre conoïde projetée sur $mjsp$. Il s'agit de compléter la projection horizontale de ce voussoir.

La tête sur le plan méridien ozv s'obtient immédiatement ; il suffit d'appareiller le cercle *adb* comme une porte droite, et alors le polygone $v_2 z_2 y_2 x_2 x_2$ en tournant viendra se placer dans le plan méridien $zyvx$ et sera la tête demandée. Pour avoir le développement de la tête du voussoir sur le cylindre gh, développons ce cylindre, prenons $o'H = $ arc gh et décrivons l'ellipse ayant $o'H$ et $o'd_1$ pour demi-axes ; cette demi-ellipse sera le développement de la trace du conoïde sur le cylindre gh [1] ; p_1 et s_1 étant les

_____

(1) On a

$$\frac{gp}{gh} = \frac{o_1 m_2}{o_1 f} = \frac{o'\mu}{o'F}.$$

points correspondant à p et s (ils sont à la même hauteur que les points m_1 et λ_1 qui correspondaient sur le mur extérieur à m_2 et λ_2), menons les normales p_1q_1, s_1u_1 à l'ellipse d_1H ; prenons q_1 à la même hauteur que y_2 et u_1 à la même hauteur que x_2, et complétons le polygone mixtiligne $p_1s_1u_1u_2q_1$ au moyen d'une horizontale et d'une verticale. Cela fait enroulons ce polygone sur le cylindre gh de telle sorte que o' vienne en g et H en h ; ce polygone produira sur le cylindre un polygone curviligne qui sera la tête demandée.

A l'hélice provenant de l'enroulement de p_1q_1 correspond un joint cylindrique compris entre la génératrice mp du conoïde et sa parallèle menée par q obtenu en projetant q_1 en q_2 et prenant arc $gq = o'q_2$; ce cylindre se prolongera jusqu'au joint conique produit par la révolution de z_1y_1 ; et ces deux joints se couperont suivant un petit arc de courbe projeté en mn et dont on aura sans difficulté un point intermédiaire en coupant le cône et le cylindre par un même plan horizontal. De même à s_1u_1 et à v_1x_1 correspondent un joint cylindrique et un joint conique qui se coupent suivant un petit arc de courbe projeté en jk. Enfin à q_1u_2 et x_1y_1 correspond une face horizontale projetée sur $qnyxku$, et à u_1u_2 et x_2x_1 correspondent un plan vertical projeté sur uk et un cylindre projeté sur xk.

Mais

$$gp = o'p_2, \quad gh = o'\text{H},$$

d'où

$$\frac{o'p_2}{o'\text{H}} = \frac{o'\mu}{o'\text{F}},$$

où

$$\frac{o'p_2}{o'\mu} = \frac{o'\text{H}}{o'\text{F}}.$$

Les ordonnées relativement à $o'd_1$ du développement étant les ordonnées de l'ellipse primitive réduites dans un rapport constant, le développement est une ellipse.

Le voussoir est ainsi complètement déterminé ; il est limité, en définitive :

1° Par les deux douelles d'intrados, l'une torique, l'autre conoïde ;

2° Par les deux joints antérieurs, l'un conique, l'autre cylindrique ;

3° Par les deux joints postérieurs, l'un conique, l'autre cylindrique ;

4° Par les deux têtes, l'une plane, l'autre cylindrique ;

5° Par deux autres faces postérieures verticales, l'une plane, l'autre cylindrique.

181. — Pour le tailler, on procède par équarrissement. Le solide capable est un prisme droit ayant pour hauteur $y'y$, et dont la base, parallèle au lit de carrière, est la projection horizontale $pmzxku$ du voussoir. Après avoir équarri ce prisme, ainsi qu'il est représenté dans la figure 183, on applique sur la face convexe pu (fig. 182) le panneau $p_1q_1u_2u_1s_1$ (fig. 183), et sur la face concave le panneau mz qui donne les traces mz, ms_2 du lit conique et du conoïde prolongé jusqu'à cette face ; on applique le panneau de la face supérieure où l'arc yn est prolongé jusqu'en p', le panneau de la face latérale $xx_1y z v$, ceux des faces uk et xk (fig. 182), et l'on trace l'arc jv sur la face inférieure (fig. 183).

Cela fait, on exécute la douelle conoïde et le joint conique à l'aide d'une règle qu'on promène sur les directrices de ces surfaces en la faisant passer par des joints correspondants relevés sur les panneaux. En portant en même temps des longueurs convenables sur les génératrices du conoïde et du cône, on trace les courbes mj et mn. A l'aide d'un biveau-cerce ayant pour contour $y_1z_1v_1$ (fig. 182), dont le sommet décrit l'arc mz (fig. 183), dont la branche droite s'appuie sur les génératrices du joint conique $p'mzy$ et dont la branche courbe passe par les points correspondants de mz et successivement des arcs mj et jv, on taille

la douelle tournante. A l'aide d'une règle qu'on promène
sur *vj* et *xk* en la faisant passer par des points correspondants, on taille le second joint conique jusqu'en *k*, puis
en appliquant sur la portion taillée de ce joint le panneau
flexible de son développement *kxvj* et en avançant pro-
gressivement jusqu'à ce qu'on puisse l'appliquer tout
entier, on achève la taille de ce joint et l'on trace l'arc
jk. Il ne reste plus qu'à exécuter les deux cylindres p_iq_i,
s_iu_i à l'aide d'une règle qu'on fait glisser sur les points
correspondants des arcs p_iq_i et *mn*, s_iu_i et *jk*.

196. — Si la voûte est tout entière en pierres de taille,
on ne peut plus prendre pour p_iq_i et s_iu_i des joints cylindriques, car les joints cylindriques qui succèderaient à
ceux-ci à partir de *p* et de *s* (fig. 182), le long des lignes
d'assises *om* et *oj*, ne seraient pas dans leur prolongement,
et on ne pourrait pas croiser les joints montants d'un cours
de voussoirs et des cours adjacents. On considère alors le
paraboloïde de raccordement le long de la génératrice *om*
du conoïde et on le fait tourner de 90° autour de cette
droite; il devient le paraboloïde des normales et c'est lui
qui forme la surface de joint. Les plans directeurs étant
primitivement le plan horizontal et un plan perpendiculaire à *om*, sont actuellement deux plans verticaux, l'un
parallèle, l'autre perpendiculaire à *om*. La verticale du
point *o*, qui appartenait au premier paraboloïde, devient
la perpendiculaire *ol* à *om* située dans le plan horizontal
et appartient au second. Le plans tangents à ce paraboloïde aux points situés à l'infini sur *om* et sur *ol* étant
les plans verticaux *om* et *ol*, la trace *qn* du joint sur le
plan horizontal q_iu_i qui limite le voussoir est une hyperbole équilatère ayant *om* et *ol* pour asymptotes [1].

(1) Pour en obtenir un point, on prend *ol* pour nouvelle ligne de terre; la
génératrice *om* est projetée verticalement en un point *m″* tel que $om″ = \mu m_i$,
la trace horizontale du plan tangent en *m* au paraboloïde de raccordement

p_1q_1 est le développement de l'intersection du parabo-loïde de joint avec le cylindre vertical pq et mn est l'inter-section de ce paraboloïde avec le joint conique. On en dirait autant de uk, de s_1u_1 et de jk.

La taille du voussoir s'exécute absolument comme la précédente. Au lieu de terminer par deux joints cylindri-ques engendrés par une droite s'appuyant sur pq et mn ou sur su et jk, on termine par deux joints gauches engen-drés par une droite qui s'appuie sur pm et sur les points correspondants du contour $pqnm$ ou sur sj et sur les points correspondants du contour $sukj$.

La recherche, sur l'épure, des éléments nécessaires à à l'une ou à l'autre de ces tailles ne présente aucune difficulté.

La figure 183 donne une vue cavalière du voussoir, q_1n et u_1k_1 sont des droites dans la première taille et des courbes dans la seconde, et la figure 184 est une vue cavalière de l'ensemble.

Lunette droite en berceau.

189. — Lorsque la voûte composée est formée par deux berceaux ayant même plan de naissance, mais des *montées différentes*, l'intersection des deux intrados est une courbe à double courbure, et l'on donne le nom de *lunette* à la voûte qui résulte de la pénétration du petit berceau dans le grand. Chacun des voussoirs contenant un arc de la courbe d'intersection des deux intrados fait partie à la fois des deux berceaux. C'est de l'un de ces voussoirs que nous allons nous occuper.

Soient : $a'b'c'$ (fig. 185, pl. XXVII) et $g'u'$ les sections

le long de om étant $t_3\theta_3$, obtenue comme θt, la génératrice $m\theta_3$ du paraboloïde de rac·ordement est projetée en $m'l$ et, après avoir tourné de 90°, elle devient la génératrice du joint $m'r''$; celle-ci coupe le plan horizontal $q'_1u''_1$, situé à la même cote que q_1u_1, au point cherché r^0 qui se projette horizontale-ment en r.

droites de l'intrados et de l'extrados du petit berceau, $e'f'$, $d'v'$ les sections droites de l'intrados et de l'extrados du grand berceau. Nous supposons les deux berceaux à angle droit ; on dit alors que la lunette est *droite* ; si les deux berceaux étaient obliques l'un par rapport à l'autre, la lunette serait *biaise*. Les courbe $a'c'b'$ et $e'f'$ sont deux cercles en sorte que les deux intrados sont deux cylindres de révolution ayant oo' et oo'' pour axes ; nous prenons le plan de ces axes c'est-à-dire le plan commun des naissances pour plan horizontal.

On divise $a'c'b'$ en un nombre impair de parties égales ; on fait de même pour $e'f'$, mais le nombre de divisions n'est pas en général le même sur l'une et sur l'autre ; il y en a naturellement plus dans le grand berceau que dans le petit. La seule condition à observer, c'est que le premier point de division du grand berceau soit plus élevé que le premier point de division sur le petit berceau ; alors par là-même le second, le troisième, etc. points de division seront plus élevés sur le grand berceau que sur le petit [1].

Soit $m'n'$ une des divisions du petit berceau et $k'q'$ la division correspondante du grand ; on mène les normales $m'p'$, $n'r'$, $k'h'$, $q's'$ aux intrados jusqu'aux extrados et $m'p'r'n'$, $k'h's'q'$ sont les projections des têtes d'un même voussoir que nous supposerons limité aux plans de sections droites MR et HQ. Il s'agit d'obtenir la projection horizontale de ce voussoir.

Cherchons d'abord l'intersection des deux plans de joint $m'p'$ et $q's'$. Les traces horizontales de ces plans se coupent en o ; on obtient ensuite un second point de l'in-

---

(1) Il en résulte, comme on va le voir, que ce sont les joints du petit berceau qui vont tous couper l'intrados du grand. S'il en était autrement, ce seraient les joints du grand berceau qui couperaient tous l'intrados du petit, ou bien les traces des joints seraient apparentes tantôt sur l'intrados du petit, tantôt sur l'intrados du grand berceau ; ce qui, dans tous les cas, produirait un effet choquant.

tersection en coupant les deux plans par un plan horizontal auxiliaire, par exemple par le plan horizontal situé à la hauteur de q' ; ce plan coupe les deux proposés suivant les horizontales projetées verticalement l'une en q', l'autre en q'', et qui se coupent en un point dont la projection horizontale est Q_1 ; en sorte que oQ_1 est la ligne d'intersection des deux plans de joint. En menant les génératrices d'intrados et d'extrados du grand berceau, projetées verticalement en q' et s', et les arrêtant à leur rencontre Q_1 et S_1 avec OQ_1, on a la projection horizontale QSS_1Q_1 du joint $q's'$.

Le joint $m'p'$ serait analogue si le plan de ce joint ne rencontrait pas le grand berceau avant de rencontrer le plan de joint $q's'$. Cette circonstance complique un peu la forme de ce joint $m'p'$. La génératrice (m', MM_1) d'intrados du petit berceau rencontre l'intrados du grand berceau en un point M_1 qu'on obtient en coupant ce grand berceau par le plan horizontal m_3m'' qui passe par (m', MM_1). On obtient de même le point P_1 où la génératrice d'extrados du petit berceau rencontre l'intrados du grand berceau. De M_1 à Q_1 le plan de joint $m'p'$ coupe l'intrados du grand berceau suivant un arc d'ellipse projeté verticalement en $m'q''$ et horizontalement en $M_1\pi Q_1$. La figure montre comment on obtient un point (π, p') de cette ellipse et la tangente $\pi\tau$ en ce point. Toutes ces ellipses de joint passent d'ailleurs par le point ϵ où la trace commune des plans de joint perce l'intrados du grand berceau. De P_1 à S_1 le plan de joint $m'p'$ coupe l'extrados du grand berceau suivant un arc d'ellipse dont la projection horizontale P_1S_1 s'obtient de la même manière. On a ainsi la projection horizontale $MM_1 Q_1S_1P_1P$ du joint $m'p'$. On aurait de même les projections HH_1K_1K du joint $h'k'$ et $NN_1K_1H_1R_1R$ du joint $n'r'$.

Il reste à chercher l'intersection des deux intrados et des deux extrados; à cet effet, on les coupe par des plans horizontaux. Considérons, par exemple, le plan horizon-

tal qui passe par m' ; il fournit le point M_1. Pour avoir la
tangente en ce point à la courbe M_1N_1, on cherche le plan
normal ; ce plan contient la normale en M_1 au petit berceau, dont la trace est m_1, et la normale en M_1 au grand
berceau, dont la trace est m ; la trace horizontale du
plan normal en M_1 à M_1N_1 est donc m_1m, et la perpendiculaire M_1t à cette trace est la tangente cherchée. La
même construction est applicable au point x de rencontre des génératrices de naissance, quoique la tangente
en ce point soit verticale, d'après le théorème de Hachette. L'intersection P_1R_1 des deux extrados s'obtient de
même (^{1}), et la projection horizontale du voussoir est
complète.

130. — Pour le tailler, on procède par équarrissement. Le solide capable est un prisme droit ayant pour
hauteur $s's''$ et dont la base, parallèle au lit de carrière,
est la projection horizontale $MM_1Q_1QHH_1R_1R$ du voussoir.
Après avoir équarri ce prisme, on applique les panneaux
de tête MPNR, HKSQ donnés immédiatement en projection verticale ; on taille à l'équerre les quatre lits, en
opérant avec précaution pour ceux qui se coupent suivant H_1K_1, et on y applique les panneaux. On taille à l'é-
querre, ou à l'aide d'un biveau-cerce $p'm'n'$ qu'on fait
passer par trois points correspondants des arêtes MM_1,
$P\pi$, NN_1, la douelle cylindrique du petit berceau, et, à
l'aide d'un panneau de développement on y trace avec

---

(1) En prenant o pour origine, oo'' pour axe des x, oo' pour axe des y et la
verticale du point o pour axe z, l'équation du grand berceau est

$$y^2 + z^2 = R^2$$

et celle du petit berceau

$$x^2 + z^2 = r^2,$$

R et r désignant les rayons des intrados. L'équation de la projection horizontale M_1N_1 de leur intersection est donc

$$y^2 - x^2 = R^2 - r^2.$$

C'est une hyperbole équilatère ayant oo' et oo'' pour axes.

soin l'arc M_1N_1. On a alors tout le contour de la douelle d'intrados du second berceau qu'on exécute en promenant une règle sur ce contour de manière qu'elle passe dans toutes ses positions par deux points correspondants. On peut procéder de la même manière pour les deux extrados, mais on se borne généralement à les dégrossir.

La recherche, sur l'épure, des éléments nécessaires à la taille ne présente aucune difficulté.

La figure 186, pl. XXVII, donne une vue cavalière du voussoir, la figure 187 une vue cavalière du voussoir placé à l'angle α et de celui qui le surmonte, et la figure 188 est une vue cavalière de l'ensemble.

La clef peut être arrêtée au cours de voussoirs qui lui correspond dans le grand berceau; on peut aussi la prolonger jusqu'au lit supérieur. Dans tous les cas, elle a la forme représentée par la figure 189.

Voûte sphérique sur plan carré avec pendentifs et fermerets.

131.— Soit $(ij,i'j')$ (fig. 190, pl. XXVIII) le grand cercle horizontal de naissance d'une voûte sphérique, *abcd* un carré inscrit représentant le plan d'une salle que cette voûte doit recouvrir. Par les côtés de ce carré passent quatre plans verticaux qui sont les parements intérieurs des murs de la salle et qui coupent la sphère suivant quatre petits cercles projetés verticalement en $a'h'b'$, $b'g'c'$, $c'f'd'$, $d'e'a'$, de sorte qu'il reste de l'hémisphère: 1° le segment sphérique *efgh* projeté verticalement au-dessus de $e'g'$, c'est la *coupole*; 2° les quatre triangles curvilignes $(eah, e'a'h')$, $(hbg, h'b'g')$, $(gcf, g'c'f')$, $(fde, f'd'e')$, ce sont les *pendentifs*. Les portions pleines comprises dans les quatre demi-cercles verticaux s'appellent les *formerets* ou les *fermerets*. La figure 191 est une vue cavalière de l'intrados de cette voûte.

11

Pour tracer l'appareil, on prend un plan vertical de projection parallèle à la diagonale *ac* (fig. 190), qui représente en même temps une *coupe* faite suivant cette droite. La section de la sphère par ce plan est le demi-cercle décrit sur *a'c'* comme diamètre (fig. 192) ; on le divise en un nombre impair de parties égales et, par les points de division, on mène des plans horizontaux. Les traces de ces plans sur la coupole, les pendentifs et les formerets sont les lignes d'assises. Pour la solidité de la construction, il faut éviter qu'une de ces lignes passe par les points culminants *h'*, *g'* des arcs qui limitent les formerets. Les joints de lit, normaux à l'intrados, sont des plans horizontaux le long des portions des lignes d'assise tracées sur les formerets, et des cônes de révolution le long de celles qui sont tracées sur la sphère. Les joints montants sont des plans verticaux perpendiculaires aux parements dans les assises des formerets et des plans méridiens verticaux dans les assises sphériques. Il reste à définir la manière dont ces joints se relient dans un voussoir dont la douelle fait à la fois partie d'un formeret et d'un pendentif.

Au point où la ligne d'assise passe du pendentif sur le formeret, on arrête le joint conique à la génératrice qui passe par ce point et le joint horizontal du formeret à la perpendiculaire à son parement issue du même point ; le plan de ces deux droites est celui qui relie les deux joints. Il n'y a plus qu'à prendre les intersections de tous ces joints avec l'extrados. Sur la figure 192, les constructions sont faites pour le deuxième voussoir d'enfourchement 1234 qui est complètement représenté en projection verticale. La projection horizontale n'est que le plan de l'intrados de la voûte.

133. — Pour tailler ce voussoir, on procède par équarrissement. Le solide capable est un prisme droit ayant pour hauteur $\epsilon'\epsilon''$ et dont la base, parallèle au lit de carrière, est la projection horizontale $12\alpha\beta\gamma\delta\varphi$ du voussoir. Après avoir équarri ce prisme, on applique les panneaux des faces planes et l'on taille toutes ces faces. Ensuite on trace sur la face supérieure l'arc $(rs, r's')$ (fig. 193), sur la face horizontale moyenne l'arc $(uv, u'v')$, sur la face inférieur l'arc $(34, 3'4')$, sur la face intérieure l'arc $(12, 1'2')$, et, à l'aide d'une règle que l'on promène sur les points correspondants des arcs $1'2'$ et $r's'$, $3'4'$ et $u'v'$, on taille les deux lits coniques. Enfin on exécute la douelle sphérique avec une cerce découpée suivant un grand cercle qu'on appuie sur des points correspondants du contour de la douelle, en la maintenant perpendiculaire aux plans de lit des formerets.

La recherche, sur l'épure, des éléments nécessaires à la taille ne présente aucune difficulté.

La figure 193 donne une vue cavalière du voussoir considéré et de celui sur lequel il repose, la figure 194 une vue cavalière de l'ensemble et la figure 195 une vue cavalière du dôme extérieur.

133. — Il arrive souvent, dans les voûtes sur pendentifs, que les formerets sont remplacés par des arcs doubleaux formant les ouvertures de galeries qui débouchent dans la voûte. La figure 196, pl. XXVIII, donne à droite le plan et l'élévation d'une pareille voûte, qui porte le nom de *voûte sphérique avec pendentifs, lunettes et arcs doubleaux*. On peut supprimer les arcs doubleaux comme on le voit à gauche sur la figure 196. Enfin, au lieu de terminer les pendentifs en pointe comme dans les exemples précédents, on peut faire les formerets et les ouvertures des galeries moins grands que le côté du carré inscrit ; les pendentifs sont alors remplacés par des quadrilatères curvilignes qu'on appelle *trumeaux*, et la voûte prend le nom de *voûte sphérique avec trumeaux*, *formerets et arcs doubleaux*, ou *avec trumeaux, lunettes et arcs doubleaux* ; on peut également supprimer les arcs doubleaux. Nous renvoyons à l'ouvrage de M. Denfer, *Architecture et constructions civiles*, pour les autres dispositions, qui n'offrent rien de nouveau au point de vue de la stéréotomie.

De la pose et du ravalement des voûtes composées.

121. — La pose des voûtes composées se ramène à la pose des voûtes simples qui les constituent. Après avoir placé les cintres et les couchis sur lesquels on fait reposer les voussoirs, tout se réduit à vérifier pour chacun si l'arête de douelle offre le surplomb convenable et si le joint a l'inclinaison déterminée sur l'épure ; si non, on retouche un des joints ou tous les deux. Enfin quand il n'y a plus que la clef, on la taille avec soin à la demande de l'espace qu'elle doit remplir, et on la pose avec les précautions que nous avons indiquées (n° 57).

On ravale les voûtes composés en ravalant séparément chacune des voûtes qui les constituent. Toute la méthode consiste à tracer à la surface de la voûte deux séries de rigoles caractéristiques de la surface, et, une fois le quadrillage opéré, à dresser chacun des compartiments.

CHAPITRE IX

DES PONTS BIAIS

---

135. — Un berceau appareillé conformément aux règles de l'art doit avoir ses *lits normaux à la fois à l'intrados et aux plans de tête*. On ne peut s'écarter impuné-
ment, d'une manière sensible, de ces conditions, que
dans les constructions de faible étendue, comme les
portes.

Avant l'invention des chemins de fer, on n'avait jamais
à recouvrir que des passages biais de peu de longueur.
Si par occasion, par exemple pour la construction d'une
route, on était conduit à recouvrir un passage biais d'une
étendue un peu considérable, on substituait à ce passage
biais un passage droit en déviant un peu et momentanément la direction du chemin.

Pour les petites voûtes biaises que l'on construisait on
employait l'appareil du biais passé, cylindrique ou gauche. Voici en quoi consistaient ces deux systèmes :

Biais passé.

136. *Biais passé cylindrique.* — Dans un mur à faces
verticales et parallèles YT, Y,T, (fig. 197, pl. XXIX) on
veut construire un passage biais, ayant $ab = cd$ pour
largeur, en sorte que l'espace à recouvrir est le parallé-

logramme *abcd*, situé dans le plan horizontal des naissances. Prenons pour plan vertical le plan de la seconde
tête *cd*. Sur *cd* comme diamètre décrivons un demi-cercle
ch'd et prenons ce demi-cercle pour directrice d'un cylindre dont les génératrices sont parallèles à *ca* et *db* ; ce cylindre coupera le plan de la première tête suivant un cercle
décrit sur *ab* comme diamètre et projeté verticalement
en vraie grandeur suivant *a'k'b'*. C'est la portion de cylindre comprise entre les deux cercles de tête qui forme
l'intrados de la voûte.

Dans le plan vertical de projection, sur *a'd* comme
grand axe, décrivons une demi-ellipse *a'ω'd* embrassant
les deux cercles. Divisons cette ellipse en un nombre impair de parties égales, aux points μ, ν, π,.... Dans le plan
horizontal traçons une droite oo_1 perpendiculaire au plan
vertical et menée par le milieu *o* de *cb'*. Ce point *o* est vis-
à-vis le point *g'* où se coupent les projections des deux
cercles de tête. On appareille au moyen de plans de lit passant par cette droite oo_1 et par les points de division
μ, ν, π,...; ces plans de lits sont normaux aux plans des
deux têtes, mais ils ne sont pas normaux à l'intrados. Pour
avoir la projection verticale du voussoir qui correspond à
la division μν, on n'a qu'à mener *o*μ et *o*ν, puis à limiter latéralement par un plan vertical *t'u'* perpendiculaire aux
plans des têtes et supérieurement par un plan horizontal
u'v', *q'r'v'u't'* est le panneau de la première tête ; *m'n'v'u't'*
est le panneau de la seconde tête ; enfin *m'n'r'q'* est
la projection verticale de la douelle cylindrique. Pour
tailler, il faut avoir les panneaux de lit. Veut-on par
exemple le panneau du lit *m't'*, on rabattra son plan autour
de sa trace horizontale oo_1; *m'* vient en M, *q'* en Q, et de
M en Q on a un arc d'ellipse intersection de l'intrados
cylindrique par le plan de lit ; l'arête projetée en *t'* vient
en T_1T et le panneau de lit est $MZQTT_1$. On obtiendrait de
même le panneau de l'autre lit *n'v'*. Le voussoir se taille

par équarrissement. Le solide capable est un prisme
ayant pour base le contour de la projection verticale et
pour hauteur la distance oo_i des deux murs ; on y applique les deux panneaux de lit et les deux panneaux de
tête; puis la douelle se taille en faisant glisser une règle
sur des points de repère placés sur son contour et correspondant aux diverses positions de la génératrice du
cylindre; ces points sont fournis sur l'épure par des parallèles à la ligne de terre, et rien n'est plus simple que
de les transporter sur les panneaux.

137. *Biais passé gauche* dit *double corne de vache.* —
Dans l'épure précédente, l'ellipse MZQ (fig. 197, pl. XXIX)
diffère peu d'une ligne droite, et c'est en la remplaçant rigoureusement par une ligne droite que l'on a été conduit au *biais passé gauche.* Cette droite s'appuie sur les
deux cercles de tête et sur l'axe oo_i, en sorte que l'intrados de la voûte devient, au lieu d'un cylindre, la surface
gauche que l'on étudie en géométrie sous le nom de *biais
passé.*

Tandis que le voussoir I avait un intrados cylindrique,
le voussoir II a une douelle en corne de vache ; les génératrices en projection verticale divergent toutes du
point o. Il faudrait répéter ici tout ce que nous avons dit
dans le numéro qui précède ; nous nous bornerons à signaler les différences :

1° Les panneaux de lit sont complètement rectilignes ;
PY,YS représente le panneau de lit $p'y'$, rabattu autour
de oo_i.

2° Les points de repère nécessaires pour tailler la
douelle se trouvent tous sur les deux têtes, et non plus
à la fois sur quatre côtés du contour de la douelle ; cette
circonstance facilite la taille ; les points de repère se re-
portent immédiatement sur la pierre, tandis que dans le
système précédent il fallait rapporter sur les rabatte-

ments des panneaux de lit ceux qui se trouvaient sur les contours elliptiques des lits.

La circonstance précédente donne une certaine supériorité au biais passé gauche sur le biais cylindrique ; mais en revanche le biais passé gauche offre un inconvénient grave que ne présente pas l'autre appareil. C'est que la voûte en double corne de vache présente vers le milieu une sorte d'abaissement ; il suffit, pour s'en convaincre, de couper par un plan vertical passant par la ligne gh des centres des deux têtes ; la section dont $k'g'h'$ est la projection verticale est une courbe bombée vers le milieu. Ce surbaissement, joint à cette autre circonstance que les sections parallèles aux têtes ne sont plus des cercles, produit un effet très fâcheux ; l'œil est très désagréablement choqué.

138. — Quel que soit celui des deux appareils que l'on considère, les lits sont normaux aux plans de tête, mais ils ne le sont nullement à l'intrados ; l'angle avec l'intrados devient même très aigu pour un bon nombre de voussoirs dès que le biais et la longueur du passage prennent des dimensions un peu considérables. Ajoutons encore que, dans les deux appareils, les panneaux d'une même tête offrent des inégalités choquantes ; sur la première tête, on voit que ces panneaux, petits à gauche, deviennent très grands à droite.

Pour tous ces inconvénients communs aux deux appareils, et pour les inconvénients particuliers à chacun d'eux et déjà signalés, on voit que l'appareil du biais passé cylindrique ou gauche n'est applicable qu'à des voûtes offrant peu de biais et peu de longueur. Mais par quoi le remplacer ?

Au début, au lieu d'attaquer directement le problème, on a au contraire cherché à l'éviter ; on a cherché à tourner la difficulté, plutôt qu'à la vaincre directement. Dans ce but, on a proposé deux systèmes : celui de la *division en zones*, et celui des *arcs droits échelonnés*.

Division en zones.

139. — Ce système consistait à élever d'abord la voûte comme à l'ordinaire jusqu'au joint qui fait un angle de 30° avec l'horizon (ce joint est dit *joint de rupture*), puis à établir le surplus par zones indépendantes parallèles aux têtes. Les zones successives étaient de petites voûtes biaises indépendantes et séparées par un intervalle vide qu'on ne remplissait qu'après le décintrement.

Imaginé par Clapeyron, ce système a été appliqué par Lefort sur le chemin de fer de Versailles (rive droite).

Arches échelonnées.

140. — Cet autre système consiste à remplacer le cylindre biais par une série de voûtes droites A, B, C, D,... (fig. 198, pl. XXIX). Boucher l'a appliqué en 1848 à un point biais établi à Chartres pour supporter le chemin de fer ; seulement au lieu d'accoler les voûtes partielles B, C,... les unes aux autres, il les a séparées par un intervalle *m* rempli par une voûte en retraite et de moindre épaisseur (fig. 199).

Le système des arches échelonnées est en réalité très ancien. On a démoli en 1845 à Amiens un pont ainsi appareillé et qui datait de plusieurs siècles. Relativement à la solidité, ce système ne laisse évidemment rien à désirer, mais il offre en revanche des inconvénients très graves :

1° Il manque totalement d'élégance ; son aspect est lourd et même disgracieux, vu la multiplicité des angles saillants et rentrants.

2° Il y a une énorme quantité de parement vu et par suite une énorme dépense.

3° Enfin, s'il s'agit d'un pont établi sur un cours navigable ou sujet à de fortes crues, les nombreuses arêtes s'épaufrent sous le choc des corps flottants; et même, pour un pont établi sur terre, ces nombreux redans offrent un obstacle réel à la circulation à moins qu'on n'augmente l'ouverture et par suite aussi la dépense qui est déjà trop grande.

Cependant ce système semble avoir repris faveur de nos jours; c'est ainsi qu'ont été construits tous les ponts biais sur le chemin de fer de Bologne à Pistoya sous l'habile direction de Protche. Il est vrai : 1° que ces ponts ont été construits en maçonnerie, ce qui supprime en partie l'inconvénient signalé relativement à la dépense ; 2° que l'intrados est en arc de cercle et non en plein cintre et qu'il ne commence qu'au-dessus du niveau des plus fortes crues, ce qui supprime l'autre inconvénient signalé ci-dessus. La figure 200, pl. XXIX, donne un spécimen de ces ponts, et la figure 201 est une perspective d'un pont du même genre.

Solution exacte du problème des biais.

141. — En somme, les systèmes précédents ne sont au fond que des *fins de non recevoir*, des moyens d'éluder la question au lieu de la résoudre. Il a fallu en venir à attaquer directement le problème.

Nous allons commencer par chercher ici la solution *théorique* exacte, sans nous préoccuper de ce qui a été fait. Puis en modifiant convenablement et successivement cette solution, nous arriverons aux appareils qui ont été réellement construits et que nous étudierons avec détail.

142. — Soit ABDC (fig. 202, pl. XXX) le parallélogramme à recouvrir ; on veut prendre pour intrados un cylindre dont AC et BD sont les génératrices extrèmes et dont la directrice est une courbe donnée AHB dans le premier plan de tète. *Il s'agit de déterminer les lits de manière qu'ils soient constamment normaux à l'intrados et aux plans de tète.*

D'abord pour qu'un lit soit en chacun de ses points normal aux plans de tète, il faut et il suffit que son plan tangent soit constamment parallèle à une droite fixe perdendiculaire à ces plans de tète. Donc ce lit doit être un cylindre perpendiculaire aux plans des tètes.

Ce lit cylindrique coupera le cylindre d'intrados suivant une certaine courbe M_0MM_1 qu'on nomme *ligne d'assise*, et il reste à déterminer cette ligne par la condition que le lit dont elle est la directrice soit constamment normal à l'intrados. Or soit G un point quelconque de ce lit ; par G menons une génératrice GM de ce lit, c'est-à-dire une perpendiculaire aux plans de tète, et soit M le point où cette droite GM rencontre l'intrados de la voûte. Par M, menons : la tangente MT à la section EF parallèle aux tètes, la normale MN à l'intrados, et la tangente MU à la ligne d'assise. Le plan tangent au lit en G est le même qu'en M ; il doit renfermer les trois droites MG, MU, MN. Cela est évident pour les deux premières, qui sont la génératrice et la tangente à la directrice ; et, pour la dernière MN, cela résulte de ce que l'on veut que le lit soit normal à l'intrados. Or la droite MT est évidemment à angle droit sur MG et MN, donc elle est perpendiculaire au plan tangent au lit et par suite à la droit MU. Donc enfin la ligne d'assise M_0MM_1 rencontre à angle droit toutes les sections telles que EF faites par des plans parallèles aux tètes ; c'est, comme on dit, une trajectoire orthogonale des sections parallèles aux tètes.

Ainsi *la solution théorique du problème des biais est un appareil dont les lits seraient des cylindres perpendiculaires aux tètes et rencontrant l'intrados suivant des trajectoires orthogonales des sections parallèles aux tètes.*

D'ailleurs, il est évident que cette orthogonalité des lignes d'assise sur les sections parallèles aux têtes se conserve : 1° en projection sur les plans de tête; 2° sur le développement de l'intrados ; les transformées des trajectoires orthogonales sont les trajectoires orthogonales des transformées des sections parallèles aux têtes. Cette remarque est importante.

143. — Pour pouvoir tirer parti des conclusions précédentes, il faut étudier ces trajectoires orthogonales. C'est ce que nous allons faire en supposant le cylindre d'intrados de révolution; la section droite est alors une demi-circonférence et les courbes de tête sont des demi-ellipses. C'est à la fois la disposition la plus convenable et la plus usuelle.

Ce qu'il importe surtout de connaître c'est la forme des transformées des trajectoires dans le développement de l'intrados. Comme, d'après la remarque précédente, ces transformées coupent orthogonalement les transformées des sections parallèles aux têtes, nous allons commencer par chercher l'équation de ces dernières lignes, et nous en déduirons les autres par un calcul facile.

Nous prenons pour plan horizontal de projection le plan des naissances; soient, sur ce plan, o_1o_2 (fig. 203, pl. XXX) l'axe du cylindre, ae et bf les génératrices extrêmes, ab la trace du plan de la première tête et cf la trace du plan d'une section parallèle aux têtes. L'angle ao_1o_2, que nous désignerons par θ, est dit *l'angle du biais*. Prenons pour plan vertical LT le plan d'une section droite, et sur ce plan vertical traçons le cercle $a'g'b'$ de section droite dont nous désignerons le rayon par R. Cela posé, en prenant $B'A' = \pi R$ et menant A'A, on a la position que prend la génératrice ae dans le développement de l'intrados; la génératrice bf vient en BF, et la génératrice supérieure vient sur o_1o_2 à mi-distance de BF et de AE.

Les transformées BO_1A, FO_2E de la courbe de tête et de la section par le plan *ef* parallèle aux têtes, obtenues en prenant $B'\mu =$ arc $b'm'$ et en menant par m et m_1 des parallèles à LT, sont, comme on sait, deux courbes du genre *sinussoïde*. Cherchons l'équation de la courbe FO_2E en prenant O_1o_1 pour axe des x et O_1O_2 pour axe des y. M étant un point quelconque de FO_2E, m la projection horizontale et m' la projection verticale correspondantes, MP l'ordonnée du point M, on a

$$y = MP = O_1O_2 - Ko_2 = O_1O_2 - Km \cotg \theta,$$

ou, en représentant par d la distance $O_1O_2 = o_1o_2$ qui caractérise la section *ef* que l'on considère, et observant que

$$Km = o'\mu' = R \sin \frac{g'm'}{R} = R \sin \frac{x}{R},$$

on a, pour l'équation de la tranformée FO_2E,

(1) $$y = d - R \cotg \theta \sin \frac{x}{R}.$$

En faisant varier d, on aura les transformées de toutes les sections parallèles aux têtes ; pour $d = 0$, on a

(2) $$y = - R \cotg \theta \sin \frac{x}{R}.$$

C'est l'équation de la transformée BO_1A de la première tête. Toutes les autres se déduisent de celle-là par l'addition d'une quantité constante à l'ordonnée, c'est-à-dire par un transport parallèle suivant la direction O_1y. Ainsi si l'on avait construit, à l'aide de l'équation (2), un patron de la courbe BO_1A, il suffirait de faire glisser ce patron parallèlement à O_1y pour avoir les transformées des diverses sections parallèles aux têtes.

Cherchons maintenant les trajectoires orthogonales de ces transformées. Soit MI l'une de ces trajectoires ; au point M où elle rencontre la sinussoïde FO_2E, la tangente à la sinussoïde a pour coefficient angulaire, d'après l'équation (1),

$$- \cot g \, \theta \cos \frac{x}{R};$$

la tangente à la trajectoire orthogonale MI aura donc pour coefficient angulaire

$$\frac{tg \, \theta}{\cos \dfrac{x}{R}},$$

et l'on aura, pour l'équation différentielle des trajectoires orthogonales,

$$\frac{dy}{dx} = \frac{tg \theta}{\cos \dfrac{x}{R}},$$

d'où

$$dy = R tg \theta \; \frac{d \dfrac{x}{R}}{\cos \dfrac{x}{R}},$$

et, par suite, en intégrant [1] et désignant par C une constante arbitraire,

$$y = C - R \, tg\theta . \log \text{nép} \, tg \left(\frac{\pi}{4} - \frac{x}{2R} \right).$$

_____

(1) L'intégrale $\displaystyle\int \frac{d\dfrac{x}{R}}{\cos \dfrac{x}{R}}$ est connue et se trouve dans tous les traités de calcul intégral ; il est même indispensable de la savoir par cœur. On la trouve en posant

$$\frac{x}{R} = \frac{\pi}{2} - 2u,$$

d'où

$$\int \frac{d\dfrac{x}{R}}{\cos \dfrac{x}{R}} = - \int \frac{du}{\sin u \cos u} = - \int \frac{\dfrac{du}{\cos^2 u}}{tg \, u} = - \log \text{nép} \, tg \, u$$

$$= - \log \text{nép} \, tg \left(\frac{\pi}{4} - \frac{x}{2R} \right).$$

La constante C est la valeur de y pour $x = 0$, puisque pour $x = 0$ le logarithme est nul ; c'est dont l'ordonnée à l'origine O_1I de la trajectoire que l'on considère ; en la désignant par y_0, on a donc finalement, pour l'équation d'une trajectoire quelconque,

$$y = y_0 - R \, tg \, \theta . \log \text{nép} \, tg \left(\frac{\pi}{4} - \frac{x}{2R} \right),$$

ou, en introduisant les logarithmes vulgaires,

(3) $\qquad y = y_0 - 2,30258509 \, R \, tg \, \theta \, . \, \log tg \left(\frac{\pi}{4} - \frac{x}{2R} \right).$

En faisant $y_0 = 0$, on a

(4) $\qquad y = - 2,30258509 \, R \, tg \, \theta \, . \, \log tg \left(\frac{\pi}{4} - \frac{x}{2R} \right).$

C'est l'équation de la trajectoire orthogonale O_1J qui passe par le point O_1, c'est-à-dire, dans l'espace, par le point le plus élevé de la première tête. On voit que toutes les autres se déduisent de celle-là par l'addition d'une quantité constante aux ordonnées, c'est-à-dire par un transport parallèle suivant la direction O_1y. Ainsi, si, à l'aide de l'équation (4), on avait construit un patron de la trajectoire O_1J, il suffirait de faire glisser ce patron parallèlement à O_1y pour tracer toutes les diverses trajectoires orthogonales.

On voit sur l'équation (3) que, pour $x = + \frac{\pi}{2} R$, on a $y = + \infty$, et, pour $x = - \frac{\pi}{2} R$, $y = - \infty$, ce qui prouve que toutes les trajectoires orthogonales ont pour asymptotes le prolongement de la droite BF et le prolongement de la droite EA ; cette propriété est fondamentale. Remarquons, en outre, qu'elles ont toutes une inflexion au point où elles rencontrent la droite O_1O_2 ; car la dérivée seconde change de signe pour $x = 0$, comme on le constate sans peine.

Connaissant les trajectoires orthogonales sur le développement, on les aurait ensuite en projection horizontale et en projection verticale sur tel plan vertical qu'on voudrait, en les reportant point par point. Bien que ce retour du développement aux projections soit des plus aisés, comme nous aurons constamment à appliquer ce tracé dans toute la théorie du pont biais, nous allons l'expliquer une fois pour toutes :

Un point quelconque N étant donné sur le développement de l'intrados, trouver la projection horizontale n et la projection verticale n'_1 sur le plan de tête L_1T_1 du point du cylindre d'où provient N ?

On mène sur le développement la génératrice $NM\mu$ du point N. On en déduit la projection horizontale $\mu'mm_1$ de la génératrice de l'intrados qui correspond à $NM\mu$, soit en prenant sur la section droite arc $g'm' = \gamma\mu$, projetant m' en μ' et menant la parallèle $\mu'mm_1$, à $o'o_1$, soit en reportant en m_1 sur ab le point M_1, où μMN rencontre la transformée BA de l'arc de tête, et menant par m_1 la parallèle à o_1o'. Connaissant $m_1\mu'$, en menant par N la parallèle à O_1o_1, on obtient la projection horizontale n du point cherché ; pour avoir n'_1, on abaisse une perpendiculaire nv sur L_1T_1 que l'on prolonge d'une quantité vn'_1 égale à la cote $\mu'm'$ du point considéré, cote fournie par la section droite ; ou bien, on projette m_1 en m'_1 sur la tête, on mène l'horizontale $m'_1n'_1$ qui est la projection verticale de la génératrice m_1m, et l'on mène la ligne de rappel nvn'_1 du point n.

C'est en opérant ainsi qu'on a construit : 1° la projection horizontale o_1sj de la trajectoire orthogonale dont O_1SJ est la transformée ; cette courbe à fb' pour asymptote ; 2° la projection verticale $g'_1n'_1j'_1$ de la même trajectoire ; cette courbe a T_1L_1 pour asymptote ; elle offre en g'_1 un rebroussement et ses deux branches sont tangentes en g'_1 à $o_1g'_1$. On les voit mieux sur la figure 204, où on les a tracées en traits forts.

Maintenant que nous connaissons la solution théorique

exacte, nous allons étudier les systèmes qui ont été réellement employés. Nous serons ainsi tout à fait en mesure d'apprécier leur valeur. Les systèmes employés sont au nombre de deux que l'on désigne sous les noms d'*appareil orthogonal* et d'*appareil hélicoïdal*.

Appareil orthogonal.

141. — L'appareil orthogonal ne diffère de l'appareil théorique qu'en ce que *les lits,* au lieu d'être des cylindres perpendiculaires aux têtes, *sont des surfaces gauches engendrées par les normales à l'intrados le long des lignes d'assise;* ces lignes d'assise sont d'ailleurs comme dans l'appareil théorique les trajectoires orthogonales des sections parallèles aux têtes. Ce lit gauche et le lit cylindrique qu'indiquait la théorie se raccordent évidemment tout le long de la ligne d'assise commune; car en un point quelconque de cette ligne le plan tangent à chacun d'eux contient la normale à l'intrados et la tangente à la ligne d'assise. Ainsi dans l'appareil orthogonal les lits sont encore normaux à l'intrados et aux plans de tête tout le long de la ligne d'assise. Mais si l'on prend un point quelconque du lit gauche, non situé sur l'intrados, le plan tangent tout en restant normal à l'intrados ne reste plus perpendiculaire aux plans de tête, puisque le plan tangent varie aux divers points d'une génératrice d'une surface gauche. Toutefois cette variation n'est que très faible, vu le petit intervalle qui sépare l'intrados de l'extrados. Au point de vue de la stabilité, cet appareil orthogonal est donc aussi satisfaisant que possible.

Entrons dans les détails de l'épure.

Soient *ab* (fig. 204, pl. XXX) et *cd* les traces horizontales, parallèles entre elles, des deux plans de têtes; *ac* et *bd* les génératrices de naissance de l'intrados, lequel est un cylindre de révolution dont *ag'b* est la section droite rabattue ; prenons pour plan vertical un plan LT parallèle aux têtes, et soient $a'g'b'$ et $c'd'$ les projections, en vraie grandeur, des ellipses de tête ab et cd ; ces ellipses égales ont leur grand axe égal à ab ou cd et leur demi-petit axe vertical égal au rayon du cylindre.

On développe l'intrados, en reportant un peu à droite pour plus de clarté la génératrice bd qui sert de charnière. Sur ab_1 prolongée, on prend B_1A égal à la longueur *calculée* πR de la section droite ag'_1b_1 ; sur les perpendiculaires B_1B, AC, O_1H élevées par les extrémités et par le milieu de B_1A, et qui représentent les génératrices extrèmes et la génératrice supérieure de l'intrados, on reporte, par des parallèles à ab_1, les points b,c,d,g,h en B,C,D,G,H. Enfin on trace les transformées BGA, DHC des deux courbes de tête, en les construisant par abscisses et ordonnées d'après les formules données au n° 143. On divise la courbe BGA en un nombre *impair* de parties égales, aux points 1, 2, 3,..., 14, et par ces points on mène des parallèles à BD qui diviseront la seconde courbe DHC en un même nombre de parties égales que l'on marque 1, 2, 3 ..., 14.

A l'aide des formules du n° 143, on construit la trajectoire orthogonale JG qui passe par G ; on en construit le patron ; puis, à l'aide de ce patron que l'on fait glisser parallèlement à lui-même dans la direction BD, on trace les trajectoires orthogonales qui passent par les points 1, 2, 3,... de la sinussoïde BGA. Malheureusement ces trajectoires ne vont pas aboutir à des points de division de la sinussoïde DHC. Aussi trace-t-on les trajectoires partant des points 1,2,3,... de la seconde sinussoïde DHC et appareille-t-on les deux têtes indépendamment l'une de l'autre ; comme les trajectoires vont en se rapprochant beaucoup près de l'angle aigu B de la culée, il faudra que, vers les naissances, chaque voussoir de tête de l'angle aigu corresponde à deux ou trois voussoirs de l'angle

obtus ; les joints discontinus sont formées par des plans
parallèles aux têtes, et l'on voit que, par suite de la nécessité d'appareiller les têtes indépendamment, on a sur
certains voussoirs intermédiaires des redans disgracieux
et qui compliquent encore la taille ; il y a donc en définitive un grand soin à prendre pour appareiller.

Le développement de l'intrados étant terminé, on en
déduit par le procédé indiqué au n° 143, le tracé de toutes les lignes de douelle en projection horizontale et en
projection verticale sur le plan LT. Si l'on veut alors avoir
les projections complètes d'un voussoir, du voussoir dont
la douelle est 1. 2. λ. φ par exemple, il faudra chercher
les intersections des lits gauches, formés par les normales à l'intrados le long de 2. λ et de 1. φ, avec le plan de
tête, le plan parallèle aux têtes qui termine postérieurement le voussoir, et enfin avec l'extrados. Toutes ces opérations sont un peu longues, mais ne présentent aucune
difficulté. Nous ne les effectuerons pas, parce qu'on a
senti bien vite la nécessité de simplifier un peu cet appareil, sans altérer son caractère. Nous nous bornerons à
représenter le voussoir dans ce système ainsi rendu plus
pratique à l'aide de quelques modifications.

145. *Appareil orthogonal simplifié. Déviation des trajectoires. Lits plans.* — Après avoir tracé, comme ci-dessus
les sinussoïdes de tête et les avoir divisées en parties égales, on mène les trajectoires, comme nous l'avons dit, par
les points de division de l'une et de l'autre sinussoïde ; on
n'en utilise que les parties voisines des têtes, puis on
raccorde ces parties par un arc de courbe que l'o.. trace
avec le patron même qui sert à tracer toutes les trajectoires ; ainsi les trajectoires véritables 11.x.x' et 14.β.β'
ont été utilisées l'une de 11 à x, l'autre de 14 à β, et de
β en x on a raccordé à l'aide d'un arc βx tracé avec le patron.

Le développement de l'intrados étant fait et les trajectoires ainsi rectifiées étant toutes tracées, considérons le voussoir correspondant à la douelle MNPQ, repor-
tons cette douelle en *mnpq* sur la projection horizontale et
en *m'n'p'q'* sur le plan vertical LT.

Le lit gauche correspondant à QM couperait le plan
de tête suivant une courbe qui serait normale à l'ellipse
de tête en *m'* ; car au point M le lit est normal à l'intrados
et au plan de tête, et par suite à leur intersection qui est
l'ellipse de tête ; d'ailleurs cette courbe s'écartant peu de
sa tangente, dans un espace aussi restreint que la distance qui sépare l'intrados de l'extrados, on peut sans inconvénient remplacer, et *l'on remplace en effet* cette courbe
du lit sur la tête par la normale *m's'* à l'ellipse de tête ; en
outre on remplace le lit gauche par un plan passant par
cette tangente *m's'* et par le point Q ou *(q,q')* ; par suite
le lit plan rencontre la face postérieure du voussoir qui
est parallèle au plan de tête suivant une droite *q'r'* parallèle à *m's'*. On opère de même pour l'autre lit correspondant à PN, et l'on obtient pour ses limites, la
droite *n'v'* normale en *n'* à l'ellipse *a'g'b'* et la parallèle
p'l'. Enfin on termine le voussoir par un plan horizontal
u't's'r' et par une petite face latérale verticale *u't'l'v'*.
La projection verticale complète du voussoir est donc
m'n'p'q'r's't'u'v'l'. La taille n'offre aucune difficulté puisqu'on a immédiatement les panneaux de tête, avant et
arrière, et que les panneaux de lit étant plans s'obtiennent par un simple rabattement.

140. — Quoi qu'il en soit, et indépendamment de ces
simplifications, l'appareil orthogonal offre toujours cet inconvénient grave que non seulement les voussoirs de tête,
mais tous les voussoirs courants diffèrent entre eux, vu la
distance constamment variable qui sépare les lignes d'assise les unes des autres. On a beau ne faire que les têtes

en pierre de taille, et remplacer chaque cours de voussoirs intermédiaire tel que QPP_1Q_1 par un double cours de
moellons, l'épaisseur de ces moellons devra constamment
varier entre PQ et P_1Q_1. Ajoutons que le tracé des trajectoires sur les cintres est une opération difficile et qui
exige beaucoup de soin. Cette opération est d'ailleurs indispensable ; il faut marquer sur le cintre toutes les
lignes de division de l'intrados. On commence par placer
les génératrices, puis on marque sur chaque génératrice
les points où les trajectoires les rencontrent ; enfin on
place les lignes de joints transversaux. Il faut numéroter
et repérer sur le cintre la position de tous les voussoirs
et de tous les moellons ; il va sans dire que les joints lon-
gitudinaux des moellons seront taillés comme faces planes
vu leur peu d'étendue.

Pendant que l'appareil orthogonal, introduit dans l'art
de construire sous les auspices de Clapeyron, Lefort
et Lamé, était appliqué en France et simplifié comme
nous venons de le dire, les Anglais le modifièrent bien
plus radicalement, de manière à le transformer en un appareil véritablement nouveau qu'on nomme *l'appareil hélicoïdal* et qui fut bientôt en France substitué à l'appareil
orthogonal. Les Anglais construisant en briques, l'inconvénient de l'appareil orthogonal était pour eux bien plus
grave, car il fallait un moule spécial pour chaque brique ;
il leur fallait en quelque sorte de toute nécessité un appareil dont toutes les parties, sauf les voussoirs de tête,
fussent identiques ; c'est la condition qu'ils prirent pour
base de leurs recherches et qui les conduisit à *l'appareil
hélicoïdal.*

Appareil hélicoïdal.

147. — Soient : *abcd* (fig. 205, pl. XXXI) l'espace à
recouvrir ; *ab* et *cd* les traces horizontales des plans de

tête, *ac* et *bd* les génératrices des naissances de l'intrados. Nous prenons pour cet intrados un cylindre de révolution ; seulement, pour plus de généralité, nous supposerons que la section droite qui est rabattue en $a_1g_1b_1$ est
un *arc de cercle* dont nous désignerons l'angle au centre
par 2ω ; il suffira de faire $\omega = \frac{\pi}{2}$ pour le cas du plein cintre qui sera donc contenu dans le cas actuel comme cas
particulier.

On développe l'intrados en ACDB comme il a été dit
déjà plusieurs fois ; seulement il faudra prendre ici $\alpha\beta$
égal non à πR, R étant le rayon du cylindre, mais égal à
la longueur *calculée* $2R\omega$ de l'arc $a_1g_1b_1$.

Menons les cordes AGB, CHD des sinussoïdes, et divisons *ces cordes* en un même nombre impair de parties égales aux points 1,2,3,...,8. Abaissons du point C la perpendiculaire CE sur AB ; son pied E tombera généralement
entre deux point de division ; il tombe ici entre 4 et 3 ;
joignons le point C à celui de ces deux points 4 et 3 qui est
le plus voisin de A, en sorte que l'angle AC3 est moindre
que ACE tout en différant à peine de cet angle. Alors en
menant par les points de division de l'une des cordes des
parallèles à C3, ces parallèles passent évidemment par
des points de division de l'autre corde. Cela posé, ce sont
ces lignes parallèles que l'on prend pour *transformées*
des lignes d'assises et qui servent de directrices aux lits,
lesquels sont d'ailleurs engendrés par des normales à l'intrados. Comme, par l'effet de l'enroulement, les droites
C.3, 1.4, 2.5,... donnent des hélices sur le cylindre, les
lits seront des surfaces de vis à filet carré. Quant aux
transformées des lignes de joints transversaux, ce sont
de petites droites à angle droit sur les précédentes, et
espacées de manière à ce que la découpe soit convenablement observée ; ces petites droites en s'enroulant donneront des arcs d'hélices et les joints transversaux engen-

drés à leur tour par des normales à l'intrados le long de ces hélices seront encore des surfaces de vis à filet carré. Tel est l'appareil hélicoïdal.

L'appareil hélicoïdal, tel que nous venons de le décrire, ne s'exécute plus guère de nos jours qu'en Angleterre où, comme nous l'avons dit, on emploie la brique. En France et dans tous les pays où l'on emploie la pierre, on y a à peu près renoncé vu la difficulté de la taille ; on l'a modifié très heureusement sans altérer son caractère et c'est cet appareil modifié dont les têtes sont seules en pierre de taille et sont à lits plans qui est aujourd'hui et avec raison exclusivement employé. C'est donc cet appareil hélicoïdal simplifié qui mérite d'être étudié dans ses détails pratiques. Mais avant d'entreprendre sa description, il faut revenir sur l'appareil hélicoïdal primitif, l'étudier de plus près sous le rapport théorique, de manière à pouvoir ensuite apprécier en connaissance de cause les simplifications qu'on lui a fait subir.

148. — D'abord on voit que cet appareil répond parfaitement au but que les Anglais s'étaient proposé. En effet chaque lit étant une surface de vis à filet carré et cette surface étant, comme on sait, partout identique à elle-même, enfin les hélices d'assises étant partout équidistantes, on voit que tous les voussoirs, sauf les têtes, sont identiques, et qu'un même voussoir peut occuper toutes les positions dans la voûte ; on peut donc construire la voûte avec des briques moulées toutes dans un moule unique.

Passons à la question de stabilité. On peut d'abord s'en rendre compte à peu près, en comparant cet appareil avec l'appareil orthogonal dont il dérive. Les sinussoïdes diffèrent peu de leurs cordes, et l'on peut évidemment substituer aux trajectoires orthogonales des sinussoïdes les trajectoires orthogonales de leurs cordes ; mais ces trajectoires

orthogonales des cordes seraient précisément des parallèles à CE ; il est vrai qu'on n'a pas adopté CE pour la direction des lignes d'assises ; on a substitué à cette direction CE la direction C3 qui permet de faire correspondre
les uns aux autres les points de division des deux têtes,
ce qui simplifie notablement l'appareil (n° 144) ; mais
cette direction C3 ne diffère que d'une manière presque
insignifiante de CE, vu le grand nombre de divisions de
la tête. Ainsi se trouve sommairement justifié l'appareil
hélicoïdal.

Toutefois pour plus d'exactitude, on devra avoir égard
aux deux prescriptions suivantes :

1° Il convient d'employer pour section droite *un arc* de
cercle et non un demi-cercle ; c'est, en effet, dans ce cas,
que les sinussoïdes ne diffèrent pas sensiblement de leurs
cordes, attendu qu'on ne prend plus alors de ces courbes
que les parties voisines de leur point d'inflexion G, ou H.
Si donc on prenait CE pour direction des lignes d'assises,
et non pas C3, on conçoit que l'on aurait une exactitude
sensiblement comparable à celle de l'appareil orthogonal ; mais la simplicité qu'entraîne dans tout l'appareil le
choix de C.3 compense et au-delà le petit désavantage
théorique qu'il y aurait à prendre CE, attendu d'ailleurs
que les angles ACE et AC3 diffèrent très peu dans la
pratique.

2° Il faut, comme nous l'avons dit, prendre des deux
points de division 3 et 4 qui comprennent E, non pas le
plus voisin, comme on le dit dans certains livres, mais
celui qui est entre E et A, de façon que l'angle AC3
qu'on nomme *angle intradossal rectifié* soit moindre que
l'angle ACE qu'on nomme *angle intradossal naturel*. En
d'autres termes, et c'est là notre seconde prescription,
il faut diminuer l'angle intradossal naturel.

Pour le montrer, commençons par calculer l'angle intradossal naturel $ACE = \mu$ en fonction du biais θ et de

l'angle au centre 2ω de l'arc de cercle de section droite.
On a

$$\text{tg ACE} = \text{tg GAI} = \frac{\text{GI}}{\text{AI}} = \frac{g\text{K}}{\text{arc } a_1 g_1} = \frac{a_1 \text{K}_1 \text{cotg}\theta}{\text{R}\omega} = \frac{\text{R}\sin\omega\,\text{cotg}\theta}{\text{R}\omega},$$

c'est-à-dire enfin

(1) $$\text{tg } \mu = \frac{\sin\omega}{\omega}\,\text{cotg }\theta.$$

On voit par cette formule que l'angle intradossal naturel
μ ne dépend pas du rayon de l'intrados. Donc l'obliquité
μ qu'il faudrait donner aux hélices pour les rendre normales aux cordes des sinussoïdes serait la même pour tous
les cylindres circulaires de même axe que l'intrados. Or
ce n'est pas sur l'intrados qu'il convient surtout que les
hélices directrices des lits soient normales aux cordes ;
c'est plutôt sur un cylindre intermédiaire entre l'intrados
et l'extrados, vers le milieu de la voûte, là en un mot
où s'exercent les pressions. Or je dis qu'on arrive précisément à produire ce résultat en prenant un angle intradossal rectifié moindre que l'angle intradossal naturel.
En effet, soit m l'angle intradossal rectifié adopté, c'est-à-
dire l'angle de l'hélice intradossale qui sert de directrice
au lit avec la génératrice du cylindre ; si R_1 est le rayon
d'un cylindre concentrique à l'intrados et plus grand que
lui, ce cylindre coupera le lit qui est une surface de
vis à filet carré suivant une hélice de même pas h que l'hélice intradossale ; si donc on désigne par m_1 l'inclinaison
de cette hélice nouvelle sur les génératrices de ce cylindre R_1, on aura

$$\text{tg } m_1 = \frac{2\pi\text{R}_1}{h},$$

tandis qu'on avait, pour l'hélice intradossale,

$$\text{tg } m = \frac{2\pi\text{R}}{h}.$$

On en déduit, en divisant,

$$\text{tg } m_1 = \frac{\text{R}_1}{\text{R}}\,\text{tg } m.$$

Comme R_1 est supérieur R, on voit que m_1 est supérieur à m. Donc si l'on considère les hélices suivant lesquelles un même lit coupe les cylindres successifs concentriques à l'intrados, on voit que l'inclinaison de ces hélices sur les génératrices va en augmentant à mesure que le rayon du cylindre augmente, c'est-à-dire quand on passe de l'intrados à l'extrados. Donc si l'on part sur l'intrados, comme nous l'avons recommandé, d'un angle intradossal rectifié m un peu inférieur à l'angle naturel μ, cet angle se rapprochera de la valeur μ sur les cylindres suivants, lui deviendra égal, pour le dépasser ensuite et être un peu plus grand que lui à l'extrados. La normalité des lignes d'assises sur les cordes sera donc réalisée sur un cylindre intermédiaire entre l'intrados et l'extrados, ce qui est, comme nous l'avons fait observer, la meilleure condition pour la stabilité de la voûte.

Ainsi en résumé pour que l'appareil hélicoïdal possède avec plus de simplicité dans la disposition les avantages théoriques de l'appareil orthogonal, *il faut : 1° que la voûte soit en arc de cercle et non en plein cintre ; 2° que l'angle intradossal rectifié soit un peu moindre que l'angle intradossal naturel.*

Nous allons retrouver ces deux conditions d'une manière plus précise :

En un point quelconque d'un lit, le plan tangent à ce lit est normal à l'intrados. On nomme *points d'équilibre* de ce lit les points où le plan tangent est normal aux plans de tête ; ce sont les points où le lit est dans les conditions imposées à tout bon appareil ; on nomme *courbe d'équilibre* d'un lit le lieu des points d'équilibre de ce lit. Le lit étant une surface de vis à filet carré, le lieu des points, où le plan tangent est parallèle à la droite gg_1 du plan horizontal, n'est autre que la courbe de contact du cylindre circonscrit parallèle à gg_2 ; nous savons que c'est une hélice dont la projection sur le plan de section droite est le cercle décrit sur $o_1\psi_1$ comme diamètre, $o_1\psi_1$ étant la perpendiculaire à la projection a_1b_1 de gg_1 et égale à $\dfrac{h\,\mathrm{tg}\left(\frac{\pi}{2}-\theta\right)}{2\pi}$, où h désigne le pas de l'hélice d'intrados qui est la directrice du lit. Or on a $\mathrm{tg}\,m=\dfrac{2\pi R}{h}$; donc $o_1\psi_1=\mathrm{R}\,\mathrm{cotg}\,\theta\,\mathrm{cotg}\,m$.

Remarquons que si l'on eût opéré sur un autre lit, on eût trouvé le même cercle; donc le cylindre dont le cercle $o_1\psi_1$ est la section droite est le *lieu des points d'équilibre de tout l'appareil*. En particulier, l'ellipse suivant laquelle ce cylindre est coupé par le plan de tête sera la courbe d'équilibre sur le plan de tête; cette ellipse $o'u'\psi$ est facile à tracer sur le plan vertical LT; elle est tangente en o' au grand axe de l'ellipse de tête; son demi petit axe est $o'\psi = o_1\psi_1 = \mathrm{R}\,\mathrm{cotg}\,\theta\,\mathrm{cotg}\,m$, et son demi grand axe est $u'v' = ug$. La seule partie utile de cette ellipse est la partie $p'\psi q'$ qui est au-dessus de l'ellipse de tête : tous les points de cet arc $q'\psi p'$ sont dans des conditions parfaites; les points voisins sont dans de bonnes conditions, les points éloignés de cet arc sont dans des conditions mauvaises.

La voûte serait donc mauvaise si l'arc $q'\psi p'$ n'existait pas, c'est-à-dire si le point ψ était au-dessous de g'. Cherchons donc la condition pour que ψ soit au-dessus de g'; il faut qu'on ait

$o'\psi > o'g'$ ou $\mathrm{R}\,\mathrm{cotg}\,\theta\,\mathrm{cotg}\,m > \mathrm{R}$ ou $\mathrm{tg}\,m < \mathrm{cotg}\,\theta$. Si l'angle intradossal n'avait pas été rectifié, c'est-à-dire si l'on avait $m = \mu$, comme on a $\mathrm{tg}\,\mu = \dfrac{\sin\omega}{\omega}\mathrm{cotg}\,\theta$, on voit que la condition serait satisfaite; elle sera donc satisfaite si l'on a diminué l'angle intradossal, c'est-à-dire si l'on a $m < \mu$; mais on voit en même temps que l'on ne pourrait pas affirmer qu'elle est satisfaite si l'on avait augmenté l'angle intradossal. Ainsi pour que la voûte soit dans de bonnes conditions d'équilibre, il *faut* comme nous l'avons prescrit, *diminuer en le rectifiant l'angle intradossal naturel.*

Cette précaution étant prise, l'arc $p'\psi q'$ existera toujours ; mais que faut-il en outre pour être dans *les meilleures conditions* de stabilité? Il faut ne prendre de l'appareil que les parties voisines de l'arc $p'\psi q'$. Donc il faut que la ligne des naissances ne soit pas beaucoup au-dessous de l'horizontale $p'q'$; en d'autres termes, comme nous l'avons dit, il convient de faire la voûte en arc de cercle et non en plein cintre.

Les points p' et q' prennent les noms de *points d'équilibre de l'ellipse de tête.* On peut les construire directement sans tracer l'ellipse d'équilibre. En effet, remarquons que la tangente en q_1 au cercle $a_1 g_1 b_1$ de section droite passe par ψ_1 (cela résulte de la construction des tangentes au cercle par un point extérieur) ; donc le plan tangent au cylindre d'intrados suivant la génératrice qui a son pied en q_1 contient la parallèle aux génératrices menée par ψ_1 ; donc l'intersection de ce plan tangent avec le plan de tête ab c'est-à-dire la tangente à l'ellipse de tête au point d'équilibre $(q_1 q')$ a pour projection $q'\psi$; ainsi les tangentes en p' et q' à l'ellipse de tête passent par ψ, et si l'on savait construire ce point ψ, il suffirait de mener de ce point des tangentes à l'ellipse de tête. Or, soient F' et F les foyers géométriques de l'ellipse de tête, on a pour les demi axes de cette ellipse $\dfrac{R}{\sin\theta}$ et R, et, par suite,

$$o'F' = \sqrt{\frac{R^2}{\sin^2\theta} - R^2} = R \operatorname{cotg} \theta.$$

Donc

$$o'\psi = o'F' \operatorname{cotg} m,$$

et l'on aura ψ en menant par F' une droite faisant avec F'o' un angle égal à $\dfrac{\pi}{2} - m$ complément de l'angle intradossal rectifié.

En un point quelconque M de l'ellipse de tête (fig.
206, pl. XXXI) passent trois courbes fondamentales :
l'hélice d'intrados, l'ellipse de tête et le *joint de tête*,
c'est-à-dire l'intersection du lit et du plan de tête ; les
tangentes MH, MT, MJ à ces trois courbes forment un
trièdre dont les faces

JMT, TMH, HMJ

sont respectivement le plan de tête, le plan tangent à
l'intrados et le plan tangent au lit ; ce dernier étant normal à l'intrados, l'angle dièdre H est toujours droit. Ce
qui caractérise les points d'équilibre, c'est que l'angle
dièdre J (angle du lit et du plan de tête) y est droit. Il
en résulte qu'en ces points la droite MT intersection des
deux plans JMT, HMT normaux à JMH est normale à ce
plan JMH. Ainsi, aux points d'équilibre, l'hélice et le
joint sont normaux l'un et l'autre à l'ellipse de tête, et
par suite se projettent sur ce plan de tête suivant la normale à l'ellipse de tête.

Ainsi, en revenant à la figure 205, si l'on mène la normale $q'\varphi$ à l'el... e de tête en q', c'est-à-dire la perpendiculaire à $q'\psi$, cette droite $q'\varphi$ est tangente à la fois à la
projection verticale de l'hélice d'intrados et au joint de
tête qui partent de q'.

Ce point φ nous sera très utile.

Il est à remarquer que si l'on mène un cercle par q',
F et F', ce cercle passe en p', et les points où il coupe le
petit axe étant joints à q' donnent deux droites également
inclinées sur q'F' et q'F (d'après la mesure des angles
inscrits) ; donc ces droites sont la tangente et la normale en q' ; donc les points où le cercle en question coupe
le petit axe sont précisément les points φ et ψ.

Ces points ψ et sont ce qu'on appelle *le foyer supérieur*
et le foyer inférieur du pont biais, et l'on voit que les deux
foyers du pont biais, les deux points d'équilibre, et les

deux foyers géométriques de l'ellipse de tête sont sur
une même circonférence.

Il en résulte que l'angle ψF'φ est droit et par suite que
o'F'φ = m. Donc on aura immédiatement le point φ en
menant par F' une droite F'φ faisant avec o'F' un angle
égal à l'angle intradossal rectifié m.

149. — Nous allons maintenant établir les propriétés
géométriques de l'arche biaise, et voir le rôle important
des foyers par rapport aux tracés.

Théorème I. — *Les tangentes aux joints de tête, aux
points de rencontre de ces lignes et de l'ellipse de tête, passent
toutes par le foyer inférieur φ.*

Prenons pour plan vertical un plan de section droite.
Soit ab (fig. 207, pl. XXXI) la trace horizontale du plan
de tête, o la projection horizontale du petit axe de l'ellipse de tête, o'z' sa projection verticale, (m, m') le point
de rencontre d'un joint de tête et de l'ellipse de tête.

Le plan tangent à la surface de lit contient la tangente à l'hélice d'assise qui passe par (m, m'). Cette tangente est projetée verticalement suivant la tangente m't'
à la section droite et sa trace (t, t') sur le plan de front
du point o, c'est-à-dire la sous-tangente sur ce plan, est
telle que

$$\frac{m't'}{m\mu} = \operatorname{tg} m,$$

puisque l'hélice fait l'angle m avec les génératrices du
cylindre. Le plan tangent à la surface de lit contenant
aussi la normale en (m, m') à l'intrados, sa trace sur le plan
de front du point o est la parallèle à o'm' menée par t'.
Le point φ projeté en o est donc le point où la tangente
en (m, m') au joint de tête rencontre le petit axe de l'ellipse de tête.

Les triangles semblables $o'\mu'm'$, $m't'\lambda$ donnent

$$\frac{m'\lambda}{R} = \frac{m't'}{o'\mu'}$$

ou

$$\frac{o'\varphi}{R} = \frac{m\mu\,\text{tg}\,m}{o\mu} = \cot\theta.\,\text{tg}\,m,$$

d'où

$$o'\varphi = R\cot\theta.\,\text{tg}\,m;$$

ce qui démontre le théorème.

Théorème II. — *Les normales aux projections des hélices d'intrados sur le plan de tête, aux points de rencontre de ces courbes et de l'ellipse de tête, passent toutes par le foyer supérieur ψ.*

Le plan normal à l'hélice en (m, m') (fig. 207) a pour trace sur le plan de front du point o une parallèle $\psi n'$ à $o'm'$, qui coupe $m't'$ en un point n' situé par rapport à m' du côté opposé à t', et tel que

$$m'n'.\,m't' = \overline{m\mu}^2;$$

en outre, ψ projeté horizontalement en o est un point de la trace du plan normal à l'hélice sur le plan de tête.

Menons à $m't'$ la parallèle $\psi\omega$; les triangles semblables $o'\omega\psi$, $o'm'\mu'$ donnent

$$\frac{\psi o'}{R} = \frac{\psi\omega}{o'\mu'}$$

ou

$$\frac{\psi o'}{R} = \frac{m'n'}{o\mu} = \frac{\overline{m\mu}^2}{m't'.\,o\mu} = \frac{\overline{m\mu}^2}{m\mu\,\text{tg}\,m.\,m\mu\,\text{tg}\,\theta} = \frac{1}{\text{tg}\,m\,\text{tg}\,\theta},$$

d'où

$$\psi o' = R\cot\theta.\,\cot m.$$

La trace du plan normal à l'hélice sur le plan de tête, étant une normale à la courbe, est perpendiculaire à la tangente; donc, en projetant la tangente sur le plan de tête, elle sera perpendiculaire à la droite qui joint le point ψ au point M (m, m'), et le théorème est démontré.

Le théorème 1, fondamental dans la théorie des ponts biais est dû à de la Gournerie, ingénieur des Ponts et chaussées (*Annales des Ponts*, 1851), auquel il a été suggéré par une remarque d'un ingénieur anglais Watson Buck. Celui-ci avait observé que, dans toutes les épures à grande échelle, les cordes des joints de tête allaient sensiblement concourir en un même point ; le théorème est faux pour les cordes, il est vrai pour les tangentes.

Appareil hélicoïdal simplifié.

150. — Dans cet appareil qu'on peut appeler la *solution pratique des ponts biais*, les voussoirs de tête, les coussinets (c'est-à-dire les voussoirs situés le long des génératrices de naissance et qui font à la fois partie de la voûte et des piédroits), et les angles des piédroits sont *seuls* en pierre de taille ; à chacune de ces pierres correspondent, tant sur la voûte que sur les piédroits, *deux cours* de moellons piqués. Un voussoir de tête quelconque est limité postérieurement par une face parallèle au plan de tête ; les courbes des lits sur la tête sont remplacées par leurs tangentes, qui divergent du foyer inférieur ; quant aux portions de lit relatives aux voussoirs de tête, ce sont des plans menés par ces tangentes et par les cordes des portions d'hélices d'intrados comprises entre la face de tête et la face postérieure parallèle ; enfin, pour produire la découpe, tous les voussoirs de tête ne se terminent pas postérieurement à un même plan parallèle aux têtes, mais ils se terminent alternativement à deux plans parallèles au plan de tête. Entrons dans les détails (fig. 208, pl. XXXII).

Le plan horizontal est le plan des naissances ; soient ac et bd les deux génératrices de naissance, et ab la trace du premier plan de tête. Soit $a''k''b''$ la section droite de l'intrados rabattue ; c'est une portion du demi-cercle $e''k''g''$. Soit $l''s''r''$ la section droite de l'extrados.

Développons l'intrados comme nous l'avons déjà expliqué ; divisons en un nombre impair de parties égales la corde de la sinussoïde AB transformée de la courbe de tête. Déterminons, comme nous l'avons déjà dit pour l'appareil hélicoïdal, l'angle intradossal naturel ; diminuons-le et par les points de division 1, 2, 3, ..., 8 menons des parallèles $1A_1$, $2.u$, $3.v$,... à la droite qui forme l'angle intradossal rectifié. Par le point A_1, menons la sinussoïde A_1B_1 qui n'est autre que la sinussoïde AB transportée parallèlement à elle-même, et qui est la transformée de la section a_1b_1 parallèle aux têtes ; menons un second plan a_2b_2 parallèle aux têtes, voisin de a_1b_1 et situé entre ab et a_1b_1, et traçons la sinussoïde correspondante A_2B_2. Nous limiterons alternativement les voussoirs de tête au plan a_1b_1 et au au plan a_2b_2, en sorte que les douelles d'intrados de ces voussoirs seront alternativement limitées aux sinussoïdes A_1B_1 et A_2B_2 ; ainsi la douelle MNPQ est limitée à A_1B_1, tandis que les deux douelles adjacentes à droite et à gauche sont limitées à A_2B_2 ; nous n'avons tracé en *trait plein* que les portions utiles de ces deux sinussoïdes. Les parties A_2A_1, A_1Ju,..., BB_1W,... sont les douelles d'intrados des coussinets, lesquels font en même temps partie des piédroits. Chaque voussoir de tête est suivi d'un double cours de moellons ; les joints discontinus de ces moellons sont en développement des droites normales à celles qui représentent les traces formées par les joints continus ; il en est de même pour les joints, tels que uv, des coussinets non situés près des têtes.

Le développement de l'intrados étant établi, on reporte les lignes de division : 1° en projection horizontale ; 2° en projection verticale sur un plan LT parallèle aux têtes. Sur cette dernière projection, que nous nommerons *l'élévation de l'arche*, la tête est représentée par les deux arcs d'ellipses $a'k'b'$, $l's'r'$, intersections de l'intrados et de l'extra-

13

dos par le plan vertical *ab*. Le passage du développement
au plan et à l'élévation a été expliqué au n° 143. On détermine en outre sur l'élévation le foyer inférieur ? de
l'arche, d'après la construction donnée au n° 148.

151. — Occupons-nous d'abord d'un voussoir quelconque, celui dont la douelle est développée en MNPQ et se
projette en plan sur *mnpq* et en élévation sur *m'n'p'q'* ;
p' q' est un arc de l'ellipse suivant laquelle l'intrados est
coupé par le plan *a,b,* parallèle au plan de tête ; cette ellipse n'est autre que l'ellipse *e'k'g'* déplacée parallèlement
à elle-même. Ce même plan coupe l'extrados suivant un
arc d'ellipse *l,r',*, qui n'est autre que l'arc d'ellipse *l's'r'* déplacé parallèlement. Les surfaces qui limitent le voussoir
sont l'intrados et l'extrados, le plan de tête *ab* et le plan
parallèle *a,b,*, et enfin les deux lits qu'il s'agit actuellement de définir.

Dans l'appareil hélicoïdal primitif, le lit relatif au
point (*m,m'*) serait une surface de vis à filet carré coupant le plan de tête suivant une courbe ayant *ςm'* pour
tangente. Ici on prend, pour la portion de lit qui termine
à gauche le voussoir, le plan déterminé par cette droite
ςm' et la corde de l'hélice (*mq. m'q'*) : ce plan coupe la
tête suivant la droite *ςm'm',*, dont la partie *m m',* est seule
utile ; il coupe la face postérieure *a,b,* suivant la parallèle
q'q', à *m,m',*, menée par *q'*. Ce plan de lit coupe l'intrados et
l'extrados suivant deux courbes *m'q',m,q,'*. Si l'on veut un
point intermédiaire de chacune d'elles, il suffit de couper
le plan de lit et les deux surfaces d'intrados et d'extrados
par un plan parallèle aux têtes et intermédiaire entre *ab*
et *a,b,*, par le plan *a,b,* par exemple. Ce plan auxiliaire
détermine dans l'intrados et dans l'extrados deux arcs
d'ellipse partant de *a',* et de *l',* et qui ne sont que les arcs
a'k', *l's'* déplacés parallèlement. Il coupe le plan de lit

suivant une parallèle à $m'm'$, ; pour avoir cette parallèle, déterminons la trace horizontale du plan de lit ; la droite $(ma, m'm',)$ a pour trace ε, la droite $(q\, a_1, q'q'_1)$ a pour trace θ ; $\theta\varepsilon$ sera donc la trace horizontale du plan de lit : elle coupe a_2b_2 en δ qui se projette verticalement en δ', et la parallèle à $m'm'$, menée par δ' est l'intersection du lit et du plan auxiliaire a_2b_2 ; les points i et i'_1 où elle rencontre les sections de l'intrados et de l'extrados sont les points cherchés. En faisant les constructions, on constate que l'arc d'ellipse lieu des points i ainsi déterminé sur l'intrados ne diffère pas sensiblement, entre m' et q', de l'arc d'hélice $m'q'$ déjà tracé : aussi conserve-t-on cet arc et par suite la figure MQPN pour le développement de la douelle.

Le second lit $n'p'p'_1n'_1$ s'obtient d'une manière analogue.

Sur notre épure, la section droite de l'extrados est un arc de cercle $l's''r''$ concentrique à l'arc d'intrados ; mais les raisonnements que nous avons faits ne supposent pas qu'il en soit ainsi ; on peut prendre pour la section droite de l'extrados un arc de courbe quelconque symétrique par rapport à $o''k''$: alors seulement les sections de l'extrados par le plan de tête et les plans parallèles, aussi bien que les sections par les plans de lit ne sont plus des arcs d'ellipse : mais toutes les constructions subsistent. Ajoutons qu'ordinairement on extradosse parallèlement à l'intrados comme nous l'avons fait sur l'épure ; le biais seul produit en général une augmentation suffisante de l'épaisseur aux reins de la voûte. On a, en effet,

$$a'l' \ldots = al > a''l'' \text{ et a fortiori} > a''o'', \text{ ou } k''s'' \text{ ou } k's'.$$

Ainsi par le fait seul du biais, dans une arche extradossée parallèlement, sur la tête l'épaisseur $a'l'$ aux naissances est plus grande que l'épaisseur $k's'$ à la clef. Si cependant l'épaisseur aux reins ne se trouvait pas ainsi assez considérable, on n'extradosserait pas parallèlement ; c'est là une question de mécanique qui relève du cours de ré-

sistance et du cours de construction. Pour l'épaisseur à
la clef, $k's'' = k's'$, on la calcule pour la formule

$$k's' = \frac{1}{3} + \frac{ab}{30}.$$

ab et $k's'$ étant exprimés en prenant le mètre pour unité.

152. — Il reste à expliquer la taille du voussoir. On
peut suivre les explications suivantes, soit sur la figure 208,
pl. XXXII, soit sur la figure 209, pl. XXXIII, où nous avons
reproduit à une plus grande échelle ce qui concerne le
voussoir considéré. On a déjà sur le plan vertical les panneaux de tête en vraie grandeur; il faut se procurer en
outre les panneaux de lit. Cherchons par exemple le panneau du lit de gauche $m',m'q'q',$. Il suffit pour cela de rabattre
le plan qui le contient autour de sa trace horizontale $x_0 c y$
que nous avons déjà déterminée. Le point (m,m') se rabattra quelque part en M, sur la perpendiculaire $m\mu$ à xy;
d'ailleurs $M_1\mu$ sera le rabattement de la ligne de front
$m'\rho'$, on a donc $M_1\mu = m'\rho'$, et par suite on aura M_1 en décrivant de ρ comme centre avec $m'\rho'$ pour rayon un arc de
cercle qui coupera $m\mu$ prolongé au point demandé M_1 ;
prolongeant ρM_1 de $M_1M_2 = m'm'_1$, on aura le rabattement
M_2 de m'_1. On obtient de même I_1 et I_2, Q_1 et Q_2; on joint
Q_1, I_1, M_1 par un trait continu, ainsi que Q_2, I_2, M_2, et l'on
a le panneau du lit demandé $M_1M_2Q_2Q_1$. On aurait de
même l'autre panneau de lit.

On a ainsi tout ce qu'il faut pour tailler par équarrissement. A cet effet on prend un solide capable ayant pour
base le contour complet de la projection verticale du
voussoir, et pour hauteur la distance des deux plans mn
et pq. On y place les panneaux de tête ; on peut alors
abattre les plans de lit dont on a les deux côtés rectilignes ; on place les panneaux de lit; on a donc les con-

tours de la douelle d'intrados et de la douelle d'extrados ;
ces douelles cylindriques se taillent alors à l'aide d'une
règle passant par les points de repère correspondant aux
positions successives des génératrices, qui s'obtiennent immédiatement à l'aide de la projection verticale. On se
contente de dégrossir l'extrados; mais l'intrados doit être
taillé avec soin; on le vérifie en voyant si le panneau de
douelle MNPQ peut s'y appliquer exactement.

Pour faire la taille directe, il faudrait avoir en outre
l'angle que chaque lit fait avec le plan de tête ; c'est
l'angle d'un plan avec le plan vertical ; on l'obtiendra
sans difficulté. Alors on taille un premier lit, on applique
son panneau ; de ce lit on passe à la tête à l'aide d'un
biveau formant l'angle du lit avec le plan de tête ; on applique le panneau de tête ; puis à l'aide d'un biveau formant
l'angle du second lit avec le plan de tête, on abat le plan
du second lit; on applique le panneau correspondant; on
peut alors abattre la seconde tête et appliquer son panneau. Enfin les douelles courbes se taillent comme ci-
dessus.

Quant aux moellons piqués, ont les taille suivant des
parallélépipèdes rectangles que l'on place entre les hélices
d'assise *marquées sur les couchis* ; ces lignes se tracent sur
les couchis avec une extrême facilité à l'aide de règles
pliantes ou de cordeaux tendus. C'est là une grande supériorité de l'appareil hélicoïdal sur l'appareil orthogonal, attendu que les trajectoires orthogonales ne peuvent
être reportées que point par point, à l'aide de leurs
équations.

153. — Occupons-nous maintenant du coussinet de
l'angle obtus. La figure 210, pl. XXXIII, donne une vue
cavalière des divisions de l'intrados, et la figure 211 re-
préduit les données tirées de l'épure générale :

$f'b'b'_1a'_1a'y'$ section droite,
$abcd$ plan,
$f''b''b''_1a''_1a''y''$ élévation,
φ'' foyer inférieur sur l'élévation,
(m, m', m'') point sur l'intrados,
sur lesquelles nous allons effectuer les constructions.

· Puisque la droite MN (fig. 212) passe par le foyer φ'' (fig. 211), il suffit de joindre φ'' à m'' pour achever le panneau de tête $a'',b'',b''m''n''a''$. On en déduit les projections (n'', n, n') du point N.

Le plan de lit MNRC (fig. 212) est déterminé par la droite MN et par le point C (fig. 210); il faut trouver la droite CR suivant laquelle il coupe le plan de section droite qui forme la face postérieure du coussinet. A cet effet, on coupe ces deux plans par un plan auxiliaire, par exemple par le plan de tête (fig. 211); on obtient ainsi dans le plan de lit la droite $(mn, m'n')$, et dans le plan de section droite la verticale du point 1. Le point 1' commun à ces deux lignes appartient donc à la projection sur le plan vertical LT' de la droite CR, en sorte que 1'b' est la projection de cette droite, dont le tracé achève le panneau $a'_1b'_1b'r'a'$ de la face postérieure et détermine en outre la projection horizontale r du point R.

Il ne reste plus, pour achever la projection horizontale du coussinet, dont la projection sur le plan vertical LT' est actuellement complète, qu'à tracer les courbes $m3c$, $n4r$ qui sont les intersections du plan de lit avec l'intrados et l'extrados. Pour avoir un point intermédiaire de chacune de ces lignes, on coupe par un plan xy parallèle au plan vertical LT' : la construction est indiquée en pointillé sur la figure : le plan xy coupe la droite $(mn, m'n')$ au point $(2, 2')$ et, par suite, le plan de lit suivant $2'3'4'$ parallèle à $b'r'$, et on n'a plus qu'à mener des lignes de rappel pour obtenir les points cherchés 3 et 4.

On obtiendrait sans difficulté le panneau de lit en rabattant son plan, et les panneaux de douelle en développant l'intrados et l'extrados. Après ce qui a été dit au nº 152, il est inutile d'expliquer la taille. La figure 212 donne une vue cavalière du coussinet :

B₁BMNAA₁ face de tête,

C₁CRDD₁ face postérieure (section droite),

MCRN lit plan,

A₁B₁C₁D₁ face inférieure horizontale,

B₁BMCC₁ douelle d'intrados en partie plane, en partie cylindrique,

A₁ANRDD₁ douelle d'extrados en partie plane, en partie cylindrique.

154. — Passons au coussinet de l'angle aigu. La figure 213, pl. XXXIII, donne une vue cavalière des divisions de l'intrados et la figure 214 reproduit les données tirées de l'épure générale :

$f'b'b'_1a'_1a'g'$ section droite,

$abcd$ plan,

$f'b''b''_1a''_1a''g''$ élévation,

φ'' foyer inférieur sur l'élévation,

(m, m'), (k, m'), (h, h') points sur l'intrados,

sur lesquelles nous allons effectuer les constructions.

Puisque la ligne BL (fig. 213) passe par le foyer φ'' (fig. 214), il suffit de joindre φ'' à b'' pour achever le panneau de tête $a''a''_1l'b''b''_1$. On en déduit les projections (l'', l, l') du point L.

Le plan de lit BLNM (fig. 213) est déterminé par la droite BL et par le point M (fig. 213); il faut trouver son intersection MN avec le plan de section droite passant par M. A cet effet, on coupe ces deux plans par un plan auxiliaire, par exemple par le plan de tête (fig. 214); on obtient ainsi dans le plan de lit la droite $(bl, b'l')$ et dans le plan de section droite la verticale du point 1. Le point 1' commun à ces deux lignes appartient donc à la projection sur le plan vertical LT de la droite MN, en sorte que m1' est la projection de cette droite, dont le tracé détermine les projections n' et n du point N. En menant par les points h, k, c des parallèles à mn, on obtient les autres arêtes HR (hr, b'y'), KX (kx, m'n'), CY (cy, b'y') qui séparent les quatre faces planes du lit brisé.

Il ne reste plus, pour achever la projection horizontale du coussinet, dont la projection sur le plan vertical LT est actuellement complète, qu'à tracer les courbes mb, mh, hk, kc suivant lesquelles les quatre faces du lit brisé coupent l'intrados, et les courbes nl, nr, rx, xy que les mêmes faces déterminent dans l'extrados. On obtient des points intermédiaires de chacune de ces courbes en coupant, soit par des plans de section droite comme on l'a expliqué pour le coussinet de l'angle obtus, soit par des plans horizontaux, ce qui n'offre aucune difficulté (on n'a pas fait la construction pour ne pas rendre l'épure confuse).

Les panneaux de lit ou de douelle s'obtiennent immédiatement par rabattement ou développement. Il est inutile d'expliquer la taille. La figure 215 donne une vue cavalière du coussinet :

A₁ALBB₁ face de tête,

D₁DYCC₁ face postérieure (section droite),

B₁BMHKCC₁ douelle d'intrados, en partie plane, en partie cylindrique,

A₁ALNRXYDD₁ douelle d'extrados, en partie plane, en partie cylindrique,

B₁C₁D₁A₁ face inférieure horizontale,

BLNM, MNRH, HRXK, KXYC faces planes formant le lit brisé.

La description du coussinet de l'angle aigu nous dis-

pense de donner celle d'un voussoir de *crémaillère*, c'est-
à-dire d'un voussoir faisant partie à la fois de la voûte et
des piédroits, puisque le coussinet de l'angle aigu est
formé de la réunion de deux de ces voussoirs.

Voussure conique en bouche de cloche.

155. — Lorsque la voûte d'un pont biais est en plein
cintre, l'angle aigu de la culée est très fragile, si le biais
est fort. Pour faire disparaître cet angle on a recours à
des évasements auxquels on donne le nom de *voussures,
bouches de cloche, cornes de vache*, etc. Autrefois on employait des voussures très prononcées ; on les réduit aujourd'hui au contraire le plus possible ; souvent même on
se borne à abattre l'arête d'un coup de ciseau. Ajoutons
que *l'emploi de l'arc de cercle*, au lieu du plein cintre, *supprime de lui-même cette difficulté*, car ce n'est que près des
naissances dans le plein cintre qu'il existe un angle aigu
fragile ; dans le haut, l'angle est presque droit et, dans la
partie moyenne, l'angle aigu n'est pas prononcé.

Cependant, comme il faut faire disparaître l'angle aigu
dans le cas du plein cintre et d'un grand biais, voici la
meilleure manière d'établir la bouche de cloche (fig.
216, pl. XXXI).

ac et *bd* étant les piédroits de la voûte biaise, on
mènera, parallèlement au plan de tête *ab*, un plan vertical a_2b_2 qui déterminera une ellipse $a'_2b'_2$; et c'est seulement à partir de ce plan et en arrière que l'on établira
l'appareil hélicoïdal simplifié, absolument comme nous
l'avons dit précédemment. En avant de a_2b_2 et jusqu'à *ab*,
on établira une voussure conique. A cet effet, on mènera
par b_2 la droite b_2b_1 symétrique de b_3b par rapport à la
droite $b_3b'_3$, et le point *s* où b_2b_1 rencontre *ac* sera pris pour
sommet d'un cône ayant l'ellipse (a_2b_2, $a'_3b'_2$) pour direc-

trice, lequel cône coupera le plan de tête ab suivant une
ellipse $(ab_1, a'b'_2)$ semblable à $a'_2b'_2$. Pour obtenir un point
quelconque n' de cette ellipse, on mènera une génératrice quelconque $(sm, s'm')$ du cône et l'on prendra son
intersection (n, n') avec le plan vertical ab. C'est la portion
de surface conique projetée horizontalement entre ab_1 et
a_2b_2 qui forme la voussure conique. Chaque pierre de tête
de l'appareil hélicoïdal se prolongera sur cette voussure, en sorte que sa douelle se composera d'une partie
cylindrique et d'une petite partie conique : il faudra
prendre l'intersection de chaque plan de lit avec la surface
conique et avec le plan de tête ab_1; or considérons par
exemple le lit qui sur le plan a_2b_2 a pour trace $p'q'$, et
dont la trace horizontale (déterminée comme nous l'avons
expliqué dans le paragraphe précédent) est xy. Ce plan coupera le plan ab_1 suivant une parallèle à $p'q'$ qu'on obtiendra en prenant l'intersection r de xy et de ab_1, projetant r
en r' et menant par r' une parallèle à $p'q'$; $p''q''$ sera la
trace du lit sur la tête ab_1, et de p' en p'' sera un petit arc
d'ellipse intersection du lit et du cône.

Quelquefois, au lieu de construire le plan de lit, comme
nous l'avons fait, on mène par $p'q'$ un plan perpendiculaire au plan de tête ab_1.

Cas où les plans de tête sont convergents.

158. — Il arrive parfois que les plans de tête ab et cd
ne sont pas parallèles (fig. 217, pl. XXXIII) : trois modes
de solution ont été employés dans ce cas : ce sont *l'appareil orthogonal convergent*, *l'appareil orthogonal convergent
modifié*, et une combinaison de l'appareil d'une voûte droite
et de l'appareil hélicoïdal simplifié.

Dans la première solution, ou *appareil orthogonal convergent*, on considère une série de sections faites dans l'in-

trados cylindrique par des plans tels que *ef* conduits suivant la verticale *o* intersection des deux plans de tête *ab*
et *cd* ; on cherche les trajectoires orthogonales de cette
série de sections, et l'on prend ces trajectoires pour lignes
d'assises des lits continus, lesquels sont d'ailleurs engendrés par des normales à l'intrados menées par les divers
point de ces lignes d'assises. Cet appareil est d'une construction très difficile et très dispendieuse.

Dans la deuxième solution, due à M. Picard, ingénieur en chef des Ponts et chaussées, on substitue aux
deux sinussoïdes de tête leurs cordes, et on trace sur
le développement les joints continus suivant des arcs de
cercles ayant leur centre au point d'intersection de ces
cordes et déterminant sur les sinussoïdes de tête des
arcs qui ne soient pas trop inégaux. Cette solution ap-
proximative, qui réalise sensiblement pour les voûtes
convergentes le même avantage que l'appareil hélicoïdal
pour les voûtes à têtes parallèles, est suffisante dans la
pratique. Dans ces conditions, la préparation du dessin
d'exécution n'exige presque aucun travail, et la construction de l'ouvrage est simplifiée parce que l'on peut
employer des matériaux ordinaires de forme parallélépi-
pédique dans la confection du corps de l'ouvrage, la
hauteur des assises étant constante. M. Picard a appliqué son système au pont des Koeurs, sur le canal de
l'Est.

Dans la troisième solution, on fractionne la voûte en
trois parties : la partie moyenne est appareillée comme
un berceau droit, tandis que les parties extrêmes à partir des têtes sont construites dans le système de l'appareil
hélicoïdal simplifié. AA (fig. 218) étant l'une des parties
extrêmes, et BB la partie moyenne, on les relie l'une à
l'autre par une chaîne de pierres de taille PQ; à ces
pierres se rattachent d'un côté les moellons de l'appareil

hélicoïdal et de l'autre ceux de la voûte droite. La figure 218 montre suffisamment la disposition.

C'est cette même solution que l'on adopte dans le *cas où, les têtes étant parallèles, la voûte biaise offre une longueur considérable.*

157. — Pour la pose des voûtes biaises et pour le choix des dispositions à adopter, nous renverrons aux *Ponts en maçonnerie* de MM. E. Degrand et Jean Résal.

FIN

TABLE DES MATIÈRES

CHAPITRE I.

Préliminaires.

CHAPITRE II.

Des murs.

CHAPITRE III.

Des portes.

CHAPITRE IV.

Des descentes.

CHAPITRE V.

Des escaliers.

CHAPITRE VI.

Des voûtes de révolution.

CHAPITRE VII.

Des trompes.

CHAPITRE VIII.

Des voûtes composées.

CHAPITRE IX.

Des ponts biais.

Laval. — Imprimerie et stéréotypie E. JAMIN, rue Ricordaine, 8.

www.ingramcontent.com/pod-product-compliance
Lightning Source LLC
Chambersburg PA
CBHW061007220326
41599CB00023B/3866